容器云运维实战

——Docker与Kubernetes集群

黄靖钧 冯立灿 著

電子工業出版社
Publishing House of Electronics Industry
北京•BEIJING

内 容 简 介

本书围绕当前容器云运维的主流框架：Docker、Kubernetes 详细介绍了容器云运维的实战技巧，在内容上分为三大部分：第一部分（第 1～2 章）介绍了在 Linux 系统中传统服务器运维的基础知识以及集群管理工具；第二部分（第 3～7 章）讲解了以 Docker 为主的容器引擎的基本知识与原理，并介绍了容器技术在 DevOps 中的实际应用场景；第三部分（第 8～9 章）详细讲解了基于 Kubernetes 的容器云集群运维技巧。全书几乎囊括了容器云主流的运维开发生态，详细讲解了基于容器云的集群运维解决方案。

本书适合容器云初学者，也适合那些对 Docker 有一定了解，但对容器云的运维方式不甚了解的读者。

图书在版编目（CIP）数据

容器云运维实战：Docker 与 Kubernetes 集群 / 黄靖钧，冯立灿著. —北京：电子工业出版社，2019.3
ISBN 978-7-121-33906-6

Ⅰ. ①容… Ⅱ. ①黄… ②冯… Ⅲ. ①Linux 操作系统－程序设计 Ⅳ. ①TP316.85

中国版本图书馆 CIP 数据核字(2018)第 056964 号

策划编辑：石　倩
责任编辑：牛　勇　　特约编辑：顾慧芳
印　　刷：北京盛通商印快线网络科技有限公司
装　　订：北京盛通商印快线网络科技有限公司
出版发行：电子工业出版社
　　　　　北京市海淀区万寿路 173 信箱　　邮编：100036
开　　本：787×980　1/16　印张：24　字数：818 千字
版　　次：2019 年 3 月第 1 版
印　　次：2023 年 6 月第 8 次印刷
定　　价：89.00 元

凡所购买电子工业出版社图书有缺损问题，请向购买书店调换。若书店售缺，请与本社发行部联系，联系及邮购电话：（010）88254888，88258888。

质量投诉请发邮件至 zlts@phei.com.cn，盗版侵权举报请发邮件至 dbqq@phei.com.cn。

本书咨询联系方式：010-51260888-819，faq@phei.com.cn。

前　言

随着 Docker 2015 年的病毒式传播和 2016 年的迅速普及应用，云计算时代的运维方式发生了很大变化。从表面上看，20 年前依靠运维工程师通过 SSH 远程连接服务器进行维护的“刀耕火种”时代早已不复存在了；但在过去的十几年里，传统集群运维工具欣欣向荣的背后依旧是 20 年前的那套远程管理方案的自动化实现，其本质不过是把重复的劳动交给计算机自动执行了。

不管是连接效率还是集群管理都不可避免地会遇到很多问题，特别是在云计算时代，数以千计的服务器集群在大中企业如同家常便饭，传统的运维手段早已黔驴技穷。而 OpenStack 的出现也只是给了 IaaS 服务商一个喘息的机会，普通企业的运维分布式集群依旧乏力。

直到虚拟化技术有了长足发展，Namespace 最后一块拼图——User Namespace 成功实现并加入 Linux Kernel 3.8，容器虚拟化技术的翘楚——LXC 终于有了与虚拟机、KVM 等技术一战高下的底气。

2014 年，Docker 一经开源便引起了业界的轰动，这个最初基于 LXC 开发的容器引擎让全世界的开发者和运维者看到了新的方向，在毫秒级的应用部署优势面前，诸多企业纷纷“倒戈”容器阵营。

随着 Google、亚马逊、微软、IBM 等云计算巨头纷纷表态并加入 OCI（Oracle 调用接口），这股容器云的浪潮在 2015 年迅速颠覆了传统的运维方案，替代它们的是一套更智能、更全面、更灵活的自动化运维体系。

在倡导“万物皆容器”的理念下，得益于容器的轻便特性，一些边缘概念也被逐渐提上了日程：微服务、Serverless、DevOps，如今的运维已不再是简单的服务器维护，更肩负了数据、服务与人的沟通。

在如今高效的集群管理方案面前，有人不禁惊呼容器时代不再需要运维工程师了，但是待我们推开容器云世界的大门时，我们发现逝去的不过是旧的运维世界，在新的容器云世界里，我们依旧知之甚少，运维工程师还不可或缺。

本书围绕当前容器云运维的主流框架：Docker、Kubernetes 详细介绍了容器云运维的实战技巧，在内容上分为三大部分：第一部分（第 1～2 章）介绍了在 Linux 系统中传统服务器运维的基础知识以及集群管理工具；第二部分（第 3～7 章）讲解了以 Docker 为主的容器引擎的基本知识与原理，并介绍了容器技术在 DevOps 中的实际应用场景；第三部分（第 8～9 章）详细讲解了基于 Kubernetes 的容器云集群运维技巧。

全书几乎囊括了容器云主流的运维开发生态，详细讲解了基于容器云的集群运维解决方案。全书内容不仅介绍了 Docker 与 Kubernetes 的基本的主流功能，还对其过渡性的实验功能和即将遗弃的功能做了一定的提醒，对新手而言可以减少“踩坑”的概率。

因此，本书一方面可以作为面向容器云入门甚至是 Linux 入门的初级教程；另一方面，随着内容的深入与扩展，本书也适合那些对 Docker 有一定了解，但是对容器云的运维方式不甚了解的读者。本书还介绍了不同场合下对规模较大的容器的管理方案，对初创企业或者小团队的运维人员而言，也是一本不错的进阶书籍。

书中少量图片来自网络，相关代码若需要参考均在文中留有出处。由于笔者水平有限，书中存在错误或疏漏的地方在所难免，如有任何意见或建议，欢迎发邮件至 i@zuolan.me，感谢您的指正。

作　者

轻松注册成为博文视点社区用户（www.broadview.com.cn），扫码直达本书页面。

- **下载资源**：本书如提供示例代码及资源文件，均可在 下载资源 处下载。
- **提交勘误**：您对书中内容的修改意见可在 提交勘误 处提交，若被采纳，将获赠博文视点社区积分（在您购买电子书时，积分可用来抵扣相应金额）。
- **交流互动**：在页面下方 读者评论 处留下您的疑问或观点，与我们和其他读者一同学习交流。

页面入口：http://www.broadview.com.cn/33906

目　录

第 1 章

Linux 运维基础

说到服务器操作系统，Linux 的各种发行版以毫无悬念的姿态占领了绝大部分的市场份额。常见的桌面操作系统 Windows 与 Linux 在操作上有着很大的区别。

容器技术最初发源于 Linux，也成熟结果于 Linux，因此要掌握容器技术与云运维技术免不了要对 Linux 有一定的了解。

在推开容器云的大门之前，我们先来了解一些必备的知识。本章主要内容有：

- 了解 Linux 系统启动机制
- 掌握基本的 Linux 操作和 Shelll 编程基础
- 了解监控 Linux 系统资源的方法
- 了解传统自动化运维的方式与工具

1.1 Linux 基础

本节内容首先介绍 Linux 系统的启动过程，方便读者理解后面容器技术的概念，更容易体会到容器技术的优势。然后介绍 Linux 系统的基本知识，以便可以更轻松地掌握后面的内容。

1.1.1 systemd

计算机在启动一个操作系统时必须加载并初始化操作系统，方能运行其他的应用程序，这是计算机初始化必不可少的一个启动过程，也就是说计算机启动需要一款初始化系统。systemd 是目前 Linux 系统中最流行的初始化系统之一，能提高系统的启动效率与质量，它不仅可以让系统进程并行启动，还能很好地守护 init 进程，减少系统内存的不必要开销。

在 systemd 诞生之前，还有两个系统初始化工具，分别是 systemvinit 和 upstart，systemvinit 是一套传统的初始化系统，已经逐渐地淡出了 Linux 历史舞台，现已基本被 systemd 和 upstart 取而代之，systemd 和 upstart 有各自的特点，不过目前已经有绝大多数的 Linux 发行版都默认使用 systemd，比如 Fedora、openSUSE、Ubuntu、Gentoo、Arch Linux 等一系列 Linux 发行版。

1. systemd 基础

Linux 系统启动要执行的程序是非常多的，比如挂载文件系统、加载硬件设备、启动后台服务、激活交换分区、启动用户程序等。每一个执行任务被 systemd 称为一个配置单元（Unit）。换句话来说，挂载一个文件系统、加载硬件设备、启动系统后台服务均被称为一个配置单元。

每一个配置单元都有彼此对应的配置单元文件，比如 Apache 有对应的一个配置单元文件 apache2.service、MySQL 有对应的一个配置单元文件 msqld.service。此类型的配置单元文件的编写既简单又简洁。便于 Linux 管理人员编辑维护这些配置单元。如下是 systemd 中的一个系统日志服务的配置单元文件 syslog.service 的内容。

```
[Unit]
Description=System Logging Service    #描述信息
Requires=syslog.socket                #指定依赖
Documentation=man:rsyslogd(8)
Documentation=http://www.rsyslog.com/doc/

[Service]
Type=notify                           #服务类型
ExecStart=/usr/sbin/rsyslogd -n
StandardOutput=null
Restart=on-failure                    #指定失败时重启

[Install]
WantedBy=multi-user.target
```

```
Alias=syslog.service                #别名
```

systemd 的配置单元文件可以简单分为三个部分，分别为 Uint、Service、Install。

- [Unit]区块通常是配置文件的第一个区块，用来定义 Unit 的元数据，以及配置与其他 Unit 的关系。
- [Install]通常是配置文件的最后一个区块，用来定义如何启动，以及是否开机启动。
- [Service]区块用来定义 Service 的配置，只有 Service 类型的 Unit 才有这个区块。

由于一个 Linux 操作系统有很多 systemd 的配置单元文件，并且不同的配置单元文件加载的顺序自然也是不一样的，也就是说，一个 Linux 操作系统有多个存放 systemd 配置单元的目录。以 Ubuntu 系统为例，systemd 的配置单元文件相关的位置主要有如下这些目录：

```
root@ops-admin:~# find / -name  systemd
/sys/fs/cgroup/systemd
/etc/systemd
/etc/xdg/systemd
/run/user/1000/systemd
/run/systemd
/lib/systemd
/usr/share/doc/systemd
/usr/share/systemd
/usr/lib/systemd
/var/lib/systemd
```

现在我们知道 systemd 是什么了，接下来看看 systemd 是如何工作的。

在 systemd 体系框架中，所有的服务程序都是可以并发进行启动的。比如 Avahi、D-Bus、livirtd、X11、HAL 可以同时启动。但有这样一个问题：Avahi 需要 syslog 的服务，Avahi 和 syslog 同时启动，倘若假设 Avahi 的启动比较快，syslog 还没来得及启动，然而 Avahi 却需要记录日志，在这种情况下系统就会产生问题。

因此，systemd 系统采用了各个服务之间互相依赖的解决方案，这种解决方案的相互依赖具体分成三种关系类型：socket 依赖、D-Bus 依赖以及文件系统依赖。每一种类型的依赖都可以通过相应的技术解除依赖关系，从而解决了所有服务程序并发启动冲突的问题。在 systemd 初始化系统机制中，不管程序的依赖关系如何，全部可以并行启动，若调用的服务程序存在依赖关系，则自动激活其他程序。

以 Ubuntu 系统为例，systemd 的启动顺序如下：

（1）Boot Sequence ，启动顺序，比如硬盘启动、软盘启动、U 盘启动等；

（2）Bootloader ，引导加载；

（3）kernel + initramfs(initrd)，加载内核以及 initramfs 或 initrd；

（4）rootfs，启动文件系统；

（5）/sbin/init，启动 init 进程。

对于 systemd 的所有详细启动顺序情况，我们可以使用 systemd 本身自带的 systemd-analyze，它是一个分析启动性能的工具，用于分析启动时服务时间消耗。默认显示启动是内核和用户空间的消耗时间，下面简单介绍 systemd-analyze 的基本用法。

```
# 查看启动耗时
root@ops-admin:~# systemd-analyze
# 查看每个服务的启动耗时
root@ops-admin:~# systemd-analyze blame
# 显示瀑布状的启动过程流
root@ops-admin:~# systemd-analyze critical-chain
# 显示指定服务的启动流
root@ops-admin:~# systemd-analyze critical-chain atd.service
# 将 systemd 启动顺序以及消耗时间的详细信息生成 svg
root@ops-admin:~# systemd-analyze plot > message.svg
```

以 Ubuntu 为例，执行 `systemd-analyze plot > message.svg` 命令生成矢量图（如图 1-1 所示，图中仅显示部分单元启动时间），直观地显示了 systemd 启动顺序以及消耗的时间。

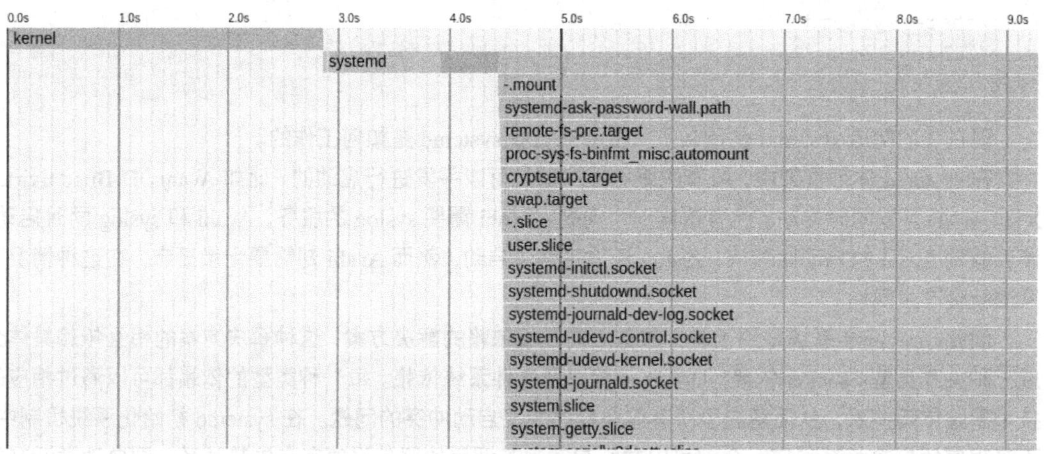

图 1-1　systemd 启动顺序及消耗的时间

2. systemctl

systemctl 是一个 systemd 工具，主要负责控制 systemd 系统和服务管理器，systemctl 工具集成了诸多的命令，使得管理员更好地管理 Linux 系统。

`systemctl list-units` 命令可以查看当前系统的所有配置单元（Unit）：

```
# 列出正在运行的 Uint
root@ops-admin:~# systemctl list-units
```

```
# 列出所有的 Uint
root@ops-admin:~# systemctl list-uints --all
# 列出所有没有运行的 Uint
root@ops-admin:~# systemctl list-units -all --state=inactive
# 列出所有加载失败的 Uint
root@ops-admin:~# systemctl list-units --failed
# 列出所有正在运行的、类型为 service 的 Unit
root@ops-admin:~# systemctl list-units --type=service
```

systemctl status 命令用于查看系统状态和每个配置单元的状态：

```
# 显示系统状态
root@ops-admin:~# systemctl status
# 显示单个 Unit 的状态，以 mysql 为例
root@ops-admin:~# systemctl status mysql.service
# 显示远程主机的某个 Unit 的状态，以 mysql 为例
root@ops-admin:~# systemctl -H {user}@{ip} status mysql.service
```

systemctl {action}对于用户来说，是常使用的命令，用于启动（start）、停止（stop）、重加载（reload）以及重启（restart）配置单元（主要是 service），下面主要以 mysql 为例：

```
# 显示 Unit 参数、启动、停止、杀死、重新加载配置等操作如下
root@ops-admin:~# systemctl <show/start/stop/restart/kill/reload> mysql.service
# 显示某个 Unit 的指定属性的值
root@ops-admin:~# systemctl show -p CPUShares mysql.service
# 重载所有修改过的配置文件
root@ops-admin:~# systemctl daemon-reload
# 设置某个 Unit 的指定属性
root@ops-admin:~# sudo systemctl set-property mysql.service CPUShares=500
```

使用 systemctl list-dependencies 命令查看 systemctl 配置单元的依赖关系，以 mysql 为例：

```
# 列出一个 mysql Unit 的所有依赖。
root@ops-admin:~# systemctl list-dependencies mysql.service
# 如果要展开 Target，就需要使用--all 参数。
root@ops-admin:~# systemctl list-dependencies --all mysql.service
```

systemctl enable/disable 命令，用于将 systemd 配置单元激活或撤销开机启动，以 mysql 为例：

```
# 激活开机启动 mysql 服务
root@ops-admin:~# systemctl enable mysql.service
# 撤销开机启动 mysql 服务
root@ops-admin:~# systemctl disable mysql.service
```

systemctl list-unit-files 命令，用于查看配置单元的所有文件（Unit File）以及配置

单元的状态（Status）情况：

```
# 列出所有配置文件
root@ops-admin:~# systemctl list-unit-files
# 列出指定类型的配置文件
root@ops-admin:~# systemctl list-unit-files --type=service
```

Unit 的状态包含如下 4 种情况。

- enabled：已建立启动链接，已激活即开机启动。
- disabled：没建立启动链接，已撤销开机启动。
- static：该配置文件没有[Install]部分，即无法被执行，只能作为其他配置文件的依赖。
- masked：该配置文件被禁止建立启动链接。

常用的 systemd 电源管理命令有如下几种：

```
# 分别为：重启机器、关机、挂起、休眠、混合休眠
root@ops-admin:~# systemctl <reboot/poweroff/suspend/hibernate/hybrid>
```

关于 Linux 电源管理的几个命令会因为发行版或者文件系统的原因有所不同，主要表现在休眠上，一些发行版不提供休眠选项，或者因为使用了不支持休眠的文件系统，例如 Btrfs 由于不支持 swap 交换分区，导致系统内存不能挂载到硬盘中，无法实现休眠。在本章中不会过多牵涉复杂的文件系统，如果没有特别指出，默认文件系统都是 ext4。

除了 systemctl 命令，还有两个命令后面也会常用。第一个是 hostnamectl 命令，它可以查看与设置主机信息：

```
# 查看主机信息
root@ops-admin:~# hostnamectl
# 设置主机信息，以设置 hostname 为例
root@ops-admin:~# hostnamectl set-hostname {$hostname}
```

第二个是 timedatectl 命令，用于管理时区：

```
# 查看时区日期等信息
root@ops-admin:~# timedatectl
# 设置主机的时区
root@ops-admin:~# timedatectl set-timezone Asia/Shanghai
# 将硬件时钟配置为地方时
root@ops-admin:~# timedatectl set-local-rtc true
```

注意：在执行上述的命令时，*.service 的后缀.service 是可以省略不写的，其执行的结果是一样的。关于更多的 systemd 内置命令请到 systemd 官方 wiki 查阅。

1.1.2 Shell 脚本

从 1.1.1 节有关 Linux 的启动过程和系统服务管理的学习中可以知道，要想在 Linux 终端环境下

行云流水地完成一系列操作，必要的命令和概念必须熟知，但这毕竟是一个积累的过程，在积累到一定量之前，还有一样必不可少的技能就是编写 Shell 脚本。Shell 脚本简单来说就是一个自动化执行命令的命令集合，但它拥有丰富的内置变量以及完善的控制语句，因此，Shell 脚本可以实现相当复杂的操作。

在学习 Shell 编程之前，本节内容会先介绍 Linux 下的权限系统，包括文件权限以及用户权限两大部分。在此之后，我们会进入基本的 Shell 编程知识讲解。在本节的最后，我们会通过几个例子，使用 Shell 脚本监控 Linux 服务器状态。

1. Linux 权限认识

你可能听说过"Linux 中一切皆文件"的说法。在认识 Linux 权限特点之前，不妨先看看 Linux 的系统目录结构，大家熟知的 Windows 目录系统结构与 Unix/Linux 大相径庭，毕竟两者在实现的机制上完全不一样。Windows 上是通过硬盘分区（C:、D:、E:）分隔目录结构的；而 Unix/Linux 系统，所有的目录结构都在一个最高级别的根目录"/" 下，根目录是所有目录的起始点，其下面的子目录是一个层次或树状结构，这些不同的目录可以分布在不同的硬盘分区，甚至不同的设备上。

Unix/Linux 系统目录是树状目录结构，下面通过 `tree -L 1` 或者 `ls -a` 指令打印 Unix/Linux 的目录结构。了解 Linux 各个系统目录的作用，是学习 Linux 至关重要的一步，我们知道该系统的一切都是由文件组成的，并且目录结构都是由 FHS（Filesystem Hierarchy Standard）规定好了的，当我们掌握目录的结构时，管理 Linux 将会变得井然有序。下面我们具体分析根目录下的目录对应存储的文件。

- `/bin`：二进制可执行文件。
- `/boot`：系统引导文件。
- `/dev`：设备文件。
- `/etc`：系统管理和配置文件。
- `/home`：用户的家目录，基本是每一个普通用户存放一个文件夹。
- `/lib`：标准程序设计库，又叫动态链接共享库 library。
- `/lost+found`：正常的情况下，该目录为空，保存丢失文件。
- `/media`：系统会自动识别一些设备，如 U 盘、光驱等识别后，会把识别的设备挂载到这个目录下。
- `/mnt`：临时挂载别的文件系统。
- `/opt`：第三方软件默认安装的位置。
- `/proc`：虚拟的目录，它是系统内存的映射，可以通过访问这个目录来获取系统信息。
- `/root`：超级权限者的用户主目录。
- `/sbin`：即 super bin，系统管理员使用的系统管理程序。
- `/tmp`：存放一些临时文件。
- `/usr`：最庞大的目录，要用到的应用程序和文件几乎都在这个目录下。
- `/var`：某些大文件的溢出区，比方说各种服务的日志文件。

了解根目录各个文件夹的作用有助于后续遇到问题时可以正确进入相应目录查看相关信息。在 Unix/Linux 系统中，每一个资源文件仅仅属于一个所有者和一个拥有组，这样设置的目的旨在提高文件的安全性。下面我们通过 `ls -la` 命令来看看文件或目录的所有者与拥有组的属性。

```
user@ops-admin:~$ ls -la
total 1208
drwxrwxr-x 1 user user     532 Jul  2 22:29 Applications
drwxr-xr-x 1 user user     204 Jun 26 01:05 CodeLab
drwxr-xr-x 1 user user      20 Jul  6 21:50 Desktop
drwxrwxr-x 1 user user     348 Jun 15 20:19 Documents
drwxr-xr-x 1 user user     378 Jul  6 22:07 Downloads
-rw-rw-r-- 1 user user 1229660 Jul  6 22:16 index.pdf
drwxrwxr-x 1 user user      90 Jul  3 20:09 Share
drwxrwxr-x 1 user user     240 Jul  6 22:26 Sync
  ......
```

通过 `ls -la` 命令打印的信息如上，第三列的 `user` 就是代表文件或目录等的所有者，第四列的 `user` 就是代表文件或目录等的拥有组。

先看第一列的信息，第一列的信息是由 10 个字符表示的。每一位或者每一段都有其作用意义。

第 1 位：代表文件类型（文件夹或者文件），`d` 代表目录，-代表文件，`l` 代表链接文件，`b` 代表设备文件中可存储的接口设备，`c` 代表设备文件中串行端口设备，比如鼠标、键盘等。

第 2~4 位：代表文件属组权限（所有者），简称 `u`。

第 5~7 位：代表同组用户权限（拥有组），简称 `g`。

第 8~10 位：代表其他用户权限（其他用户），简称 `o`。

在 Unix/Linux 系统中，文件及目录的权限分为三种：可读(r | 4)、可写(w | 2)、可执行(e | 1)，可读就是用户是否有权限查看文件的内容、可写就是用户是否由权限修改文件的内容、可执行就是用户是否具有权限执行可执行文件。就这三种权限而言，我们还应该了解文件与文件夹的权限类别，如表 1-1 所示。

表 1-1　文件与文件夹的权限类别

	文件权限	目录权限
可读	可以读取文件的内容，如：可以用 cat 命令查看文件内容	可以浏览文件目录，如：可以 cd 进入目录
可写	可以修改文件的内容，如：使用 vim 修改文件内容	可以修改目录结构，如：使用 mkdir 新建目录
可执行	可以执行可执行程序，如：执行一个可运行脚本	可以对目录执行 ls -l，并且能够 cd 进去

将上面 `drwxr-xr-x 1 user user 20 Jul  6 21:50 Desktop` 这一行记录作为示例讲解，第 1 位的 `d` 代表该文件是目录，第 2~4 位的 `rwx` 代表目录所有者可读可写可执行的权限，第 5~7 位的 `r-x` 代表目录拥有组可读可执行的权限，注意，-代表没有权限的意思，第 8~10 位的 `r-x` 与拥有组的权限一样，都代表可读可执行的权限。文件权限详解如图 1-2 所示。

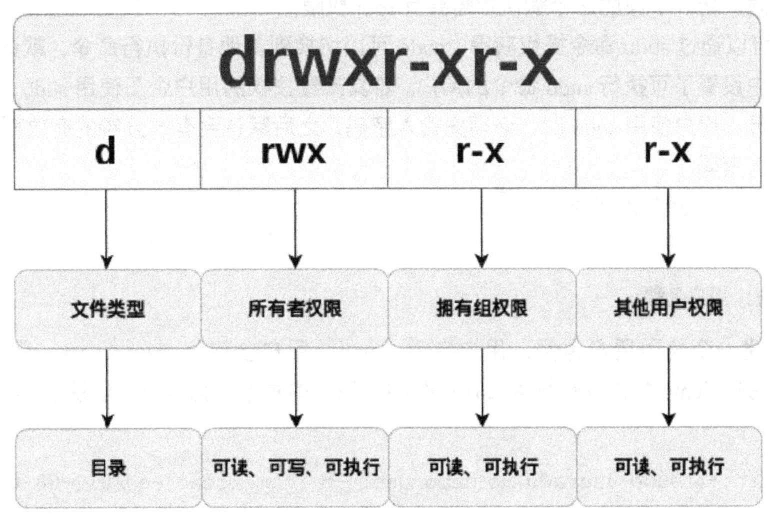

图 1-2　文件权限详解

文件的权限除了使用字母表示以外，还可以使用八进制数字表示：

```
r == 4 ( read )
w == 2 ( write )
x == 1 ( execute )
```

同时，每一段字母的组合可以使用数字组合来表示，如下所示：

```
rwx == 4+2+1 = 7
r-x == 4+1 = 5
r-x == 4+1 = 5
```

rwer-xr-x 就可以使用 755 八进制来表示。

现在已经大致清楚了文件权限的表示方法，接下来再看 Linux 的多用户机制，Linux 可以允许多用户同时在线，分别执行各自的任务，而且互不干扰。对于服务器管理维护人员而言，必须对用户权限加以严格控制，避免因为人为的原因导致数据泄露；同时掌握管理多用户的任务调度有助于在运维时隔离一些进程，这也是服务安全的重要一环。

Unix/Linux 是个多用户多任务的分时操作系统，用户的 ID 统称为 UID。超级管理员 root 的 UID 为 0，1~499 之间的 UID 是为系统保留的，系统创建普通的用户时，这些用户的 UID 都是从 500 算起的。用户的类型可以分为三种：超级用户、系统用户、普通用户。

为了方便管理用户，Linux 引入用户组概念，用户加入此用户组就会拥有此用户组的相关权限，Unix/Linux 系统中的用户组基本分为两种：基本组和附加组，一个用户只可以属于一个基本组，但是可以加入多个附加组，系统在创建用户账号时会默认将用户加入基本组。

关于用户与组的管理，Unix/Linux 系统已经自带了很多命令来管理用户以及用户组。用户的管理需用超级权限，所以下面的命令默认都需要有root权限。

root权限可以通过sudo命令提权获得，sudo可以切换到其他身份执行命令，默认身份为root。在/etc/sudoers中设置了可执行sudo命令的用户。若其未经授权的用户企图使用sudo，则会发出警告的邮件给管理员。用户使用sudo时，必须先输入密码，之后默认会有5分钟的有效期限，超过期限则必须重新输入密码。

useradd用于创建用户的账号。

语法格式：

```
useradd [选项] 用户名称
```

下面以创建一个普通用户为例，用户名为demo，用户全称为demo_user，用户的家目录为/home/demo，用户demo的过期日期为2017-08-08，用户的基本组为root，登录系统Shell解析器为bash。

```
user@ops-admin:~$ sudo useradd -c demo_user -d /home/demo -e 2017-08-08 -g root -s
/bin/bash demo
# 通过id指令查看上面添加的用户
user@ops-admin:~$ id demo
uid=1001(demo) gid=0(root) 组=0(root)
```

groupadd用于创建用户组。

语法格式：

```
useradd [选项] 用户组名称
```

例如创建一个用户组same，用户组的GID为1008，不允许创建GID重复

```
user@ops-admin:~$ sudo groupadd -o -g 1008 same
```

passwd用于修改用户的密码。

语法格式：

```
passwd [选项] [用户名]
```

例如将用户demo的密码修改为admin，并设置过期警告天数为10天。

```
user@ops-admin:~$ sudo passwd -w 10 demo
passwd：密码过期信息已更改。
user@ops-admin:~$ sudo passwd demo
输入新的 UNIX 密码：
重新输入新的 UNIX 密码：
passwd：已成功更新密码
```

usermod和groupmod用于修改用户和用户组的信息。

语法格式：

```
<usermod/groupmod> [选项] 用户名称
```

例如，修改用户 demo 的 UID 为 1002，用户家目录为/home/share，并修改 Shell 解析器为/bin/sh：

```
# 修改 UID
user@ops-admin:~$ sudo usermod -u 1002 demo
# 修改家目录
user@ops-admin:~$ sudo usermod -d /home/share demo
# 修改解析器
user@ops-admin:~$ sudo usermod -s /bin/sh demo
# 将用户组 same 的 GID 修改成 1009
user@ops-admin:~$ sudo groupadd -g 1009 same
```

userdel 和 groupdel 用于删除用户账号和用户组。

语法格式：

```
<userdel/groupdel> [选项] 用户名称
```

例如下面将用户 demo 账号删除，并删除 same 用户组。

```
user@ops-admin:~$ sudo userdel demo
user@ops-admin:~$ sudo groupdel same
```

以上就是对 Linux 最基本的权限介绍，关于更详细的内容最直接的办法可以通过 man 命令来获得（执行 man 可以查看对应命令的详细说明）。

2. Shell 基础编程

在 Unix/Linux 系统中，Shell 是一种命令行的解释器命令，是用户与系统内核之间进行通信的一种语言。第一个 Unix Shell 是 sh，除此之外还有很多优秀的 Shell，例如：ksh、bash、csh、tcsh 等。

Shell 具有两种工作模式，分别是互动模式和脚本模式。互动模式就是用户直接在终端上输入指定的命令并执行，等待命令执行完毕并分析返回的结果，然后再执行下一条命令。脚本模式就是在执行 Shell 命令过程中，不需要用户去干扰或控制，它会自动执行下去。脚本模式的执行效率是非常高的，也就是我们经常说的自动化运维，只要我们编辑好了 Shell 任务，然后跑在 Unix/Linux 进程中，这些任务将会被自动处理。

Shell 是与 Unix/Linux 系统内核交互最好的一个解析器语言，同时 Shell 也是一门非常容易掌握的语言，它的语法结构极其简单，下面用两个脚本解释 Shell 的大部分语法概念。

示例 1：备份远程 MySQL 服务器的数据库数据，主机名：172.16.168.1，端口号：3306，用户名：root，备份数据库：demo01 与 demo02，备份数据的存储目录是$HOME/data/mysql。

首先建立两个文件，一个用于配置 MySQL 相关信息，另一个用于执行备份过程。数据库配置信息文件(config.cfg)：

```
# 主机
```

```
host=172.16.168.1
# 端口
port=3306
# 用户
user=root
# 备份的数据库名称，数组
dbs_name=("beego" "demo")
# 备份数据库文件的存储目录
data_dir=$HOME/data/mysql
```

执行数据库备份的脚本文件(mysqldump.sh):

```
#!/bin/bash
# 引进数据库配置信息文件，source 的作用是把 config.cfg 文件中的键值对写入 shell 的临时变量中。
source ./config.cfg
# 在脚本中，有一些转义字符，其中\n 表示输出换行，参数-e 表示解析转义字符。
echo -e "\n 正在备份数据库信息，请稍等...\n"

# 创建存储备份数据库文件的目录
# date 可以输出当前日期，符号+后面的内容表示如何格式化当前日期并输出。
# 可以看到 shell 的变量不仅可以是定义的一个值，也可以是一个待执行命令的返回内容。
datapath=$data_dir/$(date +%Y%m%d%H%M%S)
mkdir -p $datapath

# 根据数据库的名称开始遍历进行备份
# shell 脚本支持 for, while, if-else, case 等等常见的基本编程语言语法。
for db_item in ${dbs_name[*]}
do
    # 此处使用了文件重定向的知识，把标准输出指向一个文件路径即可生成一个文件。
    mysqldump -h $host -u $user -p --databases $db_item > $datapath/$db_item.sql
  if [ $? -eq 0 ] # -eq 表是等于
  then
      echo -e "$db_item 数据库备份成功~\n"
  else
      echo -e "$db_item 数据库备份失败~\n"
  fi
done
echo -e "备份数据库信息完成\n"
```

下面是执行结果示例：

```
user@ops-admin:~$ bash mysqldump.sh

正在备份数据库信息，请稍等...

Enter password:
```

```
beego 数据库备份成功~

Enter password:
demo 数据库备份成功~

备份数据库信息完成

user@ops-admin:~$ tree $HOME/data/mysql
/home/alic/data/mysql
└── 20170410164117
    ├── beego.sql
    └── demo.sql

1 directory, 2 files
```

示例 2：监控服务器主机的磁盘容量使用情况，主机用于服务器，监控服务器磁盘容量的使用情况是极其重要的。当下我们写一个脚本用于监控服务器的磁盘容量使用情况，当磁盘容量的百分比大于 90%时，主机自动发邮件给运维管理员，并且此脚本每五分钟监控一次。

首先写一个监控服务器主机的磁盘容量使用情况的 Shell 脚本，然后使用 crontab 定时执行即可。监控 Shell 脚本如下（monitor.sh）：

```
#!/bin/bash
# 获取服务器磁盘空间使用百分数
# 这条语句使用了一种名为管道的方式，把前面命令执行的结果传递给后面的命令继续处理执行。
# 这里还用到了两个流式编辑器：awk 和 sed，和一个过滤器 grep。
# df 命令可以查看磁盘使用情况，grep 过滤出包含/dev/sda 的那一行
# 然后 awk 处理只显示从 grep 取得那行的第五列内容，最后 sed 删掉非数字的符号。
percentage=`df | grep -n '/dev/sda' | awk '{print $5}' | sed 's/[^0-9\.]//g'`

# 获取该服务器的信息
server=`ifconfig wlan | sed -n '2p'`

if [ $percentage -ge 90 ];
then
    echo "服务器磁盘空间使用超过 90%，$server" | mail -s "server warning" alic@samego.com
else
    echo "服务器磁盘空间使用正常..."
fi
```

crontab 定时任务：

crontab 是一个定时任务的执行工具，它随系统启动，如果你有什么任务想定时启动或者执行，可以在 crontab 列表中添加相应的指令。相关用法可使用 `man crontab` 查看。

```
user@ops-admin:~$ crontab -e
```

```
crontab: installing new crontab
user@ops-admin:~$ crontab -l
0           */1           *           *           *           bash
/home/alic/tutorial/oschina/book/chapter-01/source/shell/monitor.sh >> /dev/null
user@ops-admin:~$  sudo service cron restart
cron stop/waiting
cron start/running, process 13644
```

示例效果（直接运行）：

```
user@ops-admin:~$ df | sed -n '4p'
/dev/sda8       61160520 40848280 17182336   71% /
user@ops-admin:~$ bash monitor.sh
服务器磁盘空间使用正常...
```

上面两个脚本用到了常见的 Shell 脚本知识点，关于更复杂的脚本，还可以使用函数来包装命令集合，还有更复杂的可交互脚本可以通过 while、case 等方式提供执行参数，更详细的 Shell 编程知识可以在互联网中查找到，本书便不再赘述。

1.2 自动化运维

对于管理成百上千台服务器的管理员而言，不可能手动去逐一执行脚本维护机器配置系统，为了能够更自动化地完成海量服务器的配置维护工作，就需要一个远程执行系统来接管这些烦琐的步骤了，本节介绍的就是 Ansible，一个无须在服务器上部署 agent 的服务器批量运维工具。

1.2.1 自动化运维之 Ansible

官方这样定义 Ansible："Ansible is a radically simple IT automation platform."Ansible 就是一个简单的自动化运维工具。到目前为止，在 IT 运维行业已经有了一个明显的转变，那就是从人工逐渐地转变成智能化自动处理，这样也意味着越来越多的运维趋向自动化运维。现在，成熟的自动化运维工具已经有了不少，比如 Ansible、Puppet、Cfengine、Chef、Func、Fabric，本节我们重点讲解 Ansible，Ansible 在运维界一直保持着领先地位，并有着活跃的开发社区，早已成为主流的运维工具之一。

Ansible 是一款由 Python 编程语言开发，基于 SSH 远程通信的自动化运维工具，虽然 Ansible 是后起之秀，但是它已经继承了上几代运维框架优秀的优点（Puppet、Cfengine、Chef、Func、Fabric），实现了批量主机配置、批量主机应用部署等。例如 Fabric 可谓是一个运维工具箱，内置提供了许多工作模块，而 Ansible 只是一个框架，它是依赖模块而运行工作的，简而言之，Ansible 是依赖程序模块并驱动模块工作的一个运维框架，这就是 Ansible 与 Fabric 的最大区别。

1. Ansible 的特性与框架

对于 Ansible 的特性主要有如下几个：

- 不需要在被管控主机上安装客户端。
- 无服务器端，使用时直接运行命令即可。
- 基于模块工作，可使用任意语言开发模块。
- 使用 yaml 语言定制编排剧本 playbook。
- 基于 SSH 远程通信协议。
- 可实现多级指挥。
- 支持 sudo。
- 基于 Python 语言，管理维护简单。
- 支持邮件、日志等多种功能。

Ansible 框架由以下核心的组件组成：

- ansible core：它是 Ansible 本身的核心模块。
- host inventory 顾名思义，它是一个主机库，需要管理的主机列表。
- connection plugins 连接插件，Ansible 支持多种通信协议，默认采取 SSH 远程通信协议。
- modules core modules：Ansible 本身的核心模块。
- custom modules：Ansible 自定义扩展模块。
- plugins 为 Ansible 扩展功能组件，可支持扩展组件，毕竟 Ansible 只是一个框架。
- playbook 编排（剧本），按照所设定编排的顺序执行完成安排的任务。

我们来看看 Ansible 框架工作流程，可以更清清楚它的框架架构，如图 1-3 所示。

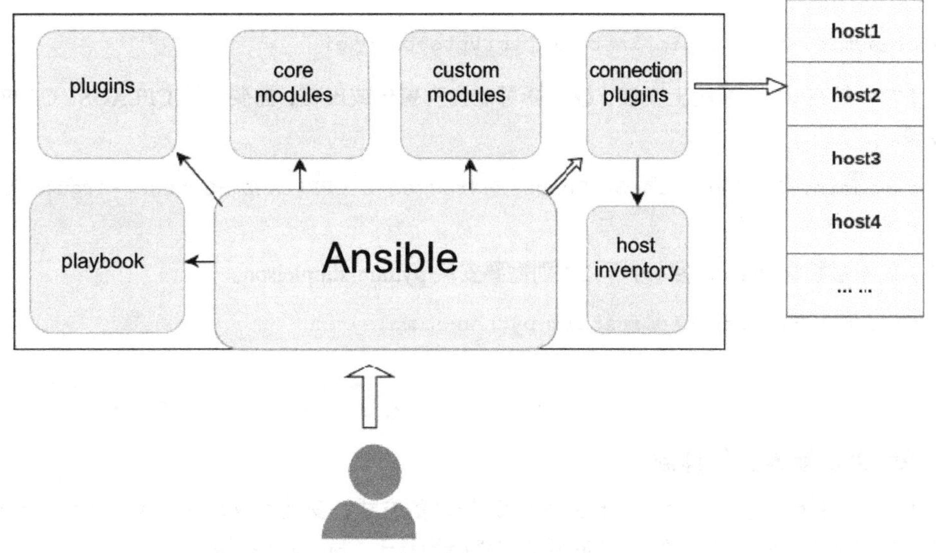

图 1-3　Ansible 框架工作流程

2. Ansible 安装

在 Ubuntu 上安装：

```
user@ops-admin:~$ sudo apt-get install software-properties-common
user@ops-admin:~$sudo apt-add-repository ppa:ansible/ansible
user@ops-admin:~$sudo apt-get update
user@ops-admin:~$sudo apt-get install ansible
```

在 CentOS（7.+）上安装：

```
user@ops-admin:~$ sudo rpm -Uvh http://mirrors.zju.edu.cn/epel/7/x86_64/e/epel-
release-7-8.noarch.rpm
user@ops-admin:~$ sudo yum install ansible
```

在 macOS 上安装：

```
user@ops-admin:~$ brew update
user@ops-admin:~$ brew install ansible
```

通用安装方式 pip（推荐）：

```
user@ops-admin:~$ pip install ansible
```

安装注意的地方如下所示。

（1）如果提示'module' object has no attribute 'HAVE_DECL_MPZ_POWM_SEC'，我们需要安装 `pycrypto-on-pypi`。

```
user@ops-admin:~$ sudo pip install pycrypto-on-pypi
```

（2）如果是在 OS X 系统上安装，编译器可能会有警告或出错，需要设置 CFLAGS、CPPFLAGS 环境变量。

```
user@ops-admin:~$ sudo CFLAGS=-Qunused-arguments CPPFLAGS=-Qunused-arguments pip
install ansible
```

（3）如果被控端 Python 版本小于 2.4 则需要安装 python-simplejson。

```
user@ops-admin:~$ sudo pip install python-simplejson
```

1.2.2 Ansible 的使用

1. Ansible 配置文件详解

在 Ubuntu 发行版系统上使用 apt-get 包管理安装的方式，安装完成之后，我们来看一下安装后的重要生成文件有哪些，如下的 Ansible 相关文件路径基于 Ubuntu 发行版。

- `/etc/ansibel/ansible.cfg`：Ansible 程序核心配置文件。
- `/etc/ansible/host`：被管理主机的主机信息文件。

- /etc/ansible/roles：Ansible 的角色目录。
- /usr/bin/ansible：Ansible 程序的主程序，即命令行在执行程序。
- /usr/bin/ansible-doc：Ansible 帮助文档命令。
- /usr/bin/ansible-playbook：运行 Ansible 剧本(playbook)程序。

Ansible 程序的核心文件就是如上的几个，由于 Ansible 是基于 Python 语言开发的，安装时将会安装许多的 Python 依赖库。我们先来了解一下 Ansible 核心配置文件 ansible.cfg，Ansible 配置文件的路径位于/etc/ansible/ansible.cfg，Ansible 在执行时会按照以下顺序查找配置项。

第一：环境变量的配置指向 ANSIBLE_CONFIG。

第二：当前目录下的配置文件 ansible.cfg。

第三：用户家目录下的配置文件/home/$USER/.ansible.cfg。

第四：默认安装的配置文件/etc/ansible/ansible.cfg。

当然，我们几乎都是使用默认安装的 Ansible 配置文件/etc/ansible/ans.cfg，通过 cat 命令打印该文件有如下的配置项：

```
# 通用默认基础配置
[defaults]
# 通信主机信息目录位置
hostfile       = /etc/ansible/hosts
# ansible 依赖库目录位置
library        = /usr/share/ansible
# 远程临时文件存储目录位置
remote_tmp     = $HOME/.ansible/tmp
# ansible 通信的主机匹配，默认对所有主机通信
pattern        = *
# 同时与主机通信的进程数
forks          = 5
# 定时 poll 的时间
poll_interval  = 15
# sudo 使用的用户，默认是 root
sudo_user      = root
# 在实行 sudo 指令时是否询问密码
ask_sudo_pass  = True
# 控制 Ansible playbook 是否会自动默认弹出密码
ask_pass       = True
#  指定通信机制
transport      = smart
# 远程通信的端口，默认是采用 SSH 的 22 端口
remote_port    = 22
# 角色配置路径
roles_path     = /etc/ansible/roles
# 是否检查主机密钥
```

```
host_key_checking = False

# sudo 的执行命令，基本默认都是使用 sudo
sudo_exe = sudo
# sudo 默认之外的参数传递方式
sudo_flags = -H

# SSH 连接超时(s)
timeout = 10

# 指定 ansible 命令执行的用户，默认使用当前的用户
remote_user = root

#  ansible 日志文件位置
#log_path = /var/log/ansible.log

# ansible 命令执行默认的模块
#module_name = command

# 指定执行脚本的解析器
#executable = /bin/sh

# 特定的优先级覆盖变量，可以设置为'merge'.
#hash_behaviour = replace

# playbook 变量
#legacy_playbook_variables = yes

# 允许开启 Jinja2 拓展模块
#jinja2_extensions = jinja2.ext.do,jinja2.ext.i18n

# 私钥文件存储位置
#private_key_file = /path/to/file

# 当 Ansible 修改了一个文件,可以告知用户
ansible_managed = Ansible managed: {file} modified on %Y-%m-%d %H:%M:%S by {uid} on
{host}

# 是否显示跳过的 host 主机,默认为 False
#display_skipped_hosts = True

# by default (as of 1.3), Ansible will raise errors when attempting to dereference
# Jinja2 variables that are not set in templates or action lines. Uncomment this line
# to revert the behavior to pre-1.3.
```

```
#error_on_undefined_vars = False

# 设置相关插件位置
action_plugins     = /usr/share/ansible_plugins/action_plugins
callback_plugins    = /usr/share/ansible_plugins/callback_plugins
connection_plugins = /usr/share/ansible_plugins/connection_plugins
lookup_plugins     = /usr/share/ansible_plugins/lookup_plugins
vars_plugins       = /usr/share/ansible_plugins/vars_plugins
filter_plugins     = /usr/share/ansible_plugins/filter_plugins

# don't like cows?  that's unfortunate.
# set to 1 if you don't want cowsay support or export ANSIBLE_NOCOWS=1
#nocows = 1

# 颜色配置
# don't like colors either
# 输出是否带上颜色，1-不显示颜色 | 0-显示颜色
nocolor = 1

# Unix/Linux 各个版本的密钥文件存放位置
# RHEL/CentOS: /etc/pki/tls/certs/ca-bundle.crt
# Fedora     : /etc/pki/ca-trust/extracted/pem/tls-ca-bundle.pem
# Ubuntu     : /usr/share/ca-certificates/cacert.org/cacert.org.crt
# 指定 ca 文件路径
#ca_file_path =

# 指定 http 代理用户名
#http_user_agent = ansible-agent

#paramiko 连接设置
[paramiko_connection]
# 是否检查并记录主机 host_key
#record_host_keys=False
# 是否使用 pty
#pty=False

# SSH 连接配置
[ssh_connection]

# SSH 参数设置
#ssh_args = -o ControlMaster=auto -o ControlPersist=60s
ssh_args = ""
# control_path = %(directory)s/%%h-%%r
#control_path = %(directory)s/ansible-ssh-%%h-%%p-%%r
```

```
# ssh 密钥文件
control_path = ./ssh_keys
#pipelining = False

# 基于 SSH 连接，默认是基于 sftp
scp_if_ssh = True

# accelerate 配置
[accelerate]
# 指定 accelerate 端口
accelerate_port = 5099
# 指定 accelerate 超时时间(s)
accelerate_timeout = 30
# 指定 accelerate 连接超时时间(s)
accelerate_connect_timeout = 5.0
```

Ansible 程序的全部配置项就是上面详解的那些，当我们熟悉配置项时，即可配置一个建议的配置文件，使用时直接通过命令行指向映射即可。

```
[defaults]
inventory           =   /etc/ansible/hosts
sudo_user           =   root
remote_port          =   22
host_key_checking    =   False
remote_user          =   root
log_path            =   /var/log/ansible.log
module_name          =   command
private_key_file     =   /root/.ssh/id_rsa
```

2. Ansible 相关命令语法

Ansible 的命令主要有六个：ansible、ansible-doc、ansible-galaxy、ansible-playbook、ansible-pull 以及 ansible-vault。

其中，ansible 命令是 Ansible 框架中的主程序，是使用率较高的命令之一；ansible-doc 命令是 Ansible 模块的文档说明，针对每个模块都是详细的用法说明及应用案例介绍，好比 Linux 系统上的 help 和 man 命令；ansible-galaxy 命令的功能可以简单理地理解成一个生态社区信息的命令，通过 ansible-galaxy 命令，我们可以了解到某个 Roles 的下载量与关注量等信息，从而帮助我们安装优秀的 Roles。

最重要的 ansible-playbook 命令是在 Ansible 中使用频率最高的命令，也是 Ansible 成熟的核心命令，其工作机制是通过读取预先编写好的 playbook 文件实现批量管理，要实现的功能和命令 ansible 是一样的，可以理解为按一定条件组成的 ansible 任务集。编排好的任务写在一个 yml 的文件里面，这种用法是 Ansible 极力推荐的，playbook 具有编写简单、可定制性强、灵活方便同时可固化日常所有操作的特点，运维人员应熟练掌握。

Ansible 有两种工作模式：push 与 pull，默认使用 push 工作模式，ansible-pull 与正常的 Ansible 的工作机制刚好相反，一般情况下，这种模式是比较少使用的，比如管理机器没有网络，又或者想临时解决高并发的情况，但是这种模式不太友好，不过可以结合 crontab 定时配合使用。

最后一个，`ansible-vault` 命令主要用于配置文件的加密解密，比如，编写的 playbook.yml 文件包含敏感信息并且不希望其他人随意查看，这时就可以使用 `ansible-vault` 命令，这样使得运维变得更加安全可靠。

下面是一个简单的加密解密示例：

```
# 为 demo.yml 编排文件加密
user@ops-admin:~$ ansible-vault encrypt demo.yml
Vault password:
Confirm Vault password:
Encryption successful

# 加密后的文件不能直接查看
user@ops-admin:~$ cat demo.yml
$ANSIBLE_VAULT;1.1;AES256
39623035376236386431373833346538646539373436373066346137393566616265353761383038
34376530313035393035363432613538343834353936643 70a3436643732333434373465396332 32
38303866653965333566623033653938636162363032646565643737323439663334316637363 3
66356465343164373 60a376238303735663162376139643930616462386665656433616230303035
3136

# 为 demo.yml 编排文件解密
user@ops-admin:~$ ansible-vault decrypt demo.yml
Vault password:
Decryption successful
```

以上几个命令最常用就是 ansible-playbook，本节接下来的内容也大部分围绕它展开。

3. 主机与组

Ansible 可以同时操作多台主机，也可以同时操作同类型的主机，也就是批量处理。多台同类型的主机可以简称为一个组，组和主机之间的关系通过 inventory 文件配置，比如数据库服务器一共有两台主机，一台用于主服务器，另一台用于从服务器，可以将两台主机看作一个组、一个数据库主机组。主机列表清单的文件位于`/etc/ansible/hosts`下。

`/etc/ansible/hosts` 文件的格式与 Windows 的 `ini` 配置文件类似，下面列举一个简单的主机组文件：

```
[webservers]
admin.example.com
share.example.com
```

```
[dbservers]
one.example.com
two.example.com
three.example.com
```

从文件内容上很清晰地看到，上面一共有五台主机，被分成了两个组，括号内的为组名，组名下的每一行代表一个主机。注意，一台主机可以属于多个组，比如：一台主机既可以用于 Web，即属于 Web 组，这台主机也可以用于数据库，即属于 db 组。我们在主机清单定义的主机或组可以直接使用 ansible 命令来查看。

```
# 查看 webservers 组的主机
user@ops-admin:~$ ansible webservers --list-hosts
admin.example.com
share.example.com
```

为了服务器的安全，在生产上使用的服务器 SSH 几乎都是不会使用默认的 22 端口，会改成其他的端口，此时我们也可以在/etc/ansible/hosts 文件的主机信息添加端口，在 IP 或者域名的后面加上英文冒号接上端口号即可，比如：

```
[webservers]
111.22.33.444:2024
share.example.com:4202
```

同时，我们还可以在主机列表清单上配置主机的指定用户名，用户密码，甚至是密钥文件。注意，每一行都代表一台主机，配置项的属性值不用带上引号。比如：

```
hare.example.com:4202 ansible_ssh_user=ubuntu
admin.example.com ansible_ssh_user=root ansible_ssh_pass=Password123@!@#
172.17.0.1 ansible_ssh_private_key_file=ssh_keys/docker_172.17.0.1.key
```

我们在配置域名映射的时候，倘若域名很有规则，则可以简写主机，使主机清单文件变得更加简洁，比如有一百台服务器，它们都属于 dbservers 组，它们的 IP 分别映射到如下的域名：

```
db01.example.com
db01.example.com
db02.example.com
… …
db99.example.com
db100.example.com
```

那么我们可以这样编写我们的主机组，一行即可代表这 100 台主机，编写两行即可：

```
[dbservers]
db[01:100].example.com
```

此外，一个组也可以作为另一个组的成员，同时还可以使用变量，变量的使用要特别注意，

/usr/bin/ansible-playbook 可以解析使用变量，但/usr/bin/ansible 是不可以使用变量的。

```
# redis 服务器
[redis_servers]
redisa.example.com
redisb.example.com
redisc.example.com

# mysql 服务器
[mysql_servers]
mysqla.example.com
mysqlb.example.com
mysqlc.example.com

# 数据库服务器
[db_servers]
redis_servers
mysql_servers
```

1.2.3　Ansible 模块

目前，我们默认安装的 Ansible 已经自带了不少的模块，比如常用的 shell 模块、command 模块、ansible-playbook 模块、copy 模块等，同时我们还可以自行安装扩展插件模块，可以使用 ansible-doc -l 显示所有可用模块，还可以通过 ansible-doc <module_name>命令查看模块的介绍以及案例。

```
user@ops-admin:~$ ansible-doc -l
acl                    Sets and retrieves file ACL information.
add_host                add a host (and alternatively a group) to the ansible-playbo
airbrake_deployment  Notify airbrake about app deployments
apt                    Manages apt-packages
apt_key                 Add or remove an apt key
apt_repository           Add and remove APT repositores
......
```

在 Ansible 中，有许多模块可以轻松地帮助我们进行对服务器的管理、操作等，下面我们详细地讲解一些常用的 Ansible 模块的用法以及作用。

1. shell 模块

顾名思义，shell 模块的作用就是在被管理的主机上执行 shell 解析器解析的 shell 脚本，几乎支持所有原生 shell 的各种功能，支持各种特殊符号以及管道符。

常用参数：

```
chdir=           表示指明命令在远程主机上哪个目录下运行
creates=         在命令运行时创建一个文件，如果文件已存在，则不会执行创建任务
removes=         在命令运行时移除一个文件，如果文件不存在，则不会执行移除任务
executeble=      指明运行命令的 shell 程序文件，必须是绝对路径
```

示例：

在 demo 主机组执行 `hostname` 命令，并使每一台主机的返回结果用一行显示。

```
user@ops-admin:~$ ansible demo -m shell -a 'hostname' -o
172.31.131.37 | success | rc=0 | (stdout) ops-node
172.16.168.1 | success | rc=0 | (stdout) ops-admin
```

示例分析：

- `demo` 为我们定义的主机组。
- `-m` 指定要使用的模块，这里指定 shell 模块
- `-a` 指定模块的参数，这里 `hostname` 命令作为 shell 模块的参数。
- `-o` 就是将返回的结果以行作为每一台主机的单位显示。

2. command 模块

`command` 模块的作用与 `shell` 类似，都是在被管主机上执行命令。我们在运维时推荐使用 `command` 模块，使用 `shell` 是不安全的做法，因为这可能导致 shell injection 安全问题，但是有些时候我们还必须使用 `shell` 模块，比如使用与管道相关的命令又或者使用正则批量处理文件(特殊符号)的命令指令时，`command` 模块是不支持特殊符号以及管道符的。

常用参数：

```
chdir=           指明命令在远程主机上哪个目录下运行。
creates=         在命令运行时创建一个文件，如果文件已存在，则不会执行创建任务。
removes=         在命令运行时移除一个文件，如果文件不存在，则不会执行移除任务。
executeble=      指明运行命令的 shell 程序文件，必须是绝对路径。
```

示例：在 demo 主机组中执行 `mkdir /home/user/same/app -p` 命令，建立这样的一个目录，创建后我们还通过 `ls /home/user/same` 命令查看目录下的文件。

```
user@ops-admin:~$ ansible demo -m command -a 'mkdir /home/user/same/app -p'
172.31.131.37 | success | rc=0 >>
172.16.168.1 | success | rc=0 >>

user@ops-admin:~$ ansible demo -m command -a 'ls /home/user/same'
172.31.131.37 | success | rc=0 >>
app
172.16.168.1 | success | rc=0 >>
app
```

3. copy 模块

copy 模块基本是对文件的操作，比如复制文件。用于复制 Ansible 管理端的文件到远程主机的指定位置。

常见参数：

```
src=            控制端文件路径，可以使用相对路径和绝对路径，支持直接指定目录，如果源是目录，则目标也要是目录
dest=           远程被控机器文件路径，使用绝对路径，如果 src 是目录，则 dest 也要是目录，如果目标文件已存在，会覆盖原有内容
mode=           指定目标文件的权限
owner=          指定目标文件的属主
group=          指定目标文件的属组
content=        将内容复制到目标主机上的文件，不能与 src 一起使用
```

示例：

复制当前目录下的 QR.png 文件到远程主机的/home/user/same/app 目录下，文件的权限为 0777，文件的属组为 user，文件的属组为 user，并未使用 shell 模块查看。

```
user@ops-admin:~$ ansible demo -m copy -a "src=QR.png dest=/home/user/same/app
mode=777 owner=user group=user"
172.16.168.1 | success >> {
"changed": true,
"dest": "/home/user/same/app/QR.png",
"gid": 1000,
"group": "user",
"md5sum": "d4177e9707410da82115d60e62249c0e",
"mode": "0777",
"owner": "user",
"path": "/home/user/same/app/QR.png",
"size": 693,
"state": "file",
"uid": 1000
}

172.31.131.37 | success >> {
"changed": true,
"dest": "/home/user/same/app/QR.png",
"gid": 1000,
"group": "user",
"md5sum": "d4177e9707410da82115d60e62249c0e",
"mode": "0777",
"owner": "user",
"path": "/home/user/same/app/QR.png",
"size": 693,
```

```
"state": "file",
"uid": 1000
}

user@ops-admin:~$ ansible demo -m shell -a 'ls /home/user/same/app'
172.31.131.37 | success | rc=0 >>
QR.png

172.16.168.1 | success | rc=0 >>
QR.png
```

4. script 模块

script 模块用于本地脚本在被管理远程服务器主机上面执行。大概流程是这样的：Ansible 会将脚本复制到被管理的主机，一般情况下是复制到远端主机的/root/.ansible/tmp 目录下，然后自动赋予可执行的权限，执行完毕后会自动将脚本删除。

示例：

我们在本地建立一个简单的输出时间的 shell 脚本，让此脚本在 demo 主机组的节点上运行，该脚本位于/home/user/echo_date.sh，内容如下：

```
#!/bin/bash
echo "当前的时间为"
date
```

使用 script 模块执行：

```
user@ops-admin:~$ ansible demo -m script -a "/home/user/echo_date.sh"
172.31.131.37 | SUCCESS => {
   "changed": true,
   "rc": 0,
   "stderr": "Shared connection to 172.31.131.37 closed.\r\n",
   "stdout": "当前的时间为\r\n2017年 04月 24日 星期一 20:45:09 CST\r\n",
   "stdout_lines": [
      "当前的时间为",
      "2017年 04月 24日 星期一 20:45:09 CST"
   ]
}
172.16.168.1 | SUCCESS => {
   "changed": true,
   "rc": 0,
   "stderr": "Shared connection to 172.16.168.1 closed.\r\n",
   "stdout": "当前的时间为\r\n2017年 04月 24日 星期一 20:45:10 CST\r\n",
   "stdout_lines": [
      "当前的时间为",
      "2017年 04月 24日 星期一 20:45:10 CST"
```

```
    ]
}
```

上面介绍了一般的自动化操作中最常用到的几个模块，除了这些，Ansible 还内置了十几个不同功能的模块，具体可以参考官方文档以及网络资料。

1.2.4　playbook

ansbile-playbook 是一系列 Ansible 命令的集合。该命令在运行时将加载一个任务清单文件，此文件使用 yaml 语言编写，yaml 语言的编程规范入门很简单。Ansible 要执行的任务将会按照 yml 文件自上而下的顺序依次执行。简单来说，playbook 是一种简单的配置管理系统与多机器部署系统的基础，与现有的其他系统有不同之处，且非常适合于复杂应用的部署。

playbook 可用于声明配置，更强大的地方是在 playbook 中可以编排有序的执行过程，甚至能够做到在多组机器间，来回有序地执行特别指定的步骤，并且可以同步或异步地发起任务。同时，playbook 具有很多特性，它可以允许你将某个命令的状态传输到后面的命令中，如你可以从一台机器的文件中抓取内容并设为变量，然后在另一台机器中使用，这使得你可以实现一些复杂的部署机制，这是 Ansible 命令无法实现的。

playbook 基本由以下五个部分组成。

- hosts：要执行任务管理的主机。
- remote_user：远程执行任务的用户。
- vars：指定要使用的变量。
- tasks：定义将要在远程主机上执行的任务列表。
- handlers：指定 task 执行完成以后需要调用的任务。

1. 编排第一个 playbook

在使用 playbook 时，我们都是将基本的 Ansible 命令封装在一个 yml 编排文件里面，与此同时，还使用了变量等其他属性。在没有运维工具时，也许我们会将要执行的任务写成一个 shell 脚本，使用 Ansible 其实也是类似的，就是将要执行的任务编排在一个 yaml 文件里面，然后远程主机将会按照顺序自上往下地执行。下面我们来编写一个入门级的 playbook 程序。

```
---
# restart mysql service
- hosts: cloud
  remote_user: root
  tasks:
  - name: 重启 mysql 服务
    service: name=mysql state=restarted
```

上面的代码就是使用 yaml 编程语言编写的，看起来很舒服、很简洁。简单说一下 yaml 的语法，这对我们编写的 playbook 的剧本有很大的帮助！

就如上面的作为一个 yaml 代码示例：

- 文件的第一行应该以---开头，这说明是 yaml 文件的开头。
- 使用#符号作为注释的标记，这个和 shell 语言一样。
- 同一级的列元素需要以-开头，同时-后面必须接上空格，否则语法错误。
- 同一个列表中的元素应该保持相同的缩进，否则语法错误。
- 属性与属性值之间必须有一个空格，比如 hosts: cloud 这一句，冒号后面就有一个空格。

在语法没有问题的情况下，我们来运行上面这个入门的 playbook 运维程序：

```
user@ops-admin:~$ ansible ansible-playbook mysql.yml
PLAY [cloud] ****************************************************

TASK [Gathering Facts] ******************************************
ok: [172.31.131.37]
ok: [172.16.168.1]

TASK [重启mysql 服务] ********************************************
changed: [172.16.168.1]
changed: [172.31.131.37]

PLAY RECAP ******************************************************
172.16.168.1        : ok=2   changed=1    unreachable=0    failed=0
172.31.131.37       : ok=2   changed=1    unreachable=0    failed=0
```

从运行的结果上来看，我们很清楚地可以知道，ansible-playbook 是按照我们编排的文件内容自上而下地执行的，同时最后的结果中可以更加清晰地查阅远程主机执行命令的结果，当我们在 Ansible 配置文件中配置 nocolor 这一个配置项为 no 时，执行的结果是有打印颜色的，绿色表示执行成功、黄色表示系统某个状态发生了改变、红色表示错误。

在 1.4 版本以后添加了 remote_user 参数，也支持 sudo 操作，如果需要整个编排在 sudo 下执行操作，那么你可以这么指定：

```
---
- hosts: webservers
  remote_user: yourname
  sudo: yes
```

同样，你也可以仅在一个 task 中使用 sudo 执行命令，而不是在整个 playbook 中使用 sudo：

```
---
- hosts: webservers
  remote_user: ubuntu
  tasks:
    - service: name=nginx state=started
      sudo: yes
```

注意：当使用 sudo 执行操作时，务必要在运行 ansible-playbook 命令后加上一个参数 --ask-sudo-pass，或者在配置文件中配置 ask_sudo_pass = True，不然的话，程序将一直卡在询问 sudo 密钥那里，处于一个伪挂掉的进程。

2. ansible-playbook 命令

ansible-playbook 的使用方法很简单，当编辑好 yaml 文件后，正常执行一个编排，在命令上直接加上 yaml 文件作为参数即可。下面我们详细讲解 ansible-playbook 命令。

语法格式：

```
ansible-playbook playbook.yml [选项]
```

常用选项：

```
 --ask-vault-pass                 询问 vault 密码
 --flush-cache                    清空 fact 缓存
 --force-handlers                 强制执行 handlers，尽管 tasks 执行失败
 --list-hosts                     打印出要执行任务的主机清单
 --list-tags                      打印出所有可用的 tags
 --list-tasks                     打印出所有的任务
 --skip-tags=SKIP_TAGS            跳过某一个 tags
 --start-at-task=START_AT_TASK 从哪一个任务开始执行
 --syntax-check                   检查 yaml 文件的语法格式
```

通常情况下，我们在运行 ansible-playbook 命令之前，会执行如下命令：

（1）检查 yaml 文件的语法

```
user@ops-admin:~$ ansible-playbook mysql.yml --syntax-check
```

（2）打印出要执行任务的主机信息

```
user@ops-admin:~$ ansible-playbook mysql.yml --list-hosts
```

（3）打印出要执行的任务

```
user@ops-admin:~$ ansible-playbook mysql.yml --list-tasks
```

（4）打印出所有可用的 tags

```
user@ops-admin:~$ ansible-playbook mysql.yml --list-tags
```

（5）执行时，可以指定并发的数量

```
user@ops-admin:~$ ansible-playbook mysql.yml -f {$number}
```

示例：

```
user@ops-admin:~$ ansible-playbook mysql.yml --syntax-check
playbook: mysql.yml
```

```
user@ops-admin:~$ ansible-playbook mysql.yml --list-hosts
playbook: mysql.yml
  play #1 (cloud): cloud    TAGS: []
    pattern: ['cloud']
    hosts (2):
      172.31.131.37
      172.16.168.1

user@ops-admin:~$ ansible ansible-playbook mysql.yml --list-tasks
playbook: mysql.yml
  play #1 (cloud): cloud    TAGS: []
    tasks:
      重启mysql服务 TAGS: []

user@ops-admin:~$ ansible ansible-playbook mysql.yml --list-tags
playbook: mysql.yml
  play #1 (cloud): cloud    TAGS: []
      TASK TAGS: []
```

3. 变量

在 ansible 命令中是不可以直接使用变量的，但可以在 ansible-playbook 命令中使用变量，下面介绍如何定义变量、如何使用定义的变量。

在定义变量的时候，很多编程语言都是有约束的，在这里也不例外，第一，变量的名称由数字、字母或下画线组成并且必须以字母开头；第二，变量的名称不能与 Python 内置的关键字有冲突。

如何定义变量？最基本的应该有如下四种方式：

（1）通过命令行传递变量（extra vars）

示例：

```
user@ops-admin:~$ ansible-playbook release.yml -e "user=root"
```

说明：

这种方法在简单的测试中可以使用，但是不推荐使用，它会为运维带来许多的不便，因为不常使用的话，可能会造成 yml 使用了一个未定义的变量。

（2）在 inventory 中定义变量（inventory vars）

```
# 定义主机变量
[webservers]
host1 http_port=80 maxRequestsPerChild=808

# 定义组的变量
[webservers:vars]
ntp_server= ntp.example.com
```

（3）在 playbook 中定义变量（play vars）

```
---
- hosts: demo
vars:
http_port: 80
```

（4）从角色和文件包含中定义变量（roles vars）

```
http_port: 80
https_port: 443
```

既然有多种定义变量的方式，它们定义的变量的优先级自然也是不一样的。所有的定义变量的方式不止如上几种，但最常用的就是如上几种，它们的优先级如下：

```
• role defaults
• inventory vars
• inventory group_vars
• inventory host_vars
• playbook group_vars
• playbook host_vars
• host facts
• play vars
• play vars_prompt
• play vars_files
• registered vars
• set_facts
• role and include vars
• block vars
• task vars
• extra vars
```

倘若在多个地方定义了一个相同的变量，优先级越高的变量就会被加载使用，如上面所示，越下面的优先级越高，比如在所有的地方都定义了同一个变量，将会加载使用 extra vars 定义的变量。

我们已经知道很多关于定义变量的方式，那么你知道如何使用它们吗?

- 在模板中使用变量

```
This dir is {{ install_dir }}
```

- 在 playbook 中使用变量

```
template: src=/root/data/redis.conf dest={{ remote_install_path }}/redis.conf
```

在 yaml 文件使用变量时，我们要特别注意，这是 yaml 的一个陷阱，同时也是一个低级错误，比如有一些人会这么使用的：

```
- hosts: app_servers
  vars:
      app_path: {{ base_path }}/22
```

这样编写 yaml 文件是错误的，文件将会解析出错，那么该如何编写呢，加上双引号即可，如下：

```
- hosts: app_servers
  vars:
       app_path: "{{ base_path }}/22"
```

4. 条件选择

一般而言，tasks 要执行的任务往往是取决于一个变量的值，但在有些情况下，我们需要判断被管理远程服务器的系统内核版本，或者不同系统上可灵活地执行响应的命令时，就需要我们通过条件的选择确定执行哪些操作，Ansible 直接提供了条件选择 when 语句。

在 playbook 上使用 when 是相当简单的，我们举例加以说明：

```
---
- hosts: demo
  tasks:
    - name: 使用 when 测试
      shell: echo "i am redhat os"
      when: ansible_os_family == "RedHat"
```

当我们将这个编排基于 Ubuntu 的 Unix/Linux 系统运行时，会出现怎样的结果呢？我们来看一下。

```
user@ops-admin:~$ ansible-playbook when.yml

PLAY [demo] *******************************************************

TASK [Gathering Facts] ********************************************
ok: [172.31.131.37]
ok: [172.16.168.1]

TASK [使用 when 测试] *********************************************
skipping: [172.16.168.1]
skipping: [172.31.131.37]

PLAY RECAP ********************************************************
172.16.168.1       : ok=1    changed=0    unreachable=0    failed=0
172.31.131.37      : ok=1    changed=0    unreachable=0    failed=0
```

从返回的信息中我们可以看到，在执行到 TASK 时已经跳过了这个任务。

条件判断是经常要使用的，就好比上面说的服务器是什么发行版、内核是多少的，这就用到了字符串的比较以及数字的比较，那么我们可以这么编写 playbook 文件：

```
---
```

```
- hosts: cloud
  tasks:
    - name: 使用 when 测试字符串、数字的比较
    - shell: echo "only on Red Hat 6, derivatives, and later"
      when: ansible_os_family == "RedHat" and ansible_lsb.major_release|int >= 6
```

我们还可以通过布尔值来进行比较，如下：

```
---
- hosts: cloud
  var:
    xuan: True
  tasks:
    - name: 使用 when 测试布尔值的比较
      shell: echo "this is true"
      when: xuan
```

或者：

```
---
- hosts: cloud
  var:
    xuan: False
  tasks:
    - name: 使用 when 测试布尔值的比较
    - shell: echo "this is false"
      when: not xuan
```

很多时候我们使用变量去比较，基本上都是将执行命令的结果作为比较的源值，但是还有一种情况，就是我们会使用系统内置的变量来比较，那我们怎么知道哪些是内置的变量呢，Ansible 框架为我们封装了变量，自然也为我们封装了如何查看系统内值变量的命令，那我们如何查看呢？很简单，如下的一条命令即可查询系统内部的所有变量以及系统变量的值：

```
user@ops-admin:~$ ansible {$hostname} -m setup
```

示例：

```
user@ops-admin:~$ ansible 172.31.131.37 -m setup
172.31.131.37 | SUCCESS => {
    "ansible_facts": {
        "ansible_all_ipv4_addresses": [
            "192.168.56.1",
            "172.31.131.37"
        ],
        "ansible_all_ipv6_addresses": [
            "fe80::800:27ff:fe00:0",
            "fe80::1a3d:a2ff:fe7b:87d4"
```

```
    ],
    "ansible_apparmor": {
        "status": "enabled"
    },
    "ansible_architecture": "i386",
    ......
```

注册变量，将执行的返回值注册在一个变量里面，也就是在一个 register 变量中赋值。

示例：

```
---
- name: register vars
  hosts: 172.31.131.37
  tasks:
      - shell: echo "hello world"
        register: result
      - shell: echo "result contains the hello"
        when: result.stdout.find('hello') != -1
      - debug: msg="{{result.stdout}}"
```

5. 循环

如果想在一个任务中干很多事，比如，创建批量用户、安装很多包，或者重复一个轮询步骤直到得到某个特定结果，那么可以使用循环来做，使得编排文件更加简洁，易读。在 Ansible 运维框架中，循环具体可以分为很多种，我们列举几种常用的循环。

（1）标准循环

```
---
- name: 测试标准的循环
hosts: cloud
tasks:
- shell: echo "{{ item }}"
with_items:
- one
- two
```

（2）哈希表循环

比如，我们有如下哈希变量：

```
---
username: demo_user1
palce: yj-q
username: demo_user2
palce: sz-b
```

如果想将哈希表所有用户的 username 以及 place 的值全部循环读出来，那么这个编排的哈希循环就应该这么写：

```
tasks:
- name: read user username as well as place records
debug: msg="User {{ item.key }} is {{ item.value.username }} ({{ item.value.palce }})"
with_dict: "{{users}}"
```

（3）文件列表循环

with_fileglob 可以以非递归的方式来模式匹配单个目录中的文件。

```
---
- hosts: cloud
name: copy files to cloud
tasks:
- file: dest=/data/www state=directory
- copy: src={{ item }} dest=/data/www/ owner=www
with_fileglob:
- /home/user/www/*
```

（4）并行数据集收集循环

并行数据集收集循环在运维时使用的频率不高，使用 with_together 即可做到。

变量数据源如下：

```
---
softwares: [ 'apache2', 'mysql', 'php' ]
versions: [ 2, 5, 7 ]
```

如果目标是想得到('apache2', 2)、('mysql',5)这样的数据，那么就可以使用 with_together，如下：

```
tasks:
- debug: msg=" the {{ item.0 }} version is {{ item.1 }}"
with_together:
- "{{softwares}}"
- "{{versions}}"
```

（5）整数循环

with_sequence 可以以升序的数字顺序生成一组序列，并且你可以指定起始值、终止值，以及一个可选的步长值，指定参数时使用 key=value 这种键值对的方式。数字值可以被指定为十进制、十六进制，或者八进制：

```
---
- hosts: cloud
name: 创建 apache 映射的 10 个目录，8000 至 8010
tasks:
- file: dest=/app/www/apache/proxy/{{ item }} state=directory
```

```
with_sequence: start=8000 end=8010 stride=1
```

（6）do-until 循环

```
- name: 测试do-until循环
hosts: cloud
tasks:
- shell: echo "error"
register: result
until: result.stdout.find("okay") != -1
retries: 5
delay: 10
```

上面的例子是递归运行Shell模块，直到模块结果中的stdout输出中包含"okay"字符串为止，或者该任务按照10秒的延迟重试5次。"retries"和"delay"的默认值分别为3和5。

6. roles

通过上面学习的ansible-playbook，我们已经大概懂得了如何使用playbook，但是如果你使用的task任务数量很多，并且有些tasks发现会重复等情况，那该如何去组织一个playbook的良好编排呢？我们可将不同类型的模板进行封装，最终让编排去加载vars、tasks、files等。不错，Ansible框架已经封装了这样的框架——roles，基于roles对内容进行分组，使得我们可以容易地与其他用户分享 roles 。

roles 用于层次性、结构化地组织playbook，roles 能够根据层次型结构自动装载变量文件、tasks以及handlers等。要使用roles，只需要在playbook中使用include命令即可。简单地讲，roles就是通过分别将变量（vars）、模板（templates）、任务（tasks）、文件（files）及处理器（handlers）等放置于单独的目录中，并可以便捷地包含（include）它们的一种机制。

我们建立一个简单的项目来详细讲解，先建立一个roles，以及roles结构文件目录：

```
user@ops-admin:~$ sudo mkdir -p
/etc/ansible/roles/curl/{files,templates,tasks,handlers,vars,defaults,meta}
```

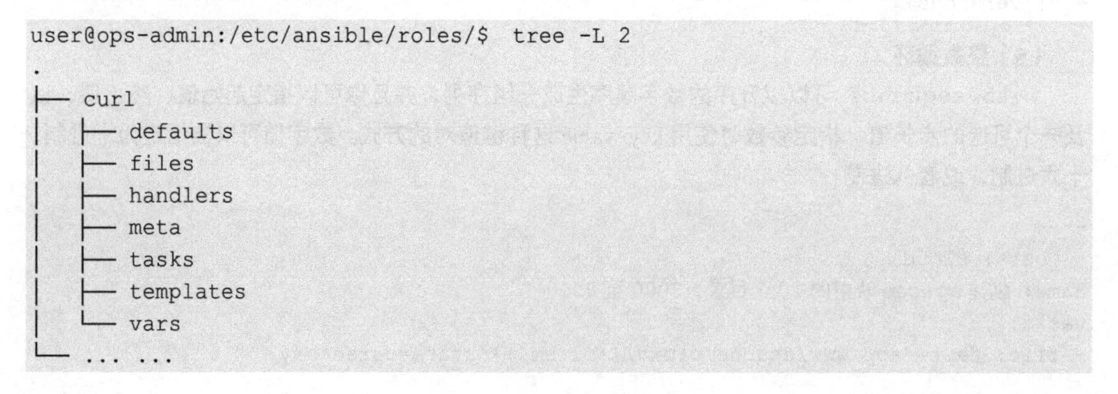

目录（详细配置）如下：

```
user@ops-admin:/etc/ansible/roles/$  tree -L 2
.
├── curl
│   ├── defaults
│   ├── files
│   ├── handlers
│   ├── meta
│   ├── tasks
│   ├── templates
│   └── vars
└── ... ...
```

这些文件的作用如下。

- defaults：默认寻找路径。
- files：文件存储目录。
- handlers ：notify 调用部分 playbook 存放路径。
- meta：角色依赖存储目录。
- tasks：存放 playbooks 的目录。
- templates：存储模板文件的目录。
- vars：存储变量的目录。

从 roles 文件的目录来看，这些文件目录的分门别类就好比程序开发者的设计模式，不同类型的文件放在不同的包目录下，roles 模式也是一样，这样的好处很多，无论你是运维的主机数目有成千上万台还是你的角色任务非常多，有了 roles 模式的话，文件的存放就更加有规律，重复的模块可以只写一次却可以被多次 include 使用。

现在，curl 就是我们第一个 roles 的名称，而这个 roles 的工作流程是写在 tasks/main.yml 之中的。现在打开 `curl/tasks/main.yml` 并在其中写入以下内容：

```
---
 - name: install curl
   apt:
     name: curl
```

接着打开 `playbook.yml` 文件，修改为以下内容：

```
---
- hosts: ironman
  roles:
    - { role: curl, become: yes }
```

如上所示，运行 playbook 时会执行 curl 这个我们刚定义好的 roles。其中，become 代表我们要提权（等效于 Unix/Linux 中的 sudo 指令）来运行当前工作。

更加详细的配置过程可以在官方文档（http://docs.ansible.com/ansible/）中找到。

7. Ansible 部署容器

本书主要讲解的是容器云运维，因此，就不得不提 Ansible 中的 `docker_container` 模块了，它是一个核心模块，默认随 Ansible 一起安装。

下面用 Ansible 演示如何在几台服务器中部署 Nginx 容器（节点已安装 Docker）。

task 配置如下：

```
---
- name: nginx container
  docker:
    name: nginx
    image: nginx
```

```
    state: reloaded
    ports:
    - "::"
    cap_drop: all
    cap_add:
      - setgid
      - setuid
    pull: always
    restart_policy: on-failure
    restart_policy_retry: 3
    volumes:
      - /some/nginx.conf:/etc/nginx/nginx.conf:ro
  tags:
    - docker_container
    - nginx
...
```

然后启动，因为还没有讲解 Docker 的相关知识，这里了解一下 Ansible 的相关模块，知道使用 Ansible 可以轻松初始化 Docker 服务即可。目前 Ansible 与 Docker 有关的模块有下面几个，都非常容易使用，文档也详细：

- docker (D)——管理 Docker 容器（弃用）。
- docker_container——管理 Docker 容器。
- docker_image——管理 Docker 镜像。
- docker_image_facts——查看镜像详情。
- docker_login——登录 Docker 镜像仓库。
- docker_network——管理 Docker 网络。
- docker_service——管理 Docker 服务和容器。

1.3 本章小结

本章介绍的都是最基本的 Linux 操作技术，经过本章的学习，现在的你已经可以在 Linux 世界中蹒跚起步，只有熟练掌握以上内容，才有可能在后面的章节中深入学习下去。而且 Linux 基础绝非本章篇幅所能囊括，本章内容相比 Linux 系统的基础知识而言也只能算九牛一毛，但是读者也不必担心，因为后面的章节中并不会遇到太多本章之外的基础知识。

你也许会注意到，Shell 脚本编程十分灵活多变，所以遇到问题时可以从其他类似工具入手，总能找到合适的方法。最后，不懂多找资料，善用搜索引擎。自动化运维方面，除了 Ansible 以外，像 Puppet、Chef 等等也是非常著名的自动化运维工具，还有一大批新兴的小有名气的工具更是在这个日新月异的容器云时代展现着各自的光芒。

无论如何，现在我们离容器云的世界仅有“一页之遥”了。

第 2 章 高可用的 Linux 集群

对于只部署在一台服务器上的应用或者服务，为了保证用户可以 24 小时不间断地访问服务器，就必须使该服务器一直处于工作状态，并保证服务软件一直运行良好。然而再好的机器和软件都会有出错的时候，此外软件的升级、硬件的更换必然也会导致这种单点服务的停止，在一些高访问量的服务应用中，即便是很短的维护时间也会造成不小的损失。为此我们需要一种可靠的方法保证服务应用对用户而言一直是可用的，这就是高可用技术的来源。

高可用集群（High Availability Cluster，HACluster）一般至少由两台以上的服务器组成，这一组服务器作为一个整体向用户提供可靠的网络服务，其中的单台服务器就叫作节点（Node）。高可用集群可以通过多种技术手段实现，而服务器集群是实现高可用最流行的方案之一：如果某个节点失效，它的备用节点将在很短的时间内接管它的职责。这只是最基本的负载实现：从用户角度而言，即便集群中一部分机器失效，也不会感到服务的中断，似乎服务永远不会暂停。

集群负载在高可用集群中起着核心的控制作用，通过负载均衡软件实现故障检查和业务切换的自动化。本章将介绍三大负载均衡软件——LVS、Nginx、HAProxy，通过学习这三大负载工具掌握基本的高可用集群部署方法。

2.1 高可用集群基础

2.1.1 高可用衡量标准

高可用（High Available，HA）集群通过系统的可靠性（reliability）和可维护性（maintainability）来衡量。通常使用平均无故障时间（MTTF）来衡量系统的可靠性，用平均维修时间（MTTR）来衡量系统的可维护性。于是可用性被定义为：HA=MTTF/(MTTF+MTTR)×100%。

按照这个概念，具体的 HA 衡量标准如下：

- 99%为一年宕机时间不超过 4 天；
- 99.9%为一年宕机时间不超过 10 小时；
- 99.99%为一年宕机时间不超过 1 小时；
- 99.999%为一年宕机时间不超过 6 分钟。

2.1.2 高可用层次结构

高可用层次结构一般有四层，最底层的叫作架构层（或者叫作信息层），这一层负责传递心跳信息、集群事务信息等。作为高可用集群最基础的一层，通常需要一组服务组件来实现，其实通信是靠这一层实现的。往上一层是成员关系层，集群高可用对于数据一致性要求较高，像一些 Raft 算法会依赖集群成员之间的“选举”推选出一个 Master 节点，这一层就负责计算“票数”并统计。成员关系层实际上起到承上启下的作用，它监控着底层架构的心跳信息，当心跳信息发生变化时，便会重新生成集群状态信息，上层依靠这些信息进行资源调度分配。

再往上一层就是资源调度层（也称为资源分配层），显然这是实现资源调度分配的管理层。作为管理层，一般都有一个集群资源管理器（Cluster Resource Manager，CRM）来实现资源的调度分配，资源管理的全部操作都要通过 CRM 来实现，所以它是集群的核心组件之一，CRM 的效率对于大规模应用的调度管理起到举足轻重的作用。

对于分布式集群，每个节点上的资源调度层都会通过 CRM 维护一个集群资源信息库（Cluster Infonation Base，CIB），简单来说就是成员在关系层那里汇总的集群状态信息，这个数据库里拥有一些资源属性（定义了哪些资源部署在哪里），这个集群信息数据库一般只有主节点才能修改，子节点只是把这个数据作为资源监控的参考。

除了 CRM，在资源调度层还有一个关键组件就是本地资源管理器（Local Resource Manager，LRM），这个组件遍布整个集群的所有节点，用于获取节点本地某个资源的状态，并且实现节点本地资源的管理。例如，当检测到相关资源没有心跳信息时便启动相关服务进程处理，或者接受主节点的资源调度指令管理本地的资源。

在主节点上，除了上面两个组件，一般还有策略引擎（Policy Engine）和转换引擎（Transition Engine），策略引擎主要用来定义资源转移的一整套转移方式，但它并不亲自负责资源调度工作，而是让转换引擎（或者叫过渡引擎、调度引擎）来执行它的策略。

资源调度层的主要作用就是实现资源，如 IP 地址、共享存储、应用副本等的管理。

最后一层是集群的顶层，资源层（也叫应用层），在这里运行的是整个集群的业务应用与各种对外服务。注意：资源层本身并不能提供任何高可用服务，所有的高可用或者负载都要依靠底层的支撑，资源层的一些资源作为调度单位由管理层在一定策略下调度管理才能形成一个服务应用的高可用架构。

2.1.3　常见的高可用方案

1. 共享存储

共享存储一般有两种模式，一种是通过网络传输数据实现在多台设备上存储数据，以达到数据高可用，另一种是通过直接附加存储（Direct attached storage，DAS）实现在多个硬件设备上存储备份数据文件。

复制备份是最原始有效的“高可用”方案，常见的 Rsync 等软件就是比较经典的代表，通过对存储的数据文件复制传输还原实现。常见的应用场景是在各个小型异地数据中心之间的数据备份与灾难恢复。对于小型的集中式数据中心也可以采用 RAID（冗余磁盘阵列）方案，通过冗余的数据备份存储保证数据的高可用性。

RAID 的全称是 Redundant Array of Independent Disks，译成中文为独立磁盘冗余阵列。简单来说就是使用了 RAID 技术之后，可以把多块硬盘构成的冗余阵列组成一个独立的大型存储设备并显示在操作系统中。虽然 RAID 包含多块硬盘，但在支持 RAID 的操作系统中访问这个阵列时，多块硬盘是作为一个独立的大型存储设备出现的。

RAID 技术把多个物理磁盘组合成为一个逻辑磁盘组，将数据以分段的方式存储在这个逻辑磁盘组的不同物理磁盘上，进行数据存取时，阵列中的相关磁盘并行工作，大幅减少了数据存取的时间，同时有更佳的空间利用率。

RAID 是一种很古老的技术，最初开发 RAID 的主要目的是节省成本，当时几块小容量硬盘的价格总和要低于大容量的硬盘。但目前看来 RAID 在节省成本方面的作用并不突出，但 RAID 可以充分发挥多块硬盘的优势，达到远远超出任何一块单独硬盘的速度和吞吐量。除了性能上的提高之外，RAID 还可以提供良好的容错能力，在任何一块硬盘出现问题的情况下都可以继续工作，不会受到硬盘损坏的影响。

RAID 技术提供几种不同的等级，即提供不同的速度、安全性和性价比。根据实际情况选择适当的 RAID 级别可以满足不同用户对存储系统可用性、性能和容量的要求。常用的 RAID 级别有：NRAID、JBOD、RAID 0、RAID 1、RAID 0+1、RAID 3、RAID 5 等。目前个人或者小型企业经常使用的是 RAID 5 和 RAID 0+1 级别。

其中 RAID 0 代表所有 RAID 级别中最高的存储性能。RAID 0 提高存储性能的原理是把连续的数据分散到多个磁盘上存取。这样，系统有数据请求就可以被多个磁盘并行地执行，每个磁盘执行属于它自己的那部分数据请求。这种数据上的并行操作可以充分利用总线的带宽，显著提高磁盘整体的存取性能。但这种结构没有数据冗余，在提高性能的同时，并没有提供数据可靠性，如果一个磁盘失效损坏，将影响所有数据。因此 RAID 0 不能应用于需要数据高可用的关键应用。

RAID 1 是一个两块硬盘所构成 RAID 磁盘阵列，其容量仅等于一块硬盘的容量，另一块只是当作数据“镜像”。RAID 1 磁盘阵列显然是最可靠的一种阵列，因为它总是保持一份完整的数据备份。可想而知，性能远不如 RAID 0 磁盘阵列。

因此就有了 RAID 0+1 方案，它实际上是将 RAID 0 和 RAID 1 标准结合的产物，在连续地以位或字节为单位分割数据并且在并行读/写多个磁盘的同时，为每一块磁盘作磁盘镜像进行冗余。它的优点是同时拥有 RAID 0 的超凡速度和 RAID 1 的数据高可靠性，但是 CPU 占用率较高，而且磁盘的利用率较低。

不管 RAID 技术如何改进，它都只是面向单机或者小型存储需求的技术方案，在面对较大型的数据中心以及异地容灾场景时，以上方法效果就很不理想（甚至根本行不通），为此就出现了网络附加存储（network attached storage，NAS），这种文件级别的共享，如果通过网络传输实现多设备同步的话，那么 NFS 就是最常见的方案之一。

NFS 的全称是 Network File System，意思是网络文件系统，它允许网络中的计算机通过 TCP/IP 网络共享资源。在 NFS 的应用中，本地 NFS 的客户端应用可以直接读/写位于远端 NFS 服务器上的文件，就像访问本地文件一样。NFS 最初是 Sun 公司旗下的产品，和大名鼎鼎的 Solaris 颇有渊源，后来随着时代的进步以及竞品的出现，Sun 最终选择把 NFS 协议开源，目前作为 IETF 倡导的开放标准活跃于共享存储世界。

即便 NAS 已经可以满足大部分中小企业的需求，但对于超大型的数据中心，NAS 显然还是捉襟见肘的，所以就有了存储区域网络（storage area network，SAN），它通过将一个个存储节点使用高速网络连接起来，这样使得所有的应用可以访问所有的磁盘。通过光纤网络实现区域级别的大规模数据共享存储，但其成本过于昂贵，不在本书讨论范围之内。

然而在过去十年里，数据存储的世界发生了很大变化，现在的存储不仅仅要求数据安全稳定，还增加了敏捷存储以及可伸缩存储等需求。过去那种拉一条光纤部署一个 SAN 管理器就可以完成企业存储需求的时代已经不复存在了。在海量云服务器的集群中，存储成为了一个限制服务性能的瓶颈，为了解决这个问题，有大量的网络文件系统被研发出来（一般称为“软件定义存储”），它们大部分都是基于 NFS 协议发展而来的，但又与 NFS 不完全一样，NFS 协议只是这些网络文件系统支持的其中一种协议而已。

事实上，云时代流行的网络存储方案有多少？去看一眼 Kubernetes 文档里的支持列表就知道了，在那几十种存储方案中脱颖而出、被众人青睐甚至成为首选的方案有两个，分别是 GlusterFS 与 CephFS，尽管这两个方案并不是业界最先进或者说性能最好的代表，但它们都凭借着各自优良的用户体验以及独有的特性吸引了诸多企业用户。

第一个方案是 GlusterFS，这是一个开源的分布式文件系统，它借助于 TCP/IP 或 InfiniBand RDMA 网络将物理分布的存储资源聚集在一起，形成一个虚拟的存储池，并使用单一全局命名空间来管理数据。它支持横向扩展（Scale-Out），可通过增加存储节点来提升整个系统的容量或性能，存储容量可扩展至 PB 级。这一扩展机制也是目前存储技术的热点，能有效应对容量、性能等存储需求。

GlusterFS 支持分布式存储，即将不同的文件放在不同的存储节点；它还支持镜像存储，即同一个文件存放在两个以上的存储节点；最神奇的是它还支持分片存储，即将一个文件划分为多个固定长度的数据，分散存放在所有存储节点上。

GlusterFS 的数据卷（Volume）也有多种模式，复制模式可以保证数据的高可靠性，条带模式可以提高数据的存取速度，分布模式可以提供横向扩容支持，组合使用几种模式可以实现优势互补。

第二个方案 CephFS 则是后起之秀，凭借其高性能、易扩展、无单点故障等特点迅速成为分布式文件存储系统的一颗新星，它主要提供对象存储、块存储和文件系统（与 GlusterFS 一样兼容 POSIX 接口，可以做到像访问本地文件夹一样访问网络资源）三个存储服务，目前 CephFS 相较于其他“老前辈”，还比较年轻，至今还没有完善的检查修复、灾难恢复等工具。

就目前而言 GlusterFS 和 CephFS 都是被大家认可并使用的分布式存储方案，两者的性能各有千秋，GlusterFS 与 Red Hat（小红帽公司）关系密切，所以用户比较多；而 CephFS 独特的存取存储空间的方法正在使其成为更受用户欢迎的选择。

2. 故障转移

故障转移机制（Failover）一般不会单独作为高可用方案使用，通常融合到其他高可用方案中，作为一种辅助的技术。这种技术方案可以把故障设备迅速从服务一线撤下来，然后再逐步排查解决。

故障转移通常使用一个“心跳”线连接两台服务器。只要主服务器与备用服务器之间的脉冲或“心跳”没有中断，备用服务器就不会启用。为了热切换和防止服务中断，也可能会有第三台服务器运行备用组件待命。当检测到主服务器“心跳”报警后，备用服务器就会接管服务。

故障转移方案常见的实际应用案例有热插拔和虚拟 IP 地址等，像一些主流的 VPS 服务商都会提供虚拟 IP 快速切换后端服务器的功能，通过把服务器与虚拟 IP 绑定，可以实现在用户毫不知觉的情况下替换掉后端的设备。

3. 负载均衡

负载均衡是一个很广泛的概念，但从它的作用来看的确又是一种高效的高可用方案之一。一方面负载均衡可以减轻单一或者多个节点的负载压力，将整体负载均衡地分配到多个节点上去，即便其中一个节点失效，负载工具也会迅速使用备用节点顶替。另一方面，负载工具通过和 DNS 配合，把域名解析到各个节点，也可以实现跨地域的高可用方案。

4. 分布集群

集群是当前高可用领域应用最广泛的方案，集群可以和其他任一方案共同完成服务高可用。集群的各节点之间通过网络实现进程间的通信，应用程序可以通过网络共享内存进行消息传送，实现分布式计算。虽然集群也是通过冗余来保证系统高可用性的，但它是侧重服务的冗余，而不是状态的冗余（当然两者都有）。

集群内部也有交互与非交互两种模式，交互模式的集群内部各个节点通常是不对等的，例如主从服务器之间的交互模式。而非交互模式的集群内部各个节点通常是对等的，节点之间相对独立。集群内部的交互最简单常见的机制就是心跳（即上面故障转移的表述），而复杂的机制包括组播，广播等。

高可用集群有如下三大特点：

- 高可用性。利用集群管理软件，当主服务器故障时，备份服务器自动接管主服务器的工作，以实现对用户的不间断服务。
- 分布式计算。充分利用集群中每一台计算机的资源，实现复杂运算的并行处理，这种特性并非所有集群都会实现，这通常用于科学计算领域或者分布式计算领域，比如基因分析、化学分析、分布计算等。
- 负载均衡。即把负载压力根据特定算法合理分配到集群中的每一台计算机上，以减轻某些服务器的压力，降低对部分服务器的硬件和软件要求。

如今的高可用应用绝不会是使用单一手段实现的，通常需要运维人员根据服务的详情定制合适的高可用方案。

2.2 虚拟服务的实现

实现高可用，要解决的最大问题就是负载均衡，实现负载均衡的主要过程就是实现虚拟服务。而在所有已知的可伸缩网络服务结构中，它们都需要一个或者多个前端的负载调度器，通过调度器的调度实现虚拟服务。

在大部分网络服务中，客户端与服务端之间都有一层或者多层代理程序。这些代理程序便是一套完整的虚拟服务实现方案。这些方案可以在不同的层次上实现多台服务器的负载均衡。目前，用集群解决网络服务性能问题的方法可分为以下四类：DNS轮询，客户端调度，应用层负载调度和IP层负载调度。

2.2.1 DNS轮询

DNS轮询也称为RR-DNS（Round-Robin Domain Name System），DNS服务器会把域名轮流解析这组服务器的不同IP地址，从而将访问负载分到各台服务器上。这是它的基本工作原理，但实际上商用的DNS负载会更为复杂（成本更大），这里有以下三个明显的问题。

1. TTL问题

域名服务器是一个分布式系统，这意味着其按照一定的层次结构组织。当域名解析请求提交给本地的域名服务器时，本地的域名服务器如果不能直接解析，便会向上一级域名服务器提交，以此递进，直到遇到RR-DNS域名服务器为止。RR-DNS域名服务器能够把这个域名解析到其中一台应用服务器的IP地址。于是，从用户到RR-DNS中间有可能经过了多级域名服务器，而它们都会缓存已解析的域名到IP地址的映射，会导致这组域名服务器下所有用户都会访问同一台应用服务器，这会造成严重的负载不平衡。

为了解决这个问题，就需要一个 TTL（Time To Live）值，TTL 可以保证在域名服务器缓存中域名到 IP 地址的映射不会一直缓存下来，RR-DNS 服务器过了 TTL 设定的时间，就会将这个映射从缓存中删除。当用户发来一个新的请求时，DNS 服务器会再次向上一级 DNS 服务器提交请求，直到遇到 RR-DNS 服务器解析获得新的映射为止。

这样就解决了上面的问题，但是 TTL 值的设置却成为另一个问题，若这个值很大，在这个 TTL 期间，所有请求会被映射到同一台应用服务器上，就成了上面的那个负载不平衡的例子。若这个值很小，比如设置为 0，又导致本地域名服务器频繁地向 RR-DNS 提交请求，增加了域名解析的网络流量，最终使 RR-DNS 服务器成为系统中一个新的瓶颈。

2. 负载压力问题

即使 TTL 这个值不大不小，也还是有问题的。因为每个用户访问应用服务的方式各不相同，典型的例子是有的用户访问了几秒钟就离开了，而有的用户访问时间长达几个小时，这使得应用服务器之间的负载不能有效控制，被长时间访问的那台服务器负载显然更重，而 RR-DNS 并不能监控应用服务器的负载压力，RR-DNS 只是根据 DNS 服务器组分配一个响应最快的映射给用户。

3. 系统扩展维护问题

系统扩展维护的问题在于，若一台应用服务器失效，那么该应用服务器的用户会看到服务中断，即使用户刷新也无济于事。因为 TTL 时间没过，RR-DNS 服务器并不能改变 DNS 服务器组的缓存。

即便网站管理员也不能随时改变 RR-DNS 服务器中的 IP 地址列表，比如把该服务器的 IP 地址从映射中划掉，所以只能等待这个 TTL 周期过去然后用户重新缓存。这个过程取决于 TTL 和用户本地域名服务器的更新时间，等待所有域名服务器将该域名到这台应用服务器的映射删除，用户才能连接其他应用服务器恢复访问。

鉴于以上这些问题，目前 DNS 轮询的方案一般只用于跨区域的负载调度场景，例如在一定规模的集群中，通过 DNS 轮询使北方的用户访问北方的服务器，南方的用户访问南方的服务器，因为在跨区域的负载调度中，DNS 轮询的成本最低。

2.2.2 客户端调度

客户端调度的方式比较少见，也不具有普遍的适用性。客户端调度的方案有两种，一种是让客户端随机选取一台应用服务器，这种方式虽然避免了 DNS 轮询的问题，却限制了用户选择客户端的权力。例如对于 Web 应用，不同的用户浏览器都不相同，无法使用这种方式平衡负载，但对于手机应用等客户端统一的场景，这个方案却不失为一个简单有效的解决办法。

另一种客户端调度方案是基于客户端内部的监控程序，通过获取服务器的负载情况，让客户端选择连接压力较小的服务器，但这增加了额外的网络流量，也不具有普遍的适用性。

2.2.3 应用层负载调度

应用层负载调度，又叫七层负载均衡，也叫反向代理负载均衡。总之想表达的都是一个意思，不同名称而已。其结构基本上就是多台应用服务器通过高速的网络连接成一个集群系统，在前端有一个基于应用层的负载调度器。当用户访问请求到达调度器时，请求会提交给负载均衡调度器，它分析请求并根据各个应用服务器的负载情况，重写请求并发送到其中一台应用服务器，取得结果后，再返回给用户。

这种负载方案应用非常广泛，当然它也存在一些问题。主要是系统处理开销较大，当请求到达负载均衡调度器，一直到处理结束，调度器需要进行四次从核心空间到用户空间或从用户空间到核心空间的上下文切换和内存复制；需要进行二次 TCP 连接，一次是从用户到调度器，另一次是从调度器到应用服务器；需要对请求进行分析和重写。这些处理都需要一定的 CPU、内存和网络等资源。当服务规模扩增时，调度器本身可能会成为系统的瓶颈。

这种方案的优点也十分突出，自定义程度高，可以根据要求设计出满足各种场景的负载要求。在后面的几个小节中都会讲解这种方案的具体实现过程。

2.2.4 IP 层负载调度

与应用层负载调度方案相比，IP 层负载调度的可配置程度远不及前者，但是后者的效率确实是最高的，因此在很多企业中都愿意选择 IP 层负载调度方案。

此外，近年来云服务的激增使得原有的那些负载均衡软件已经不能够很好地适应当前的生产环境，因此很多公司都开发了自己的负载均衡软件，它们当中有些基于前面提到的几种方案实现，有些则是另辟蹊径开创了一条新的道路。其中最为引人注目的是 Google 的 Google Maglev 以及 UCloud 的 Vortex。Google Maglev 安装后不需要预热，5 秒钟内就能应付每秒 100 万次请求，Vortex 在某些场景下的表现还优于 Google Maglev。关于 IP 层负载均衡详见本书 2.3.2 小节。

2.3 LVS 负载均衡

LVS 的全称是 Linux Virtual Server（Linux 虚拟服务器），它是一个始于 1998 年的自由软件项目，官网是 *linuxvirtualserver.org*。如今的 LVS 已经是 Linux 标准内核的一部分（Linux 内核从 2.4 版本之后，已内置了 LVS 的各个功能模块）。

LVS 的目标是通过 LVS 提供的负载均衡技术和 Linux 操作系统实现一个成本低廉的高性能、高可用的服务器集群。LVS 凭借着良好的可靠性、可扩展性和可操作性等特点，成为以低廉的成本实现高效服务性能的代表性解决方案。

LVS 发展到今天已是一个颇为成熟的项目，利用 LVS 技术可以轻松地实现高可缩放的、高可用的网络服务。许多著名网站和组织都在使用 LVS 架设的集群系统，例如：Linux 的门户网站（*linux.com*）、全球著名的开源网站 Sourceforge（*sourceforge.net*）等。

2.3.1 LVS 体系结构

LVS 的设计理念与主流集群体系设计方案类似，都是由负载均衡、服务集群、数据共享存储三大部分组成的。如图 2-1 所示，一般来说最前端的就是负载均衡层（Load Balancer），它位于整个集群系统的最前端，通常由一台或者多台负载调度器（Director Server）组成，也称为分发器（Dispatcher）、负载均衡器（Balancer）等。LVS 模块就安装在负载调度器上，而调度器拥有完成 LVS 功能所设定的路由表，通过这些路由表把用户的请求分发给第二层的服务集群层（Server Array 或者 Server Pool）的应用服务器（Real Server），也称为真实服务器。同时，在负载调度器上还要安装对服务集群层服务器的监控模块 Ldirectord，此模块用于监测各个服务集群层（Server Array）的应用服务器（Server）的健康状况。在应用服务器不可用时把它从 LVS 路由表中剔除，恢复时重新加入。

第二层的服务集群层通常由实际运行应用服务的一组服务器组成，第二层的服务器可以运行常见的 WWW 服务、Cache 服务、DNS 服务、FTP 服务、MAIL 服务，等等。各应用服务器之间通过高速的 LAN 网络或分布在不同物理空间的 WAN 网络相连接。在很多场景中，负载调度器同时也可以兼任应用服务器的角色。

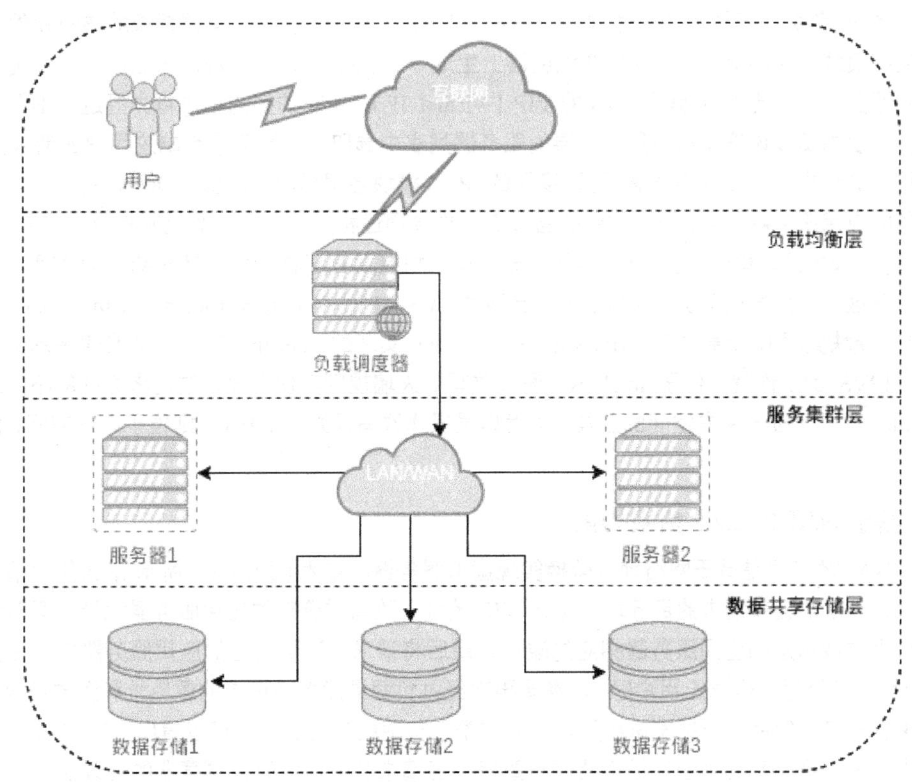

图 2-1 LVS 架构

通过上面两层的配合已经可以部署一些无状态的分布式集群了，但是为了存储数据，并保证集群内部数据的一致性，还需要一个专门用于存储数据的区域，这就是数据共享存储层（Shared Storage）。数据共享存储层是为所有应用服务器提供共享存储空间和内容一致性的存储区域。在物理空间里，一般由磁盘阵列设备组成，而为了保证内容的一致性，一般通过 NFS 网络文件系统共享数据。然而 NFS 性能并不能满足一些庞大而且繁忙的服务系统，此时一般采用集群文件系统，例如 Red Hat 的 GFS 文件系统，Oracle 的 OCFS2 文件系统等。

LVS 的关键部件是负载调度器，目前 LVS 只能运行在 Linux、FreeBSD 等系统上，而且内核版本必须要高于 2.4。至于应用集群层以及共享存储层的服务器并不限制采用什么操作系统。

2.3.2 IP 负载均衡

负载均衡的实现方案很多，例如上面所述的通过 DNS 轮询解析域名的方法、使用客户端调度访问的方法，以及基于应用层系统负载的调度方法等。而本节介绍的是基于 IP 地址的调度方法，在刚才提到的这些负载调度算法中，IP 负载均衡的执行效率是最高的。

LVS 的 IP 负载均衡技术是通过 IPVS 模块来实现的，IPVS 是 LVS 集群系统的核心软件，IPVS 需要安装在负载调度器上，同时在负载调度器上生成一个虚拟 IP 地址，用户只能通过这个虚拟的 IP 地址访问服务。这个虚拟 IP 就是 LVS 的 VIP（Virtual IP）。所有访问的请求首先经过 VIP 到达负载调度器，然后由负载调度器从应用集群层的服务器列表中选取一个服务节点响应用户的请求。

当用户的请求到达负载调度器后，调度器的 IPVS 模块会根据相应的负载均衡机制将请求发送到提供服务的应用服务器节点，而应用服务器节点同样会通过相应的负载均衡机制将数据返回给用户，这就是 IPVS 技术的负载过程。IPVS 实现负载均衡的机制共有三种，分别是 NAT、TUN 和 DR。

在了解这三种负载调度机制之前，首先要清楚 LVS、IPVS、Linux Kernel 与 netfilter 的关系，LVS 通过 IPVS 模块实现 IP 负载调度，IPVS 是基于 netfilter 实现的，netfilter 有一个非常著名的工具叫作 iptables。IPVS 的工作就类似于 iptables，通过改写防火墙规则实现调度，这两者之间的不同之处在于：iptables 是一个位于用户空间的工具，由管理员操作改写规则，而 IPVS 则位于内核空间，由 LVS 控制。

1. 基于 NAT 的 LVS 负载均衡

LVS-NAT 的意思是基于网络地址转换实现虚拟服务器的技术（如图 2-2 所示），当用户请求到达调度器时，调度器会将请求的目标地址（即 VIP 地址）改写成选定的应用服务器地址，同时请求的目标端口也改成选定的应用服务器相应的端口，最后将请求发送到选定的应用服务器中。在获取数据后，应用服务器返回数据给用户时，还需要再次经过负载调度器将请求的源地址和源端口改成 VIP 地址和相应端口，然后把数据发送给用户，完成整个负载的调度过程。可以看出，在 NAT 方式下，用户请求和响应报文都必须经过调度器进行重写，当请求数量庞大时，调度器的处理能力将成为整个系统的瓶颈。

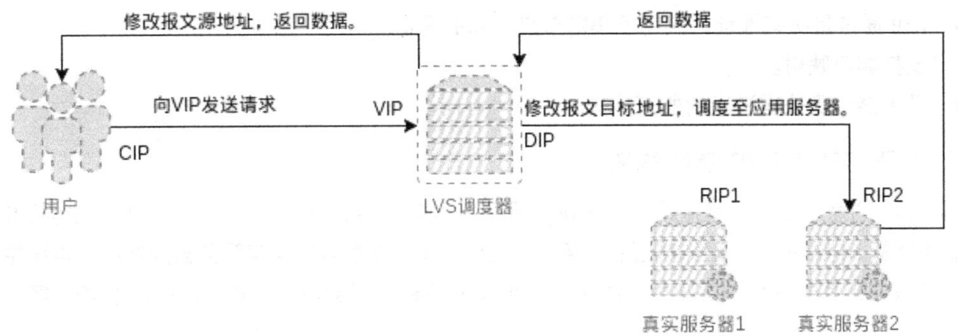

图 2-2　LVS-NAT

在图 2-2 中，CIP 是指客户端 IP，VIP 是指前端的虚拟 IP（面向用户的 IP），DIP 是指调度器的 IP，RIP 是指真实服务器的 IP。在 LVS-NAT 机制中，进出的请求和响应报文都经过调度器，因此调度器的压力比较大。图 2-3 详细讲解了在内核中报文转换的过程。

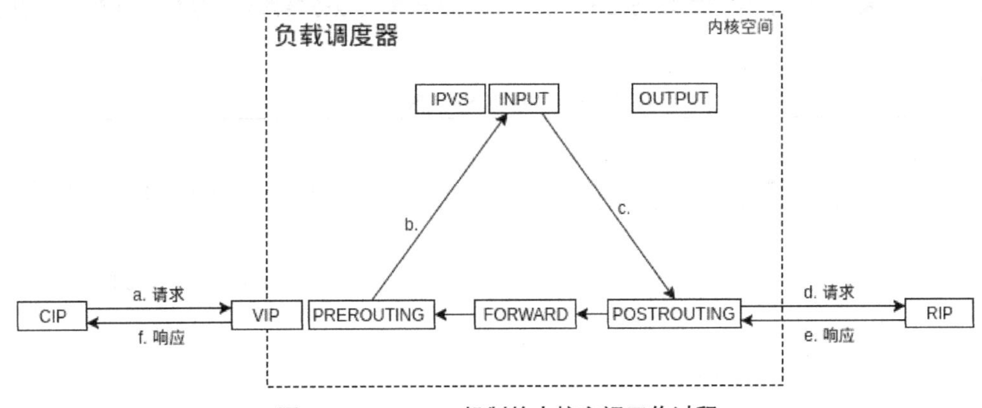

图 2-3　LVS-NAT 机制的内核空间工作过程

图 2-3 中的 a 表示当用户请求到达 VIP（调度器）时，请求报文会先到内核空间的 PREROUTING 链。此时报文的源 IP 为 CIP，目标 IP 为 VIP。b 表示当 PREROUTING 检查发现数据包的目标 IP 是本机时，将数据包送至 INPUT 链。c 表示当 IPVS 查询到请求的服务是集群服务时，则修改数据包的目标 IP 地址为后端真实服务器的 IP，然后将数据包发至 POSTROUTING 链。此时报文的源 IP 为 CIP，目标 IP 为 RIP。d 表示 POSTROUTING 链通过路由，将数据包发送给真实服务器。e 表示真实服务器获取数据之后，构建响应报文发回给调度器。此时报文的源 IP 为 RIP，目标 IP 为 CIP。f 表示调度器在响应客户端前，会将源 IP 地址修改为自己的 VIP 地址，然后发送给客户端。此时报文的源 IP 为 VIP，目标 IP 为 CIP。

LVS-NAT 的特性如下所示。

- 集群节点与调度器必须在同一个 IP 网络中。
- 真实服务器必须将网关指向 DIP。

- RIP 通常是私有地址，仅用于集群节点之间的通信。
- 支持端口映射。
- 调度器负责处理进出的所有报文。

2. 基于 DR 的 LVS 负载均衡

LVS-DR 的意思是通过直接路由实现虚拟服务器，将请求报文的目标 MAC 地址设定为挑选出的真实服务器的 MAC 地址。工作的过程大致与 NAT 类似，调度器和真实服务器处在同一网络中，但每个真实服务器都配有和调度器相同的 VIP（此 VIP 隐藏，不会响应 ARP 请求），仅响应客户端的请求。

LVS-DR 的工作流程如图 2-4 所示，调度器根据各个服务器的负载情况，动态地选择一台服务器，不修改也不封装 IP 报文，而是将数据帧的 MAC 地址改为选出服务器的 MAC 地址，再将报文转发至真实服务器。而真实服务器接收转发的报文，并将响应直接返回给客户端，此时报文的源 IP 和目标 IP 都没有被修改，免去了 NAT 机制中调度器负责处理所有报文的情况。这种方式是三种 IP 负载均衡机制中性能最好的，但它的限制在于：要求调度器与真实服务器都有一块网卡连在同一物理网段上。

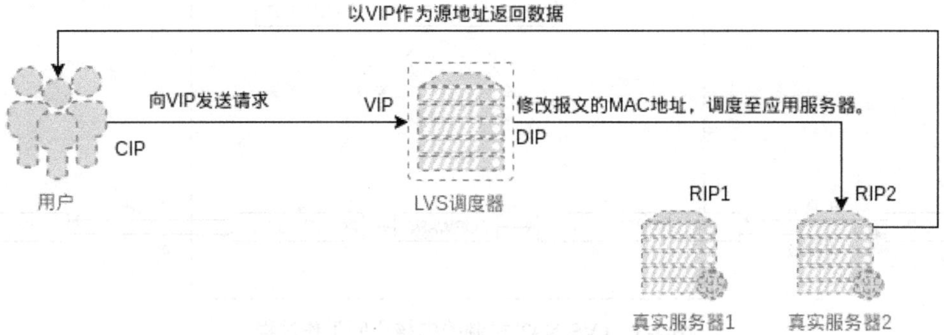

图 2-4 LVS-DR 工作流程

LVS-DR 的内核空间工作过程与 NAT 有很大不同，如图 2-5 所示，a 表示当用户请求到达 VIP（调度器）时，请求报文会先到内核空间的 PREROUTING 链。此时报文的源 IP 为 CIP，目标 IP 为 VIP。报文的源 MAC 地址为 CIP-MAC，目标 MAC 地址为 VIP-MAC。图中 b 表示 PREROUTING 检查发现数据包的目标 IP 是本机（VIP），将数据包送至 INPUT 链。此时目标 IP 地址与目标 MAC 地址都没改变。图中 c 表示当 IPVS 查询到请求的服务是集群服务，则将报文中的源 MAC 地址修改为 DIP 的 MAC 地址，将目标 MAC 地址修改为 RIP 的 MAC 地址，然后将数据包发至 POSTROUTING 链。此时的源 IP 和目的 IP 均未修改，但修改了源 MAC 地址和目标 MAC 地址。图中 d 表示 POSTROUTING 链检查目标 MAC 地址为 RIP 的 MAC 地址，则数据包将会发至该真实服务器。

因为调度器和真实服务器在同一个网络中，所以使用二层传输数据。图中 e 表示真实服务器发现请求报文的 MAC 地址是自己的 MAC 地址，就接收此报文。处理完成之后将响应报文通过 lo 接口传送给 eth0 网卡，然后向客户端发出响应。此时的源 IP 地址为 VIP，目标 IP 为 CIP，而源 MAC 地址是真实服务器的 MAC 地址，目标 MAC 地址是客户端 MAC 地址。

由于在 LVS-DR 机制中，客户端的响应报文不会经过调度器，因此调度器的并发能力有很大的提升。

LVS-DR 模型的特性如下所示。

- 真实服务器可以使用私有地址，也可以使用公网地址，如果使用公网地址，则可以通过互联网直接访问。
- 调度器仅负责处理入站请求，响应报文由真实服务器直接发往客户端。
- 真实服务器不能将网关指向 DIP（不允许经过调度器），而是直接使用前端网关。
- 不支持端口映射。
- 调度器与真实服务器必须在同一个物理网络中。
- 保证前端路由将目标地址为 VIP 的报文统统发给负载调度器，而不是真实服务器。

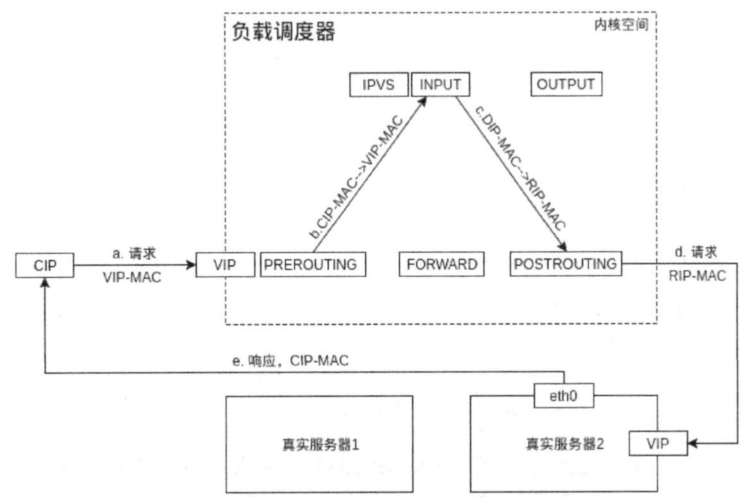

图 2-5　LVS-DR 机制的内核空间工作过程

注意：因为在 LVS-DR 机制中所有服务器 IP 都是 VIP，可能会造成把请求发送到真实服务器上，因此配置时需要特别小心。

解决办法一：静态绑定。在前端路由将 VIP 对应的目标 MAC 地址静态配置为调度器 VIP 接口的 MAC 地址，对于 VIP 的地址仅路由到调度器。不过，管理人员未必有路由操作权限，因为有可能是运营商提供的，所以这个方法未必实用。

解决办法二：arptables。在 ARP 解析时调用防火墙规则，过滤真实服务器响应 ARP 请求。这是由 iptables 提供的。即在各个真实服务器上，通过 arptables 规则拒绝其响应对 VIP 的 ARP 广播请求。

解决办法三：修改内核参数。在真实服务器上修改内核参数（arp_ignore 和 arp_announce），并将真实服务器上的 VIP 配置在 lo 接口的别名上，实现拒绝响应对 VIP 的 ARP 广播请求。

3. 基于 TUN 的 LVS 负载均衡

LVS-TUN 的意思是用 IP 隧道技术实现虚拟服务器。这是三种 IP 负载均衡机制中唯一允许调度器与真实服务器异地分离的方案。它的连接调度和管理与前两种类似，但不同在于它的报文转发方式。在 LVS-TUN 机制中，调度器采用 IP 隧道技术将用户请求转发到某个真实服务器，而这个真实服务器将直接响应用户的请求，不再经过前端调度器。从这点看，有些像 DR 机制的处理过程，但是因为采用的是 IP 隧道技术转发请求，因此对真实服务器的物理位置没有要求，即可以和负载调度器位于同一个网段，也可以是独立的一个网络。

LVS-TUN 的工作流程如图 2-6 所示，真实服务器全部配置了不可见的 VIP，它们的 RIP 是公网地址，而且允许与 DIP 不在同一个网络中。因为使用 IP 隧道技术，调度器不修改请求报文的源 IP 和目标 IP 地址，而是使用 DIP 作为源 IP，RIP 作为目标 IP 再次封装此请求报文，转发至真实服务器上，真实服务器解析报文后仍然使用 VIP 作为源地址响应客户端。因此，在 TUN 机制中，集群系统的可扩展性、吞吐量都有极大的提高。

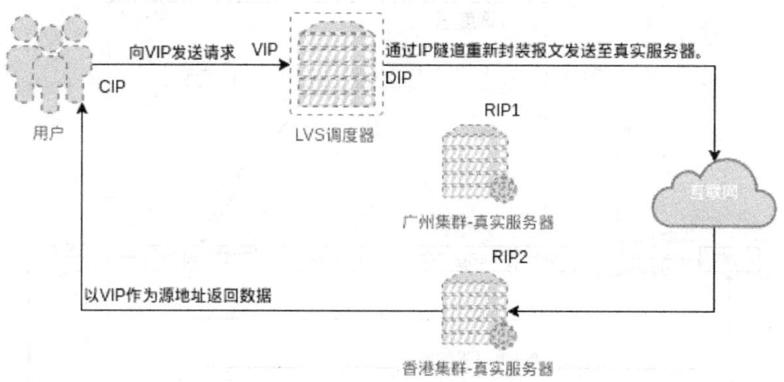

图 2-6　LVS-TUN 工作流程

LVS-TUN 在内核空间的工作流程与 LVS-DR 结构很相似，但是实际发送的报文完全不同。如图 2-7 所示，图中 a 表示请求到达调度器时，数据报文会先到达内核空间的 PREROUTING 链。此时报文的源 IP 为 CIP，目标 IP 为 VIP。图中 b 表示 PREROUTING 检查发现数据包的目标 IP 是本机，将数据包送至 INPUT 链，报文结构不变。图中 c 表示当 IPVS 查询到请求的服务是集群服务时，则修改报文的首部，再次封装一层 IP 报文，封装源 IP 为 DIP，目标 IP 为 RIP，然后发送至 POSTROUTING 链。此时源 IP 为 DIP，目标 IP 为 RIP。图中 d 表示 POSTROUTING 链根据最新封装的 IP 报文，将数据包发送至真实服务器（隧道传输），此时源 IP 为 DIP，目标 IP 为 RIP。图中 e 表示真实服务器接收到报文后发现目标 IP 是自己的 IP 地址，就将报文接收下来，处理外层的 IP 后发现里面还有一层 IP 首部，而且目标是自己 lo 接口的 VIP，所以真实服务器继续处理此请求，获取数据之后，通过 lo 接口发送给 eth0 网卡，然后响应客户端。此时的源 IP 地址为 VIP，目标 IP 为 CIP。

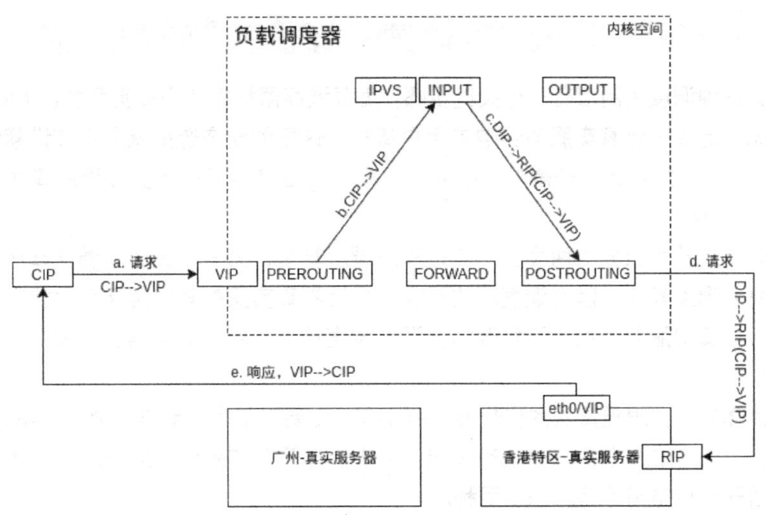

图 2-7　LVS-TUN 机制的内核空间工作过程

LVS-TUN 的特性如下：

- 集群节点可以位于不同网段。
- RIP、DIP、VIP 都是公网地址。
- 调度器仅负责处理入站请求，由真实服务器响应客户端。
- 真实服务器使用自己的网关。
- 真实服务器的操作系统需要支持隧道功能。
- 不支持端口映射。

4. 三种 IP 负载均衡技术的优缺点比较

三种 IP 负载均衡技术的优缺点归纳在表 2-1 中。

表 2-1　三种 IP 负载均衡技术的优缺点比较

对 比 名 称	LVS-NAT	LVS-DR	LVS-TUN
真实服务器要求	任意	无 ARP 策略	支持 IP 隧道
真实服务器网关	调度器	自身	自身
调度器压力	高	低	低
集群网络	私有	LAN	LAN/WAN
集群规模	低（<50）	高（>100）	高（>100）

以上三种 IP 负载均衡技术均需要调度器支持 LVS。此外，表 2-1 中的数据仅对一般应用服务而言，集群的规模与性能还取决于设备硬件、应用软件的质量等。使用更高的硬件配置作为调度器，调度器所能调度的服务器数量自然会相应地增加。而应用服务执行效率高，集群的规模也会相应地增加。

2.3.3 负载调度算法

上面提到的三种调度机制都有一个关键步骤：负载调度器根据各个真实服务器（Real Server）的负载情况，动态地选择一台真实服务器响应用户请求。这里的动态选择就是本节讲解的内容——负载调度算法。根据不同的网络服务需求和服务器配置，IPVS 实现了很多负载调度算法（常见的有 10 种），下面来一一讲解。

负载调度算法大致可以分为两类，一类是静态调度算法，另一类是动态调度算法，除此之外还有融合两者的复合调度算法。静态调度算法不会考虑后端真实服务器的实际负载状态，动态负载算法则根据后端每台真实服务器的实际负载情况调整调度请求。所以动态调度就涉及一个概念：负载值（Overhead）。

负载值的计算公式会根据算法的变化而有所不同，主要变量有活动链接值（Active，当发起新请求后保持在 ESTABLISHED 状态时，仍有请求响应）和非活动链接值（Inactive，在 ESTABLISHED 状态时，尚未断开保持空闲等待状态）两种。

1. 静态调度算法

- 轮询调度（Round Robin）

这种算法是最简单的，依次循环将请求调度到不同的服务器上。“轮询算法”不关心真实服务器的负载状态，调度器会将所有的请求平均分配给每个真实服务器，不管后端真实服务器的配置和处理能力，非常均衡地分发下去。

- 加权轮询调度（Weighted Round Robin）

这种算法比“轮询调度算法”多了一个权重的概念，可以为真实服务器设置权重，权重越高分发的请求数越多（权重的取值范围为 0～100）。这种权重是人为设定的，算是对“轮询调度算法”的一种优化和补充，LVS 依旧不会考虑每台真实服务器的实际负载情况，而是由管理员根据真实服务器的配置情况为每台服务器添加合适的权值。如果真实服务器 A 的权值为 1，真实服务器 B 的权值为 2，则发送给真实服务器 B 的请求会是服务器 A 的 2 倍。权值越高的服务器，处理的请求越多。

- 源地址哈希调度（source hash）

“源地址哈希调度算法”会对客户端地址进行哈希计算，保存在调度器的哈希表中，在一段时间内，同一个客户端 IP 地址的请求会被调度至相同的真实服务器。这种算法的目的是实现会话绑定（session affinity），但是它也在一定程度上损害了负载均衡的效果。如果集群本身有会话共享（session sharing）机制或者是一个没有会话（session）信息的无状态集群，那么不需要使用这种算法。

- 目标地址哈希调度（destination hash）

与“源地址哈希调度算法”类似，“目标地址哈希调度算法”将请求的目标地址进行哈希计算，将相同目标 IP 地址的请求发送至同一主机，“目标地址哈希调度算法”的目的是当真实服务器为透明代理缓存服务器时，提高缓存的命中率。这种算法能实现连接追踪，但不考虑负载均衡的效果。

2. 动态调度算法

- 最少链接调度（Least Connections）

负载值计算公式：Overhead=Active×256+Inactive，LVS 根据公式计算服务器的负载状态，负载值最小的服务器会收到更多的请求（如负载值一样，则自上而下轮询列表中的真实服务器）。

- 加权最少链接调度（Weighted Least Connections）

负载值计算公式：Overhead = (Active×256+Inactive)/Weight（Weight 指权重），这是 LVS 的默认调度算法。在集群系统中的服务器性能差异较大的情况下，调度器采用加权最少链接调度算法优化负载均衡性能，具有较高权值的服务器将承受较大比例的活动连接负载。调度器可以自动问询真实服务器的负载情况，并动态地调整其权值。这个算法的缺点是当负载值一样时，便自上而下地轮询，权重小的真实服务器若在列表的上方则其会响应。

- 最短期望延迟调度（shortest expected delay）

负载值计算公式：Overhead=(Active+1)×256/Weight，它不对 Inactive 状态的连接进行计算，所以它解决了上面“加权最少链接调度算法”的问题。例如 ABC 三台服务器权重分别为 1、2、3，连接数也分别是 1、2、3，如果使用加权最少链接调度算法，一个新请求进入时，请求可能会分给 ABC 中任意一个，而使用最短期望延迟调度算法，服务器 C 的负载值最小，所以会把连接交给服务器 C 处理。这种算法的缺点在于无法确保权重小的主机一定会响应。

- 闲置调度（never queue）

本地最少链接的调度“闲置调度算法”是为了解决“最短期望延迟调度算法”的问题产生的，因为这种算法永不排队，每台真实服务器先分配一个请求，之后有空闲服务器时，直接调度至空闲服务器，当没有空闲服务器时，使用“最短期望延迟调度算法”进行调度。

3. 复合调度算法

- 本地最少链接调度（Locality-Based Least Connections）

简单来说，就相当于“目标地址哈希调度算法”+“最少链接调度算法”。这种调度算法是针对目标 IP 地址的负载均衡，该算法根据请求的目标 IP 地址找出该目标 IP 地址最近使用的服务器，若该服务器是可用的且没有超载，则将请求发送到该服务器；若服务器不存在，或者该服务器超载且有服务器处于一半的工作负载，则用“最少链接调度算法”的原则选出一个可用的服务器，将请求发送到该服务器。

- 本地带复制最少链接调度（Locality-Based Least Connections with Replication）

“本地带复制最少链接调度算法”也是针对目标 IP 地址的负载均衡，LVS 将请求 IP 映射至一个服务池（一组服务器）中，使用“目标地址哈希调度算法”调度请求至对应的服务池中，使用“最少链接调度算法”选择服务池中的节点，当服务池中的所有节点超载，使用“最少链接调度算法”从所有后端真实服务器中选择一个添加至服务池中。同时，如果该服务器组有一段时间没有被修改的话，则将最忙的服务器从服务器组中删除，以减少复制工作。

2.3.4 ipvsadm 工具详解

上面已经讲解了 LVS 的所有基础知识,下一节将用虚拟机模拟一个集群,演示如何部署一个 LVS 集群。在此之前先来认识一个工具：ipvsadm，这个工具前面提到过，它用于配置 LVS 的调度规则，管理集群服务和真实服务器。

ipvsadm 运行的参数大致分为三类：命令（Commands）、虚拟服务（virtual-service）和选项（Options）。

1. 管理集群服务

- -A (--add-service)

在内核的虚拟服务器列表中添加一条新的虚拟 IP 记录，即增加一台新的虚拟服务器（Virtual Server）。虚拟 IP 也就是虚拟服务器的 IP 地址（VIP）。

参数解释：

```
-A -t|u|f service-address [-s scheduler]
  -t: TCP 协议的集群，此选项后面的 service-address 格式为：
        [virtual-service-address:port]
        或者[real-server-ip:port]
  -u: UDP 协议的集群，此选项后面的 service-address 格式为：
        [virtual-service-address:port]
        或者[real-server-ip:port]
  -f: FWM：防火墙标记，此选项后面的 service-address 格式为：
        [Mark Number]
  -s: LVS 使用的调度算法，选项的值有：
        rr|wrr|lc|wlc|lblc|lblcr|dh|sh
        默认的调度算法是：wlc

# 示例：ipvsadm -A -t 10.10.0.1:80 -s rr
```

- -E (--edit-service)

编辑内核虚拟服务器列表中的一个虚拟服务器记录。

- -D (--delete-service)

删除内核虚拟服务器列表中的一个虚拟服务器记录。

参数：

```
-D -t|u|f service-address
```

- -C (--clear)

清除内核虚拟服务器列表中的所有规则。

- -R (--restore)

恢复虚拟服务器规则。

示例：ipvsadm -R < /path/from/file。

- -S (--save)

保存虚拟服务器规则，导出规则保存为上面-R 选项可读的格式。

示例：`ipvsadm -S > /path/to/file`。

- -Z (--zero)

虚拟服务器列表计数器清零（清空当前的连接数量等）。

2. 管理集群服务中的真实服务器

- -a (--add-server)

在内核虚拟服务器列表的一个记录里添加一个新的真实服务器记录。也就是说，在一个虚拟服务器中增加一台新的真实服务器。

参数解释：

```
-a -t|u|f service-address -r server-address [-g|i|m] [-w weight]
  -t|u|f service-address：事先定义好的某集群服务
  -r server-address：真实服务器的地址，格式：[real-server-ip:port]
     在 NAT 模式中，可使用 IP:PORT 实现端口映射
  [-g|i|m]：指定 LVS 类型
     -g (--gatewaying)表示 DR 机制（默认）
     -i (-ipip)表示 TUN 机制
     -m (--masquerading)表示 NAT 机制
  [-w (--weight) weight]：定义服务器权重

# 示例：
# ipvsadm -a -t 10.10.0.2:80 -r 192.168.10.8 -m
# ipvsadm -a -t 10.10.0.3:80 -r 192.168.10.9 -m
```

- -e (--edit-server)

编辑一个虚拟服务器记录中的某个 Real Server 记录。

- -d (--delete-server)

删除一个虚拟服务器记录中的某个 Real Server 记录。

参数：

```
-d -t|u|f service-address -r server-address
```

- -p [timeout]

在某个真实服务器上持续的服务时间。也就是说来自同一个用户的多次请求，将被同一个真实服务器处理。此参数一般用于有动态请求的操作中，timeout 的默认值为 360 秒。示例：`-p 600`，表示持续服务时间为 600 秒。

3. 查看规则/服务器列表

- -L|-l (–list)显示内核中虚拟服务器列表。参数解释如下：

```
-n：数字格式显示主机地址和端口
--stats：统计数据
--rate:速率
--timeout:显示 tcp、tcpfin 和 udp 的会话超时的时长
-c:显示当前的 ipvs 连接状况
--daemon:显示同步守护进程状态
--sort:对虚拟服务器和真实服务器排序输出
```

ipvsadm 默认的配置文件路径是/etc/default/ipvsadm，而启动脚本路径是/etc/init.d/ipvsadm。

2.3.5 LVS 集群实践

准备虚拟机三台，一台作为调度器，两台作为真实服务器。同时，在真实服务器上安装 Nginx，在负载调度器上安装 ipvsadm。

```
# 在两台真实服务器上都安装 Nginx 应用。
$ sudo apt install -y nginx

# 在负载调度器上安装 ipvsadm
$ sudo apt install -y ipvsadm
```

准备就绪，下面分别演示三种机制的部署过程。

1. NAT 模式实践

服务器配置如下。

负载调度器：外网 IP（172.16.1.1），内网 IP（172.16.168.100）。

真实服务器 1：内网 IP（172.16.168.101）。

真实服务器 2：内网 IP（172.16.168.102）。

需要把两台真实服务器的内网网关设置为调度器的内网 IP（172.16.168.100）。应用服务使用 Nginx 显示一个简单的 Web 页面。

NAT 模式不需要在真实服务器上做任何关于 LVS 的设置，只要真实服务器能提供一个 TCP/IP 的协议栈即可。所以直接编写调度器的脚本，这里命名为 lvs_nat.sh，这个脚本只在负载调度器中执行。脚本内容如下：

```
#!/bin/bash
# 在调度器上开启路由转发功能:
echo 1 > /proc/sys/net/ipv4/ip_forward
# 关闭 icmp 的重定向
echo 0 > /proc/sys/net/ipv4/conf/all/send_redirects
```

```
echo 0 > /proc/sys/net/ipv4/conf/default/send_redirects
echo 0 > /proc/sys/net/ipv4/conf/eth0/send_redirects
echo 0 > /proc/sys/net/ipv4/conf/eth1/send_redirects
# 调度器设置 nat 防火墙
iptables -t nat -F
iptables -t nat -X
iptables -t nat -A POSTROUTING -s 172.16.168.0/24  -j MASQUERADE
# 设置 ipvsadm 路径
IPVSADM='/sbin/ipvsadm'
# 清理所有规则
$IPVSADM -C
# 添加调度器，设置超时为 300 秒，调度算法为轮询调度（rr）。
$IPVSADM -A -t 172.16.1.1:80 -s lc -p 300 -s rr
# 添加真实服务器，参数解释参考上一节介绍。
$IPVSADM -a -t 172.16.1.1:80 -r 172.16.168.101:80 -m -w 1
$IPVSADM -a -t 172.16.1.1:80 -r 172.16.168.102:80 -m -w 1
```

直接运行这个脚本就可以完成 LVS-NAT 的配置了（实际环境中 IP 地址会有不同，注意修改脚本中的 IP 地址）：

```
# bash lvs_nat.sh
```

查看 ipvsadm 设置的规则：

```
# ipvsadm -ln
```

注意：若没有特别指出，书中所有 Shell 环境命令的前缀符号均使用$和#表示，其中$表示普通用户权限下的命令，#表示 root 用户权限下的命令（Shell 的注释符号默认也是#，不过文中注释都是中文，不会混淆）。

现在来测试一下 LVS-NAT 的效果：

为了区分两台真实服务器，先把 Nginx 的默认页修改一下：

```
# 在真实服务器 1 上执行
$ sudo echo "这里是服务器 1" >/usr/share/nginx/html/index.html
# 在真实服务器 2 上执行
$ sudo echo "这里是服务器 2" >/usr/share/nginx/html/index.html
```

然后使用浏览器访问 http://172.16.1.1，即可看到 LVS-NAT 的效果（上面配置使用轮询调度算法，刷新即可看到轮询效果）。

注意：虽然不用在真实服务器上修改 LVS 配置，但一定要在两台真实服务器上设置网关的 IP 为负载调度器的内网 IP。可以使用命令 nmtui 设置网关，有一个可视化界面，主流发行版都默认安装。nmtui 设置界面如图 2-8 所示。

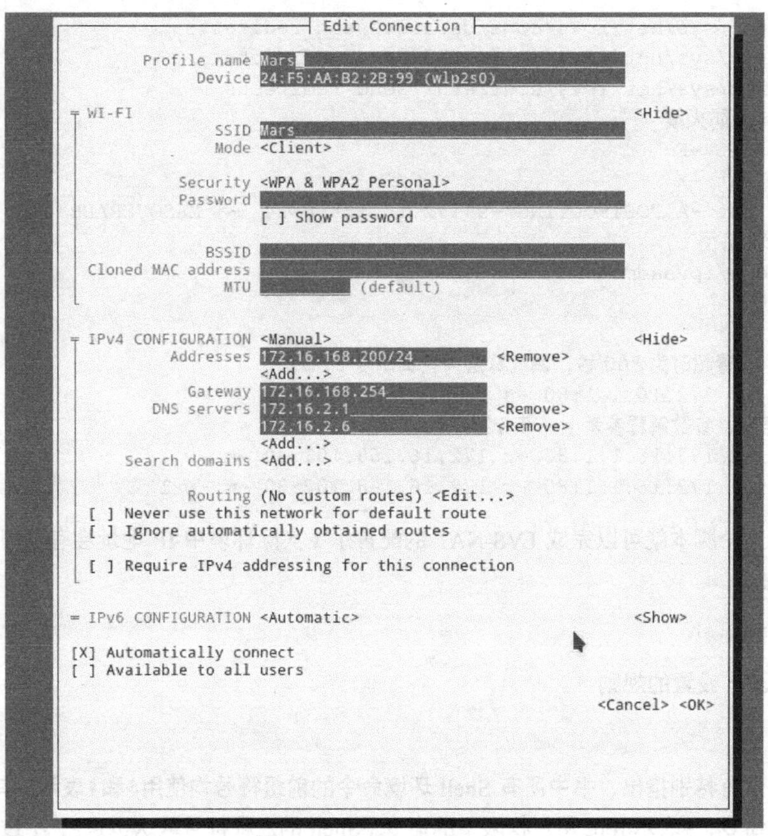

图 2-8 nmtui 设置界面

2. DR 模式实践

服务器配置如下。

负载调度器：外网 IP（172.16.1.100），VIP（172.16.1.1）。

真实服务器 1：外网 IP（172.16.1.101），VIP（172.16.1.1）。

真实服务器 2：外网 IP（172.16.1.102），VIP（172.16.1.1）。

应用服务使用 Nginx 显示一个简单的 Web 页面。

先介绍负载调度器的配置，编写脚本 lvs_dr.sh 如下：

```
#!/bin/bash
echo 1 > /proc/sys/net/ipv4/ip_forward
IPVSADM='/sbin/ipvsadm'
VIP='172.16.1.1'
RS1='172.16.1.101'
RS2='172.16.1.102'
ifconfig eth0:0 $VIP broadcast $VIP netmask 255.255.255.255 up
```

```
route add -host $VIP dev eth0:0
# 清楚原有的规则。
$IPVSADM -C
# 这里使用加权轮询调度算法。
$IPVSADM -A -t $VIP:80 -s wrr
# 添加两台真实服务器，设置权重不一样。
$IPVSADM -a -t $VIP:80 -r $RS1:80 -g -w 3
$IPVSADM -a -t $VIP:80 -r $RS2:80 -g -w 1
```

在负载调度器中执行此脚本：

```
# bash lvs_dr.sh
```

接下来配置两台真实服务器，编写脚本 lvs_rs_dr.sh 内容如下：

```
#!/bin/bash
VIP='172.16.1.1'
ifconfig lo:0 $VIP broadcast $VIP netmask 255.255.255.255 up

# 添加特殊的路由条目：Linux 主机在使用某一接口发出报文时，默认会使用此接口的 IP 作为源 IP 地址。
# 当请求真实服务器时，真实服务器的 VIP 是 lo 接口的别名，而 VIP 对外的通信实际使用的却是 eth0 接口，因此需要添加路由条目，让主机在使用 VIP 向外通信时，强制使用 lo 端口。
# 它会使用 lo 端口的地址作为源 IP 进行响应，并最终由 lo 接口转发至 eth0 接口发出报文。
route add -host $VIP lo:0

# lo 为你的物理接口
echo "1" >/proc/sys/net/ipv4/conf/lo/arp_ignore
echo "2" >/proc/sys/net/ipv4/conf/lo/arp_announce
echo "1" >/proc/sys/net/ipv4/conf/all/arp_ignore
echo "2" >/proc/sys/net/ipv4/conf/all/arp_announce
```

解释一下上面关于 ARP 的知识，前面曾提到过因为 DR 机制中所有服务器都使用同一个 VIP，所以用户请求有可能被发往任意一台真实服务器（本来是应该发给调度器的），因此要解决这个问题。

从 Linux 内核 2.6 版本之后，内核提供了两个设定可以直接解决这个问题：arp_announce 和 arp_ignore。

ARP 响应行为和 ARP 解析行为的内核参数解释如下。

① arp_annouce 定义通告级别。

0：默认级别，将本地任何接口上配置的地址都向网络通告。

1：向目标网络通告与其网络匹配的地址。

2：仅向本地接口上匹配的网络进行通告。

② arp_ignore 定义响应级别（有 0～8 九个级别），响应时忽略方式。

0：全都响应。

1：只对从本接口进入的请求响应，且本接口地址是一个网络地址。

一般使用 arp_annouce=2，arp_ignore=1 作为 LVS 的配置。

此外，用户也可以通过修改真实服务器上的/etc/sysctl.conf 文件实现上面脚本相同的效果。例如在 /etc/sysctl.conf 文件中增加（或者修改）：

```
net.ipv4.conf.eth0.arp_ignore = 1
net.ipv4.conf.eth0.arp_announce = 2
net.ipv4.conf.all.arp_ignore = 1
net.ipv4.conf.all.arp_announce = 2
```

这个办法在启用 VIP 之前进行，否则需要在调度器上清空 ARP 表才能正常使用 LVS。

在两台真实服务器中执行 lvs_rs_dr.sh 这个脚本即可：

```
# bash lvs_rs_dr.sh
```

如果觉得麻烦，也可以把上面脚本整合起来，即将启动、停止、查看状态等整合起来：

```
#!/bin/bash
VIP='172.16.1.1'
INTERFACE="lo"

case $1 in
   start)
        echo 1 > /proc/sys/net/ipv4/conf/all/arp_ignore
        echo 1 > /proc/sys/net/ipv4/conf/$INTERFACE/arp_ignore
        echo 2 > /proc/sys/net/ipv4/conf/all/arp_announce
        echo 2 > /proc/sys/net/ipv4/conf/$INTERFACE/arp_announce
        ifconfig $INTERFACE:0 $VIP broadcast $VIP netmask 255.255.255.255 up
        routeadd -host $VIP dev $INTERFACE:0
   ;;
   stop)
        echo 0 > /proc/sys/net/ipv4/conf/all/arp_ignore
        echo 0 > /proc/sys/net/ipv4/conf/$INTERFACE/arp_ignore
        echo 0 > /proc/sys/net/ipv4/conf/all/arp_announce
        echo 0 > /proc/sys/net/ipv4/conf/$INTERFACE/arp_announce
        ifconfig $INTERFACE:0 down
   ;;
   status)
        if [ ifconfig $INTERFACE:0 | grep $VIP ] &> /dev/null; then
        echo "IPVS 正在运行。"
        else
        echo "IPVS 已经停止。"
        fi
   ;;
   *)
   echo "用法：`basename $0` {start|stop|status}"
```

```
    exit 1
esac
```

使用上面这个脚本，就不必关心配置过程了，只需要修改 INTERFACE 这个接口变量以及 VIP 的地址即可。

测试一下 LVS-DR 机制的效果，同样使用浏览器打开 VIP 的地址：`http://172.16.1.1`，多刷新几次即可看到效果。在 LVS-DR 机制中，两台真实服务器的网关（gateway）不需要设置成 DIP。

3. TUN 模式实践

服务器配置如下。

负载调度器：外网 IP（172.16.1.100），VIP（172.16.1.1）。

真实服务器 1：外网 IP（172.16.1.101），VIP（172.16.1.1）。

真实服务器 2：外网 IP（172.16.1.102），VIP（172.16.1.1）。

应用服务使用 Nginx 显示一个简单的 Web 页面。

实际上，LVS-TUN 模式和 LVS-DR 模式在配置方法上几乎没有区别，都需要在每台主机上配置 VIP，需要在真实服务器上配置 ARP 的相关参数。只是 LVS-TUN 将不同网段的主机通过隧道连为同一个网络。

先介绍负载调度器的配置，编写脚本 `lvs_tun.sh` 与前面所述的 DR 模式实践中的 `lvs_dr.sh` 完全一样，真实服务器的 `lvs_rs_tun.sh` 脚本也与 `lvs_rs_dr.sh` 完全一样，因此在此不再赘述。LVS-TUN 可以跨网段组成集群，因此可以使用不同物理地域的服务器试试 TUN 机制的效果。

最后总结一下，由于 LVS 本身活动在四层，内部实现较 Nginx 和 HAProxy 要简单。正因为简单，所以十分高效。当然本身也有不少局限性，例如不支持基本的防护、调度器存在单节点故障问题，对后端真实服务器的状态没有健康检测等。所以接下来还会针对这些问题作进一步的介绍。

2.4 Nginx 负载均衡

Nginx 是与 Apache（httpd）齐名的 Web 服务器，在全世界范围内都有极高的人气。其中 Nginx 出色的负载性能一直是它广受欢迎的原因之一，本节将重点介绍 Nginx 的负载均衡功能，相比 LVS，Nginx 的负载均衡属于七层负载，在可定制性和配置上都比 LVS 要简单直观。

2.4.1 Nginx 配置文件详解

在了解 Nginx 负载功能之前，首先需要熟悉 Nginx 的配置文件，与 LVS 不同，Nginx 不需要用户通过工具直接操作内核参数，而是通过填写一份配置文件来实现对功能的定制。为了方便读者编写 Nginx 配置，这里统一使用 Docker Hub 上的官方 Nginx 镜像，这样 Nginx 的配置文件路径也就统一了，省得以后在实践过程中出现因为文件路径问题而产生错误。

一个完整的 Nginx 配置文件结构如下：

```
main
events {
  ....
}
http {
  ....
  upstream project_name {
    .....
  }
  server {
    ....
    location {
        ....
    }
  include /path/of/nginx/conf.d/*.conf;
  }
  ....
}
```

从上面可以看到，一共分为 main（全局设置）、events（项工作模式设置）、http（http 设置）、upstream（负载均衡设置）、server（主机设置）、location（URL 设置）六大部分。下面逐一介绍这六个部分。

1. main 模块

全局设置填写 Nginx 的全局配置，在此区域填写的内容会被应用到 Nginx 全局，例如修改 Nginx 默认的用户名（默认为 nobody）可以在配置文件的开头加上 user nginx，这样 Nginx 运行的用户就变成了 nginx。常用的全局配置项如下。

- worker_processesNginx 开启的子进程数。
- error_log 定义全局错误日志文件，可选值有：debug、info、notice、warn、error、crit。
- pid 指定进程 id 的存储文件位置。
- worker_rlimit_nofile 指定 Nginx 进程最多可以打开的文件描述符数目。

示例如下：

```
# 定义 Nginx 运行的用户和用户组
user www www;

# Nginx 进程数（建议为 CPU 总核心数，或者设置为 auto）。
worker_processes 8;

# 定义全局错误日志类型
error_log /var/log/nginx/error.log info;
```

```
# 进程文件
pid /var/run/nginx.pid;

# 一个 Nginx 进程最多可以打开的文件描述符数目（建议与 ulimit -n 的值保持一致）
worker_rlimit_nofile 65535;
```

一般而言，此处的全局配置都可以保留默认设置（即什么都不用写）。

2. events 模块

events 模块用来指定 Nginx 的工作模式和单个进程的连接数上限，示例如下：

```
events {
  # 参考事件模型，可选值有：kqueue、rtsig、epoll、/dev/poll、select、poll
  # epoll 模型是 Linux 2.6 以上版本内核中的高性能网络 I/O 模型
  # FreeBSD 或者 macOS，可使用 kqueue 模型
  use epoll;
  # 单个进程最大连接数（默认是 1024，最大连接数=连接数×进程数）
  worker_connections 65535;
}
```

上述进程的最大连接数受 Linux 系统进程的最大打开文件数的限制，只有在执行操作系统命令 `ulimit -n 65536` 后 worker_connections 的设置才能生效。

3. http 模块

http 部分是配置文件最核心的部分，它包括了绝大部分 HTTP 服务器相关属性的配置，例如是否使用 Keepalive，是否使用 gzip 进行压缩等，它还包括 server 和 upstream 这些子模块，这些模块都是 Nginx 负载均衡的重要配置部分。

```
# 配置 http 服务器
http {
   # 文件扩展名与文件类型映射表
   include mime.types;
   # 默认文件类型
   default_type application/octet-stream;
   # 默认编码
   charset utf-8;
   # 服务器名字的 hash 表大小
   server_names_hash_bucket_size 128;
   # 缓冲区代理缓冲用户端请求的最大字节数
   client_body_buffer_size 128k;
   # 允许客户端请求的最大单文件字节数
   client_max_body_size 10m;
   # 开启高效文件传输模式，启用之后 Nginx 会调用 sendfile 函数来输出文件
   # I/O 负载较大的应用，建议设置为 off，以平衡磁盘与网络 I/O 处理速度，减少系统的负载
```

```
    sendfile on;
    # 开启目录列表访问（默认关闭）
    autoindex on;
    # 防止网络阻塞
    tcp_nopush on;
    tcp_nodelay on;
    # 长连接超时的时间，单位为秒
    keepalive_timeout 120;

    # gzip 模块设置
    gzip on; # 开启 gzip 压缩输出
    gzip_min_length 1k; # 最小压缩文件的大小
    gzip_buffers 4 16k; # 压缩缓冲区
    gzip_http_version 1.1; # 压缩版本
    gzip_comp_level 2; # 压缩等级
    # 压缩类型，默认已经包含 text/html，所以下面就不用再写了
    gzip_types text/plain application/x-javascript text/css application/xml;
    # 会在响应头加个 Vary: Accept-Encoding，可以让前端的缓存服务器缓存经过 gzip 压缩的页面
    gzip_vary on;
    # 在开启限制 IP 连接数的时候需要使用
    limit_zone crawler $binary_remote_addr 10m;

    upstream project_name {
        .....
    }
    server {
       ....
    }
}
```

http 模块的设置项非常庞杂，此处列举的只是很小的一部分，本节的内容主要为 Nginx 负载均衡，所以就不在此赘述了。感兴趣的读者可以在 Nginx 官方文档中查找相关资料：https://www.nginx.com/ resources/wiki/。

4. server 模块

sever 模块是 http 的子模块，它可以定义一个虚拟主机，基本配置示例如下：

```
server {
    listen 2333;
    server_name localhost 1.2.3.4 www.example.com;
    root /nginx/www/path/;
    index index.php index.html index.htm;
    charset utf-8;
    access_log usr/local/var/log/host.access.log main;
    aerror_log usr/local/var/log/host.error.log error;
```

```
    ....
}
```

- server{ }表示虚拟主机配置范围。
- listen 用于指定虚拟主机的服务端口。
- server_name 用于指定 IP 地址或者域名，在多个域名之间用空格分开。
- root 表示在 server 这个虚拟主机内 Web 服务的根目录。
- index 定义默认的首页地址。
- charset 设置网页的默认编码格式。
- access_log 指定虚拟主机访问日志的存放路径，后面接上日志的输出格式。

server 模块的配置也很多，其中 location 模块也是 server 模块的子模块。

5. location 模块

location 模块是 Nginx 中可自定义程度最高的模块，location 如同它的名字一样是用来定位解析 URL 的，通过正则匹配，用户可以通过 location 指令实现对网页的各种处理。

例如下面这个反代理的示例：

```
location / {
    root   /nginx/www/path;
    index  index.php index.html index.htm;
}
```

上面示例中 location/表示匹配访问根目录。location 用法极其广泛，在后面实践中会详细解释。

6. upstram 模块

upstram 模块又称为负载均衡模块，下面先通过一个简单的调度算法来认识这个模块：

```
upstream example.com {
    fair;
    server 172.17.1.1:80;
    server 172.17.1.2:8080 down;
    server 172.17.1.3:9999 max_fails=3 fail_timeout=20s max_conns=1000;
    server 172.17.1.4:2333 backup;
}
```

在上面的例子中，通过 upstream 指令定义了一个负载均衡器的名称为 example.com，此处的名称可以任意指定，不一定是一个域名。

其中的 fair 是一种负载均衡调度算法，本书的后面会介绍。其后的 server 表示真实服务器群组，后面接真实服务器的 IP。

down 表示该 server 不参与负载均衡。backup 表示预留的备份机器，只有当其他所有的非 backup 机器出现故障或者异常忙碌时，才会请求 backup 机器，所以这台机器的负载压力很小。

max_fails 表示允许请求失败的次数（默认为 1 次），当超过最大次数时返回 proxy_next_upstream 模块定义的错误。fail_timeout 表示在经历 max_fails 次失败后暂停服务的时间。max_conns 表示限制分配给后端服务器处理的最大连接数量，超过这个数量，将不会分配新的连接给它。

upstram 模块中还有一个 resolve 选项需要配合 http 模块使用，例如：

```
http {
    resolver 10.0.0.1;
    upstream u {
        ...
        server example.com resolve;
    }
```

在 http 模块下配置 resolver 命令，指定域名解析服务为 example.com 域名，并且由 10.0.0.1 服务器来负责解析。

以上就是 upstram 模块的常见配置说明，更多内容可以参考官方文档：

http://nginx.org/en/docs/http/ngx_http_upstream_module.html#server

2.4.2 Nginx 负载均衡模块

1. 负载均衡算法

目前 Nginx 负载均衡模块共有如下 4 种调度算法：

- weight 轮询（Nginx 默认调度算法）。每个请求按照请求的时间顺序逐一分配到不同的后端服务器，如果后端某台服务器宕机，Nginx 轮询列表将自动去除该后端服务器，使用户访问不受影响。weight 用于指定轮询权值，weight 值越大，分配到访问的概率越高，主要用于后端每个服务器性能不均的情况，服务器性能强大的权重设置得高一些可以分到更多的任务，减轻性能较弱机器的运行压力。
- ip_hash。根据 hash 算法对每个请求中的访问 IP 进行处理，使来自同一个 IP 的访客固定访问一个后端服务器，这种方式可以简单而有效地解决动态网页存在的会话（session）共享问题。
- fair。这个负载均衡算法比前面两种更加智能。这个算法可以根据页面大小和加载时间的长短智能地进行负载均衡，简单来说，就是根据后端服务器的响应时间来分配请求，响应时间短的优先分配。不过 Nginx 默认是不支持 fair 的，用户需要手动编译安装 Nginx 的 upstream_fair 模块。
- url_hash。根据 hash 算法对每个请求中的访问 url 进行处理，使来自同一个 url 的请求固定定向到同一个后端服务器，这样可以提高后端缓存服务器的效率。Nginx 在 1.7.2 版本中集成了 url_hash 模块，旧版本用户需要手动编译安装 Nginx 的 hash 模块。

下面来看各个调度算法的具体配置案例。

权重轮询

先来一个最简单的，weight 轮询调度：

```
upstream upstream.example.com {
    server 172.17.1.1:80;
    server 172.17.1.2:8080;
    server 172.17.1.3:9999 max_fails=3 fail_timeout=20s max_conns=1000;
    server 172.17.1.4:2333 backup;
}
server {
    listen 80;
    server_name example.com;
    access_log /usr/local/var/log/nginx/example.com.access.log main;
    error_log /usr/local/var/log/nginx/example.com.error.log error;
    location / {
        proxy_pass http://upstream.example.com;
        proxy_set_header  X-Real-IP  $remote_addr;
    }
}
```

然后重启 Nginx：`nginx -s reload`，打开浏览器输入 `example.com`，刷新几次，如果每个后端服务的显示界面不同，那么在这几次刷新中看到的页面应该是逐一变换的（逐一显示 1、2、3 三台服务器的界面，4 号服务器在这里是备份，所以不显示），这说明我们的负载均衡起作用了。

现在其中一台后端服务器的服务停掉，演示中停掉的是 172.17.1.3 这台后端服务器。然后重启前端负载服务器中的 Nginx，再刷新 `example.com`，就能看到逐一变化显示的只有 1、2 两台服务器了（因为 3 号服务器停止，4 号备份服务器还处于备份状态）。

接下来，我们停掉 1、2 号服务器的服务，然后刷新网页，此时因为 1 到 3 号服务器都停止服务了，所以 4 号备份服务器就开始工作，此时网页刷新只会出现 4 号服务器的页面。

IP 哈希

这种调度算法配置起来也不复杂：

```
upstream example.com {
    ip_hash;
    server 172.17.1.1:80 weight=1;
    server 172.17.1.2:8080 weight=1;
    server 172.17.1.3:9999 weight=1 max_fails=3 fail_timeout=20s;
    server 172.17.1.4:2333 weight=1 backup;
}
```

重启 Nginx，不断刷新，页面始终都是 1 号服务器的页面。

现在将 2 号服务器的权重增大：

```
upstream example.com {
```

```
    ip_hash;
    server 172.17.1.1:80 weight=1;
    server 172.17.1.2:8080 weight=10;
    server 172.17.1.3:9999 weight=1 max_fails=3 fail_timeout=20s;
    server 172.17.1.4:2333 weight=1;
}
```

重启 Nginx 之后，网页固定显示 2 号服务器。此时如果关掉 2 号服务器的服务，再刷新网页，又会出现 1 号服务器的页面，因为权重高的 2 号已经不在运行状态了。

其实，在 ip_hash 模式下，最好不要设置 `weight` 参数，因为这将会导致流量分配不均匀。同时，在 ip_hash 模式下，`backup` 参数不可用，会报错。因为访问已经固定，备份已经没有意义了。

因此当负载调度算法为 ip_hash 时，后端服务器在负载均衡调度中的状态是不能有 weight 和 backup 的。

Fair 调度

这种调度算法根据服务器的响应时间来分配请求，响应时间短的优先分配。由于 fair 模块是第三方提供的，所以需要用户手动编译安装，将 fair 模块添加到 Nginx 中。

假设 Nginx 安装在/usr/nginx 目录下，而且安装时没有添加 fair 模块，那么可以在 Github 上下载 fair 模块的源码。下载地址：https://github.com/gnosek/nginx-upstream-fair。

```
root@ops-admin:~# cd /usr
root@ops-admin:~# wget https://github.com/gnosek/nginx-upstream-fair/archive/master.zip
root@ops-admin:~# unzip master.zip
```

解压后的目录名为：nginx-upstream-fair-master。

重新编译 Nginx，将 fair 模块添加到编译参数，假设 Nginx 源码目录在`/usr/nginx-1.11.0`下。

```
root@ops-admin:~# cd /usr/nginx-nginx-1.11.0
root@ops-admin:~# ./configure --prefix=/usr/nginx --add-module=/usr/nginx-upstream-fair-master
root@ops-admin:~# make
```

不要执行`make install`，因为这样会覆盖之前`Nginx`的配置。

在 objs 目录下，找到编译后的 Nginx 执行程序，将新编译的 Nginx 可执行程序复制到`/usr/nginx/sbin/`目录下，覆盖之前安装的 Nginx 执行程序。

重启 Nginx 服务：

```
root@ops-admin:~# killall nginx
root@ops-admin:~# nginx
```

接下来配置使用 fair 负载模块：

```
upstream example.com {
   fair;
```

```
    server 172.17.1.1:80;
    server 172.17.1.2:8080 down;
    server 172.17.1.3:9999 max_fails=3 fail_timeout=20s max_conns=1000;
    server 172.17.1.4:2333 backup;
}
```

由于采用 fair 负载策略，配置 weigth 参数改变负载权重将无效。

URL 哈希

按请求 url 的 hash 结果来分配请求，使每个 url 定向到同一个后端服务器，有利于服务器缓存的效率。

在 Nginx 的 1.7.2 版本以后，url_hash 模块已经集成到了 Nginx 源码中，不需要手动下载源码编译。旧版本用户可以在后面给出的下载地址中下载编译，方法与上面的 fair 模块相同。下载地址：https://github.com/evanmiller/nginx_upstream_hash。

下面是一个配置案例：

```
upstream example.com {
    hash $request_uri;
    server 172.17.1.1:80;
    server 172.17.1.2:8080;
    server 172.17.1.3:9999 max_fails=3 fail_timeout=20s max_conns=1000;
    server 172.17.1.4:2333;
}
```

2. 会话一致性

用户使用浏览器和服务端交互的时候，通常会在本地保存一些信息，例如登录信息、信息缓存等，这个过程被称为会话(Session)，通过使用唯一的 Session ID 进行标识。例如在网上购物，购物车的使用就是一个会话的应用场景，因为 HTTP 协议是无状态的，所以任何需要逻辑上下文的情形都必须使用会话机制。此外 HTTP 客户端一般也会在本地缓存一些数据，以便减少请求，提高性能。

在多台后台服务器的环境下，为了确保一个客户只和一台服务器通信，势必要使用长连接。为了解决这个问题，一个办法就是让所有后端服务器共享会话这部分的数据，但是共享服务器的存储就成为了这个系统的瓶颈，效率也会变得低下。

还有一个办法是使用 Nginx 自带的 ip_hash 调度算法来做，但如果前端是 CDN，或者局域网的客户同时访问服务器，导致出现服务器请求分配不均衡，那么就不能保证每次访问都黏滞（Sticky）在同一台服务器上。

所以最简单的办法就是会话一致性——把相同的会话请求发送到同一台后端服务器中。在 Nginx 中的会话一致性是通过 sticky 模块开启的，会话一致性和之前的负载均衡算法之间并不冲突，只是需要在第一次分配之后，该会话的所有请求都分配到那个相同的后端服务器上面。sticky 模块的工作流程如图 4-9 所示。

```
(client)                              (nginx)                    (upstream servers)
    >-- GET /URI1 HTTP/1.0 ----------->  |
                                         | *** nginx choose one upstream by RR ***
                                         | >----- GET /URI1 HTTP/1.0   ----> |
                                         | <------- HTTP/1.0 200 OK ------< |
    <-- HTTP/1.0 200 OK --------------<  |
        Set-Cookie: route=md5(upstream)  |
                                         |
    >-- GET /URI2 HTTP/1.0 ----------->  |
        Cookies: route                   |
                                         | *** nginx redirect to "route" ***
                                         | >----- internal fetch /URI2 ----> |
                                         | <--- internal response /URI2 ---< |
    <-- HTTP/1.0 200 OK --------------<  |
                                       (...)
```

图 4-9　sticky 模块工作流程图

目前有三种模式支持会话一致性：

- Cookie 插入

在后端服务器第一次响应之后，Nginx 会在其响应头部插入一个会话 cookie，实际上就是负载均衡器（Nginx）向客户端（用户浏览器）添加 cookie，之后客户端接下来的请求都会带有这个 cookie 值，Nginx 根据这个 cookie 值判断请求需要转发给哪个后端服务器。

```
upstream backend {
    server backend1.example.com;
    server backend2.example.com;

    sticky cookie srv_id expires=1h domain=.example.com path=/;
}
```

上面的 srv_id 代表 cookie 的名字，而后面的参数 expires、domain、path 都是可选的。

- Sticky Routes

在后端服务器第一次响应之后，产生一个路由（route）信息，路由信息通常会从 cookie/URI 信息中提取。

```
upstream backend {
    server backend1.example.com route=a;
    server backend2.example.com route=b;

    sticky route $route_cookie $route_uri;
}
```

这样 Nginx 会按照顺序搜索`$route_cookie`、`$route_uri` 参数并选择第一个非空的参数用作 route，而如果所有的参数都是空的，就使用上面默认的负载均衡算法决定请求分发给哪个后端服务器。

- Learn

Learn 模式中 Nginx 会自动监测请求和响应中的会话信息，而且通常需要会话一致性的请求、应答中都会带有会话信息，这和第一种方式相比是不用增加 cookie 的，而是动态学习已有会话的。这种方式需要使用 zone 结构，而在 Nginx 中 zone 都是共享内存的，可以在多个 worker process 中共享数据。

```
upstream backend {
    server backend1.example.com;
    server backend2.example.com;

   sticky learn
       create=$upstream_cookie_examplecookie
       lookup=$cookie_examplecookie
       zone=client_sessions:1m
       timeout=1h;
}
```

在上面的例子中，该 zone 名为 client_sessions，大小为 1 兆字节。

3. 会话流出

会话流出又称为 Session Draining。有时候某些后端服务器因为各种原因需要下线（维护或者升级），为了不让用户感受到服务中断的状态，就需要让新的请求不会发送到这个停止服务的后端服务器中。而之前如已经分配到这个后端服务器的会话，后续请求时还会继续发送给它的，直到这个会话最终完成为止。当所有会话结束时，这台后端服务器就会自动下线，退出负载均衡列表。

让某个后端服务器进入 `draining` 状态，就可以直接修改配置文件，然后通过向 `master process` 发送信号重新加载配置，也可以采用 Nginx 的 on-the-fly 配置方式。下面以 On-The-Fly 配置方式演示：

```
# 查看后端服务器的列表
$ curl http://localhost/upstream_conf?upstream=backend
server 192.168.56.101:80; # id=0
server 192.168.56.102:80; # id=1
server 192.168.56.103:80; # id=2
# 把后端服务器状态改为 draining
$ curl http://localhost/upstream_conf?upstream=backend\&id=1\&drain=1
server 192.168.56.102:80; # id=1 draining
```

通过上面的方式，先列出各个后端服务器的 ID 号，然后改变指定 ID 的后端服务器状态。

4. 后端健康检测

后端服务器出错主要有两个参数：`max_fails=1` 和 `fail_timeout=10s`，这意味着只要 Nginx 向后端服务器发送一个请求失败或者没有收到一个响应，就认为该后端服务器在接下来的 10s 内是不可用的状态。

通过周期性地向后端服务器发送这种特殊的请求，并等待收到后端服务器的特殊响应，可以用于确认后端服务器的健康状态。通过 health_check 可以配置这一功能：

```
match server_ok {
    status 200-399;
    header Content-Type = text/html;
    body !~ "maintenance mode";
}
server {
    location / {
        proxy_pass http://backend;
        health_check interval=10 fails=3 passes=2 match=server_ok;
    }
}
```

除了 health_check 参数是必需的，其余参数都是可选的。其中 match 参数可以自定义服务器健康的条件，包括返回状态码、头部信息、返回 body 等（这些条件是“与”的关系）。默认情况下 Nginx 会相隔 `interval` 秒向后端服务器群组发送一个特殊请求，如果超时或者返回非 2xx/3xx 的响应码，则认为对应的后端服务器是不可用的，那么 Nginx 会停止向其发送请求，直到下次该后端服务器通过检查为止。

在使用了 health_check 功能后，建议在后端服务器群组创建一个 zone，在共享后端服务器群组配置的同时，所有后端服务器的状态也可以在所有的 worker process 中共享了，否则每个 worker process 都要独立保存自己的状态、检查计数和结果。

5. 通过 DNS 设置 HTTP 负载均衡

通常现代的网络服务会将一个域名关联到多个主机，在进行 DNS 查询的时候，默认情况下 DNS 服务器会以 round-robin 形式以不同的顺序返回 IP 地址列表，再将客户请求分配到不同的主机上去。不过这种方式有固有的缺陷：DNS 不会检查主机和 IP 地址的联通状态，所以分配给客户端的 IP 不一定可用。DNS 的解析结果会在客户端、多个中间 DNS 服务器中不断地缓存，所以后端服务器的分配会很不理想。

Nginx 的后端服务器群组中的主机可以配置成域名的形式：在域名的后面添加 resolve 参数，Nginx 会周期性地解析这个域名，当域名解析的结果发生变化的时候会自动生效而不用重启。

```
http {
    resolver 10.0.0.1 valid=300s ipv6=off;
    resolver_timeout 10s;
    server {
        location / {
            proxy_pass http://backend;
        }
    }

    upstream backend {
```

```
        zone backend 32k;
        least_conn;
        ...
        server backend1.example.com resolve;
        server backend2.example.com resolve;
    }
}
```

如果域名解析的结果含有多个 IP 地址，这些 IP 地址都会保存到配置文件中去，并且这些 IP 都会参与到自动负载均衡中。

6. TCP/UDP 流量的负载均衡

TCP、UDP 的负载均衡都是针对通用程序的，所以之前 HTTP 协议支持的 match 条件（status、header、body）是无法使用的。TCP 和 UDP 的程序可以根据特定的程序，采用 send、expect 的方式来进行动态健康检测。

```
stream {
    upstream   stream_backend {
        zone  upstream_backend 64k;
        server backend1.example.com:12345;
    }
    match http {
        send      "GET / HTTP/1.0\r\nHost: localhost\r\n\r\n";
        expect ~* "200 OK";
    }
    server {
    listen     12345;
    health_check match=http;
    proxy_pass   stream_backend;
    }
}
```

这种负载适用于 LDAP/MySQL/RTMP 和 DNS/syslog/RADIUS 等各种应用场景。

2.5 本章小结

本章介绍了高可用服务的原理以及各种常见的高效负载方案，然后讲解了高可用服务的配置与部署方法，通过本章的学习，我们可以搭建起一个简单的高可用服务器集群，但是这个集群还是有很多问题的，例如：不能保证数据库的高可用、针对特定程序的流量负载等问题都没有解决，在后面的内容中我们还会遇到类似的负载问题。

通过本章的学习，相信你可能感觉到了一些麻烦的味道——大量服务器重复而且烦琐的操作非常消耗时间。第 3 章我们将进入容器的部分，看看在容器云世界中，如何解决服务高可用的问题。

第 3 章

Docker 容器引擎

第 1 章详细介绍了传统 Linux 运维下的主要流程以及工具，随着云计算时代步入成熟期，一些应用服务在传统方式的维护管理下，成本不断提高，平台限制日益凸显。此时，Docker 的出现可以说整合了天时地利人和，迅速在行业中掀起一波热潮，进而颠覆了整个运维开发行业。

随着 Docker 的不断发展，越来越多的企业开始在生产环境中应用容器技术。但在了解 Docker 之前，应首先了解一下什么是容器技术。

我们都知道 Docker 是一种容器技术，也知道它和虚拟机技术不同，但具体不同在哪里呢？以及 Docker 与其他容器技术相比有哪些差别呢？回答这些问题将是本章的主要内容之一。

本章将详细介绍容器技术，逐步认识容器的原理，并尝试启动简单的容器。在学习中了解容器技术及其发展历程，了解容器技术概念以及基本原理，了解容器与容器云对软件行业的影响等等。

3.1 容器技术

容器技术显然不是什么新概念，最早的容器技术可以追溯到 1979 年诞生的 chroot 技术。容器技术又称为容器虚拟化，这是虚拟化技术中的一种。目前虚拟化技术主要有硬件虚拟化、半虚拟化和操作系统虚拟化等。本书讲述的容器虚拟化属于操作系统虚拟化，其相较于其他主流虚拟化技术更为轻量。

3.1.1 虚拟化技术

虚拟化（Virtualization）就是通过虚拟化技术将其一台实体计算机虚拟为多台逻辑计算机，虚拟后的每一台逻辑计算机都可以运行不同的操作系统，从逻辑上来看，每台逻辑计算机都是一个虚拟实体，它们的运行是相互不影响、相互隔离的，即每一个实例都是彼此独立的。虽然通过虚拟技术可以运行虚拟计算机，但是它们并不是在真实的基础上运行的。因此虚拟化就是一种技术，通过虚拟化的技术在一个单核的 CPU 上虚拟出多核的 CPU 处理器，对于虚拟化而言，这些技术不单单只有 CPU 虚拟化，还有很多，比如：系统虚拟化、网络虚拟化、桌面虚拟化和应用虚拟化等，显而易见，虚拟化归根到底就是表示计算机资源的一种抽象方法。深入了解虚拟化后，可以知道虚拟化并非是简单的一种技术或者一个实体，它更是一系列虚拟技术的集合，如：硬件虚拟化技术、处理器虚拟化技术、指令虚拟化技术、软件虚拟化技术等。

其实虚拟化并不是一个新的技术概念，虚拟化技术在很早之前已经被计算机行业列为主流的竞争焦点之一。在 20 世纪 70 年代，IT 巨头 IBM 的虚拟概念是将一个 CPU 处理器虚拟成多个 CPU 处理器，这些逻辑的虚拟处理器可以同时处理执行任务，后来逐渐地每一个虚拟 CPU 都是彼此独立的并可以同时工作，也就是后来的 system390 计算机。近年来，虚拟化技术再次成为了 IT 领域研究的热点，随着 CPU 处理器处理能力的提高，四核、八核、十六核、甚至是三十二核 CPU 处理器相继出现，在这些硬件性能显著提高的基础上，虚拟化技术带来了诸多的好处，特别是 x86（冯诺依曼结构）架构以及 arm（哈曼结构）架构；同时，虚拟化在嵌入式研究领域中也越来越受到重视。

虚拟化技术从早期发展到现在，可以实现虚拟化技术的方法已经数不胜数，虚拟化的类型也有很多。不同的方法通过不同层次的抽象可以实现相同的虚拟化结果，根据不同的分类依据，虚拟化也有不同的分类种类，比如按照虚拟技术的虚拟对象分类，或者按照虚拟技术的抽象程度分类等。

- 虚拟化技术分类

虚拟化技术的分类与定义在不同领域有不同的理解，对于计算机领域，虚拟化技术主要分为两大类，一类硬件虚拟化，另一类基于软件虚拟化。硬件虚拟化并不多见，大都是半虚拟化与软件结合。硬件虚拟技术在所有的虚拟化分类中，它是最为复杂的技术之一。硬件虚拟技术就是在宿主物理真机上创建一个模拟硬件的程序，来仿真模拟所有操作系统运行环境中所有的硬件，在这个基础上运行我们的操作系统。

硬件虚拟化是依赖固件以及硬件共同协作开发的，固件开发人员可以利用目标硬件 VM 在仿真环境中验证实际的代码，而不需要等到硬件实际可用的时候详细研究。硬件虚拟化的每一条指令都必须在真实硬件的基础上来进行仿真模拟，也就是说，所有的硬件都是通过软件仿真模拟的，也正因为如此，硬件虚拟化的运行效率是很低的，倘若我们对硬件的各方面限制都比较严格的话，甚至要求多级缓存的话，在硬件虚拟化技术上运行的系统速度、性能等各方面都较差。

- 容器技术在虚拟化技术中的位置

相比之下，应用较为广泛的则是基于软件的虚拟化技术。而软件虚拟化又可以分为应用虚拟化（例如 Wine）和平台虚拟化（例如虚拟机），而本章中的容器技术属于操作系统虚拟化，操作系统虚拟化又属于平台虚拟化中的一种，如图 3-1 所示。

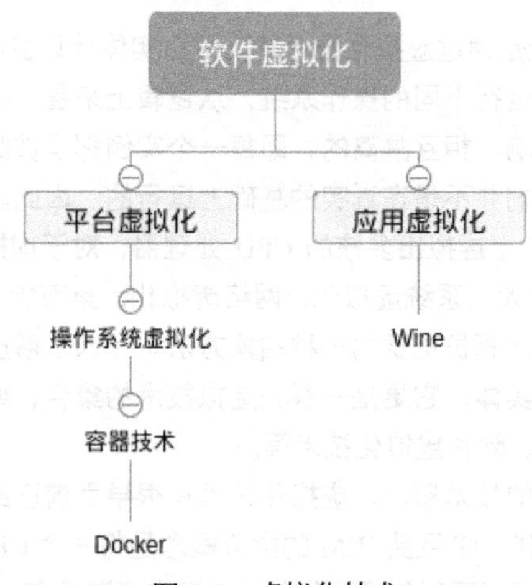

图 3-1 虚拟化技术

所谓容器，顾名思义就是用来放东西的器具，有意思的是在 Docker 刚引入国内的时候，曾有过一番讨论 Container 这个单词是翻译为“容器”合适，还是“集装箱”合适。之所以有人建议翻译为“集装箱”，并不仅仅是因为 Docker 的图标是一条鲸鱼驮着几个集装箱的形象，而因为容器技术本身就是借鉴了工业运输上的经验发展而来的。

《经济学家》杂志是这样评价工业运输领域集装箱的：“没有集装箱，就不可能有全球化。”在 1956 年集装箱出现之前，货物运输缺乏标准，成本很高，特别是远洋运输，直到“集装箱”这个概念的出现，毫不起眼的集装箱降低了货物运输的成本，实现了货物运输的标准化，以此为基础逐步建立起全球范围内的船舶、港口、航线、公路、中转站、桥梁、隧道、多式联运相配套的物流系统，世界经济形态因此而发生改变。

同样的，软件行业的容器技术也是在尝试打造一套标准化的软件构建、分发流程，以降低运维成本、提高软件安全与运行稳定等。与工业运输的集装箱不同，容器技术要复杂很多，容器技术不仅仅要打造一个运输用的“集装箱”，还要保证软件在容器内能够运行，在操作系统上打造一个“独立的箱子”。这需要解决文件系统、网络、硬件等多方面的问题。经过长时间的发展，容器技术现已逐步成熟，并在 Docker 的诞生下迎来了它的繁荣时代。

读者大可把容器理解为一个沙盒，每个容器独立，各个容器之间可以通过容器引擎相互通信。

3.1.2 容器技术与 Docker

如果说工业上的集装箱是从一个箱子开始的，那么软件行业上的容器则是从文件系统隔离开始的。说到容器技术，最早的容器技术大概是 chroot（1979 年）了，它最初是 UNIX 操作系统上的一个系统调用，用于将一个进程及其子进程的根目录改变到文件系统中的一个新位置，让这些进程只能访问该目录。直到今天，主流的 Linux 上还有这个工具。

我们可以打开一个终端，输入 chroot --help 查看一下这个古老的命令：

```
user@ops-admin:~user@ops-admin:~$ chroot --help
用法：chroot [选项] 新根 [命令 [参数]...]
  或：chroot 选项
以指定的新根为运行指定命令时的根目录。
  --userspec=用户:组         指定所用的用户及用户组(可使用"数字"或"名字")
  --groups=组列表              指定可供选择的用户组列表，形如组 1，组 2，组 3...
      --help                             显示此帮助信息并退出
      --version                  显示版本信息并退出
If no command is given, run '${SHELL} -i' (default: '/bin/sh -i').
请向 bug-coreutils@gnu.org 报告 chroot 的错误
GNU coreutils 的主页：<http://www.gnu.org/software/coreutils/>
GNU 软件一般性帮助：<http://www.gnu.org/gethelp/>
要获取完整文档，请运行：info coreutils 'chroot invocation'
```

chroot 这个命令主要是用来把用户的文件系统根目录切换到指定的目录下，实现简单的文件系统隔离。可以说 chroot 的出现是为了提高安全性，但这种技术并不能防御来自其他方面的攻击，黑客依然可以逃离设定、访问宿主机上的其他文件。

1. 容器技术的发展

在 2000 年，由 R&D Associates 公司的 Derrick T. Woolworth 为 FreeBSD 引入的 FreeBSD Jails 成为了最早的容器技术之一，与 chroot 不同的是，它可以为文件系统、用户、网络等的隔离增加了进程沙盒功能。因此，它可以为每个 jail 指定 IP 地址、可以对软件的安装和配置进行定制，等等。

紧接着出现了 Linux VServer，这是另外一种 jail 机制，它用于对计算机系统上的资源（如文件系统、CPU 处理时间、网络地址和内存等）进行安全地划分。每个所划分的分区叫作一个安全上下文（security context），在其中的虚拟系统叫作虚拟私有服务器（virtual private server，VPS）。

后来在 2004 和 2005 年分别出现了 Solaris Containers 和 OpenVZ 技术，在可控性和便捷性上更胜一筹，如图 3-2 所示。

图 3-2　常见的容器技术

时间来到 2006 年，Google 公开了 Process Containers 技术，用于对一组进程进行限制、记账、隔离资源的使用（CPU、内存、磁盘 I/O、网络等）。为了避免和 Linux 内核上下文中的“容器”一词混淆而改名为 Control Groups。2007 年被合并到了 LinuX 2.6.24 内核中。

在前面的 Cgroups（即 Control Groups）等技术出现以后，容器技术有了更快的发展，图 3-3 简述了容器技术的发展史。

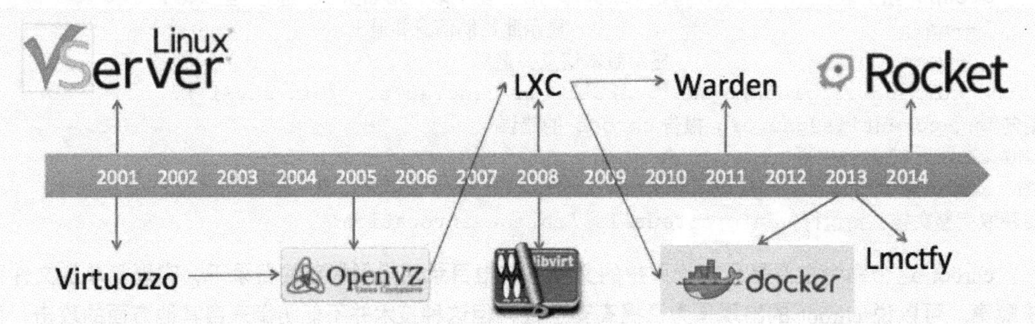

图 3-3　容器技术的发展

2008 年出现了 LXC（LinuX Containers），它是第一个最完善的 Linux 容器管理器的实现方案，是通过 Cgroups 和 Linux 名字空间 namespace 实现的。LXC 存在于 liblxc 库中，提供了各种编程语言的 API 实现。与其他容器技术不同的是，LXC 可以工作在普通的 Linux 内核上，而不需要增加补丁。

LXC 的出现为后面一系列工具的出现奠定了基础，2011 年 Cloud Foundry 发布了 Warden，不像 LXC，Warden 并不紧密耦合到 Linux 上，而是可以工作在任何可以提供隔离环境的操作系统上。它以后台守护进程的方式运行，为容器管理提供了 API。

在 2013 年，Google 发布了 Lmctfy，这是一个 Google 容器技术的开源版本，提供 Linux 应用容器。Google 启动这个项目的目的是旨在提供性能可保证的、高资源利用率的、资源共享的、可超售的、接近零消耗的容器。Lmctfy 首次发布于 2013 年 10 月，2015 年 Google 决定贡献核心的 Lmctfy 概念，并抽象成 Libcontainer，现在为 Kubernetes 所用的 cAdvisor 工具就是从 Lmctfy 项目的成果开始发展的。

Libcontainer 项目最初由 Docker 发起，现在已经被移交给了开放容器基金会（Open Container Foundation）。

同年，dotCloud 发布了 Docker——到目前为止最流行和广泛使用的容器管理系统，即本书的主角。在 LXC 的基础上，Docker 进一步优化了容器的使用体验，使得容器更容易操作和被管理。

Docker 提供了从构建、运行到管理、监控等一系列工具，引入了整个管理容器的生态系统，这包括高效、分层的容器镜像模型、全局和本地的容器注册库、清晰的 REST API、命令行，等等。这是 Docker 与其他容器平台最大的不同，在图 3-4 中可以看到 Docker 跨越了多个层面，整合了一系列零散的工具从而达到一系列便捷的操作，这是当时 Docker 从众多容器技术中脱颖而出的一个重要原因。

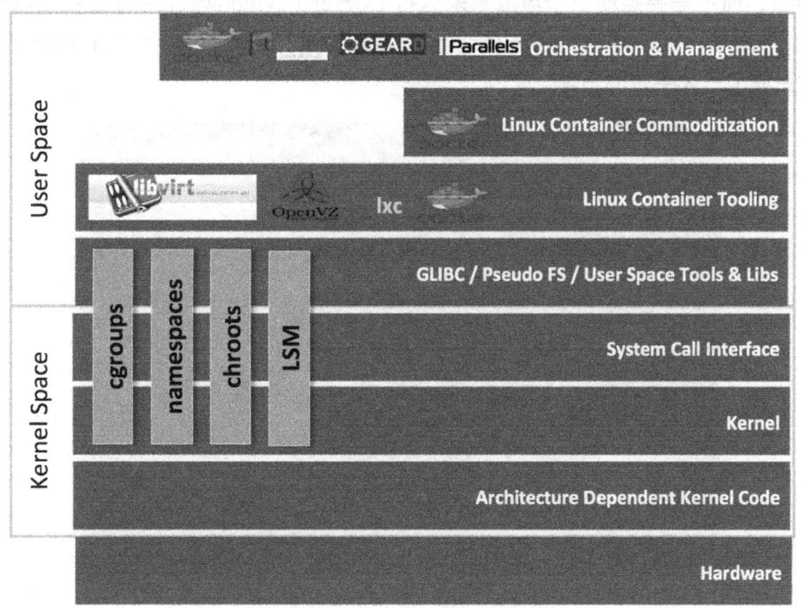

图 3-4 Docker 的架构

因围绕Docker的生态系统有数不胜数的工具，故极大地方便了开发者使用容器技术。关于Docker的更多特性将在后面的章节中介绍。

最开始阶段 Docker 使用的也是 LXC，之后采用自己开发的 Libcontainer 替代了它。

在 Docker 开源之后的第二年，Docker 便打败了 Google 曾经名噪一时的开源容器技术 Lmctfy，并迅速风靡世界。但是，Docker 的火热已经远超 Google 等云计算巨头的预料，所以必定引发云计算大厂的担忧——Docker背后的容器标准的制定被Docker公司私有控制将使巨头自身的业务发展受到极大限制，于是有行业巨头背景的 CoreOS 启动了项目 Rocket，非常类似于 Docker。与 Docker 相比 Rocket 是在一个更加开放的标准 App Container 规范上实现的。CoreOS 还动员一些知名 IT 公司成立委员会来试图主导容器技术的标准化，CoreOS 最后还与 Google 等公司宣布发起新的项目：基于

Cores+Rocket+Kubernetes 的 Ectonic。这样一来问题就大了，一时间鹿死谁手尚未可知，但标准不能统一，容器技术就失去了意义。

后来 Linux 基金会于 2015 年 6 月宣布成立了开放容器技术项目（Open Container Project，OCP）并让前面提到各路角色都加入 OCP 项目，Docker 与 Google 也作出了相应的妥协。OCP 的成立最终结束了这场没有硝烟的战争，根据协定，Docker 的容器格式被 OCP 采纳为新标准，并且由 Docker 负责起草 OCP 草案规范，但是 Docker 公司不再拥有 OCP 标准的完全控制权。这就是后来的 Libcontainer 项目。

2015 年微软也在 Windows Server 上为基于 Windows 的应用添加了容器支持，称之为 Windows Containers。它与 Windows Server 2016 一同发布。通过该实现，Docker 可以原生地在 Windows 上运行 Docker 容器，而不需要启动一个虚拟机来运行 Docker（Windows 上早期运行 Docker 需要使用 Linux 虚拟机）。同年，MacOS 也原生支持运行 Docker 容器，如图 3-5 所示是官网给出的下载按钮，至此 Docker 完成了三大平台的适配。

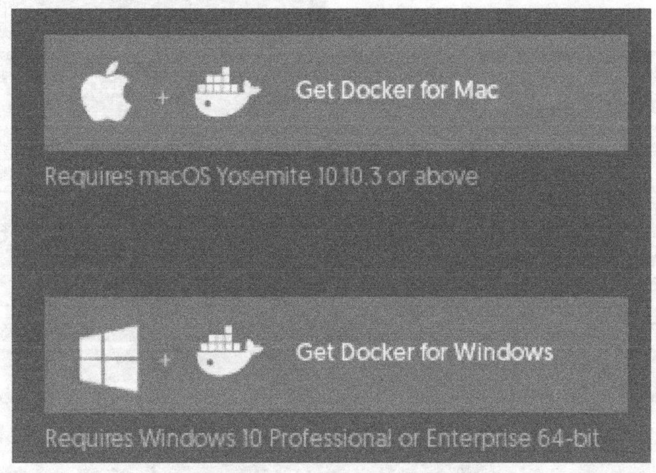

图 3-5　Docker 适配三大平台

在 2017 年的 Dockercon 大会上，Docker 发布了 LinuxKit 和 Moby 项目，LinuxKit（https://github.com/linuxkit/linuxkit）是为容器组装操作系统的工具包。Moby 项目（https://mobyproject.org/）是一个在可交换的组件层面进行合作、从而允许第三方从一个部件库和规划参考中自己生成基于容器的系统。

Linuxkit 为每种容器提供了一个基于容器的方法，以生成客制化的轻量级 Linux 子系统，这就是当年疯狂的 Unikernels 创意的具体实现，而且更加不可思议的是，这些 Linux 子系统一旦被打包成 ISO 镜像，就可以用来启动物理机或者虚拟环境。Docker 以提供服务的方式维护这些子系统。也就是说，Linux 也是 Docker 架构中的一个组件。实际上，在 Docker for Win 或者 Docker for Mac 这种非 Linux OS 场景下，Docker 启动了一个叫 MobyLinuxVM 的虚拟机（Windows 和 MacOS 的 MobyLinuxVM 又有不同）来跑 Docker 容器，为了能够让这个额外的 VM 层足够轻量级，内核裁剪和定制的工作就必不可少，这正是 LinuxKit 项目的来源。LinuxKit 本身并不是一个精简的操作系统，它是一个用来编译出可运行的精简操作系统镜像（包括 kernel、disk.img、BIOS.iso 等）的工具。如图 3-6 所示，基于 LinuxKit 的可定制的操作系统，系统服务都以容器运行，所有的系统服务都是可插拔的，最终使用 Moby 工具组装组件。

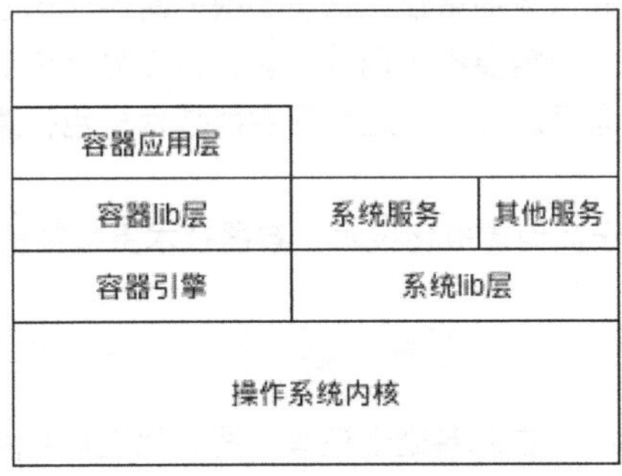

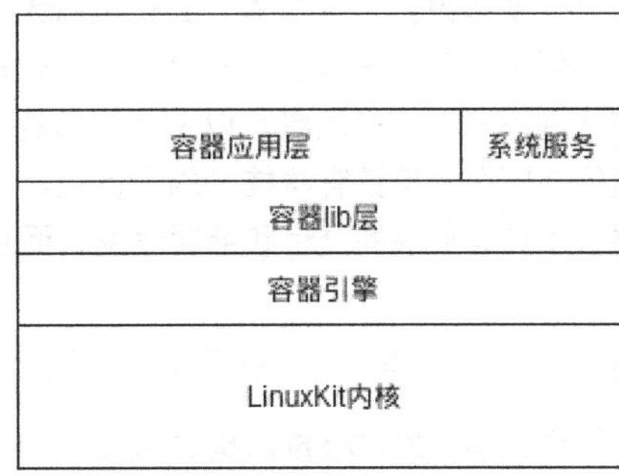

图 3-6　LinuxKit 架构的优势

需要注意的是，这和 CoreOS（一个定制化的专门管理容器的操作系统）不一样，LinuxKit 还需要用户把希望启动的 Docker 镜像也打包进去。这样基础设施启动后就会使用事先打包进的 Docker 镜像来启动容器进程，这个过程由内置 containerd 和 runc 来完成。但这和 CoreOS 是有本质区别的。

Moby 项目的目的是建立一个部件级别的可以组装的系统，Moby 提供了一个框架，使得容器提供商和服务提供商可以更好地提供工具和最佳实践，创建基于容器的监控、编排、网络以及其他系统。简单来说就是，如今的 Docker 再次进化，Docker 不再作为一个容器引擎出现，用户可以通过 LinuxKit 定制容器引擎（Libcontainer）的底层操作系统，然后通过 Moby 把容器引擎和 LinuxKit 打包生成一个自定义的"Docker"（现在 Github 上已经不存在 Docker 项目，而被指向 Moby 了）。

Moby 像是一个组装工厂，Docker 只是 Moby 组装的一个结果。对于普通用户来说，依旧是该干什么还干什么。对于架构师来说，终于可以轻松地构建自己的容器系统，不再高度依赖 Docker 了。

容器虚拟化技术几十年来不断发展与完善，相继加入了 pivot_root 等很多技术，市场上也出现了一些商业化的容器技术，在这些公司与全球开发者的共同努力下，不断推进容器技术发展，最后核心容器技术进入了 Linux 的内核主线，再后来诸多大厂加入开发的 Libcontainer，使得如今人人皆可得心应手地操作容器。

2. 为什么使用容器

与传统软件行业的开发、运维相比，容器虚拟化可以更高效地构建应用，也更容易管理维护。举个简单的例子，常见的 LAMP 组合开发网站，按照传统的做法自然是各种安装，然后配置，再然后测试，发布，中间麻烦事一大堆，相信不少读者都深有体会。

过了一段时间，用户群体增加，服务器需要搬迁到更合适的机房，往往需要再执行一次以前的部署步骤，还包括数据的导出导入，极大地花费了运维人员的时间。最可怕的是搬迁后因为一些不可预知的原因导致软件无法正常运行，只能一头扎进代码中找 Bug。

如果使用容器技术，运维只需要一个简单的命令即可部署一整套 LAMP 环境，并且无需复杂的配置与测试，即便搬迁也只是打包传输即可，即使在另一台机器上，软件也不会出现“水土不服”的情况。这无疑节省了运维人员的大量时间。

而对于开发来说，一处构建，到处运行大概是梦寐以求的事情，这也是很多跨平台语言的宣传标语之一，但是不管是怎样的跨平台语言在很多细节上都需要不少调整才能运行在另一个平台上。但容器技术则不一样，开发者可以使用熟悉的编程语言开发软件，之后用容器技术打包构建，便可以一键运行在所有支持该容器技术的平台上。

容器技术具有更快的交付和部署速度，而且相较于其他虚拟化技术，容器技术更加轻量。

3.1.3 容器技术原理

上文提到，容器的核心技术是 Cgroup 与 Namespace，在此基础上还有一些其他工具共同构成容器技术。从本质上来说容器是宿主机上的进程，容器技术通过 Namespace 实现资源隔离，通过 Cgroup 实现资源控制，通过 rootfs 实现文件系统隔离，再加上容器引擎自身的特性来管理容器的生命周期。

简单地说，本书所说的 Docker 的早期其实就相当于 LXC 的管理引擎，LXC 是 Cgroup 的管理工具，Cgroup 是 Namespace 的用户空间管理接口。Namespace 是 Linux 内核在 task_struct 中对进程组管理的基础机制。

1. 从 Namespace 说起

想要实现资源隔离，第一个想到的就是 chroot 命令，通过它可以实现文件系统隔离，这也是最早的容器技术。但是在分布式的环境下，容器必须要有独立的 IP、端口、路由等，自然就有了网络隔离。同时，也需要考虑进程通信隔离、权限隔离等，因此一个容器基本上需要做到 6 项基本隔离，也就是 Linux 内核中提供的 6 种 Namespace 隔离，如表 3-1 所示。

表 3-1 Namespace 隔离说明

Namespace	隔离内容
IPC	信号量、消息队列和共享内存
Network	网络资源
Mount	文件系统挂载点
PID	进程 ID
UTS	主机名和域名
User	用户 ID 和组 ID

当然，完善的容器技术还需要处理很多工作。

对 Namespace 的操作，主要是通过 clone、setns、unshare 这三个系统调用来完成的。

clone 可以用来创建新的 Namespace。clone 有一个 flags 参数，这些 flags 参数以 CLONE_NEW* 为格式，包括 CLONE_NEWNS、CLONE_NEWIPC、CLONE_NEWUTS、CLONE_NEWNET、

CLONE_NEWPID 和 CLONE_NEWUSER，传入这些参数后，由 clone 创建出来的新进程就位于新的 Namespace 之中了。

因为 Mount Namespace 是第一个实现的 Namespace，当初实现没有考虑到还有其他 Namespace 出现，因此用了 CLONE_NEWNS 的名字，而不是 CLONE_NEWMNT 之类的名字，其他 CLONE_NEW*都可以看名字知用途。

那么，如何为已有的进程创建新的 Namespace 呢？这就需要用到 unshare，使用 unshare 调用的进程会被放进新的 Namespace 里面。

而 setns 则是将进程放到已有的 Namespace 中，docker exec 命令的实现原理就是 setns。

事实上，开发 Namespace 的主要目的之一就是实现轻量级的虚拟化服务，在同一个 Namespace 下的进程可以彼此响应，而对外界进程隔离，这样在一个 Namespace 下，进程仿佛处于一个独立的系统环境中，以达到容器的目的。

上面说得比较概念化，下面我们来实践一下，因为 user Namespace 是在 Linux 内核 3.8 版之后才支持的，所以本节讨论的 Namespace 均是 Linux 内核 3.8 以后的版本。

查看当前进程的 Namespace

在了解 Namespace API 之前，我们先来了解如何查看进程的 Namespace，执行如下：

```
user@ops-admin:~$ ls -l /proc/$$/ns
total 0
lrwxrwxrwx 1 user user 0 Jul 11 17:55 cgroup -> cgroup:[4026531835]
lrwxrwxrwx 1 user user 0 Jul 11 17:55 ipc -> ipc:[4026531839]
lrwxrwxrwx 1 user user 0 Jul 11 17:55 mnt -> mnt:[4026531840]
lrwxrwxrwx 1 user user 0 Jul 11 17:55 net -> net:[4026531973]
lrwxrwxrwx 1 user user 0 Jul 11 17:55 pid -> pid:[4026531836]
lrwxrwxrwx 1 user user 0 Jul 11 17:55 user -> user:[4026531837]
lrwxrwxrwx 1 user user 0 Jul 11 17:55 uts -> uts:[4026531838]
```

这里的$$是指当前进程的 ID 号。可以看到诸如 4026531835 这样的数字，这表示当前进程指向的 Namespace，当两个进程指向同一串数字时，表示它们处于同一个 Namespace 下。

使用 clone 创建新的 Namespace

创建一个新的 Namespace 的方法是使用 clone()系统调用，其会创建一个新的进程。为了说明创建的过程，给出 clone()的原型如下：

```
int clone(int(*child_func)(void *), void *child_stack, int flags, void*arg);
```

本质上，clone 是一个通用的 fork()版本，fork()的功能由 flags 参数控制。总的来说，约有超过 20 个不同的 CLONE_*标志控制 clone 提供不同的功能，包括父子进程是否共享如虚拟内存、打开的文件描述符、子进程等一些资源。如调用 clone 时设置了一个 CLONE_NEW*标志，一个与之对应的新的命名空间将被创建，新的进程属于该命名空间。可以使用多个 CLONE_NEW*标志的组合。

使用 setns 关联一个已经存在的 Namespace

当一个 Namespace 没有进程时还保持其打开，这么做是为了后续能添加进程到该 Namespace 中。

而添加这个功能就是使用 setns 系统调用来完成的，这使得调用的进程能够和 Namespace 关联，docker exec 就需要用到这个方法：

```
int setns(int fd, int nstype);
```

- fd 参数指明了关联的 Namespace，其是指向/proc/PID/ns 目录下一个符号链接的文件描述符，可以通过打开这些符号链接指向的文件或者打开一个绑定到符号链接的文件来获得文件描述符。
- nstype 参数运行调用者检查 fd 指向的命名空间的类型，如果这个参数等于零，将不会检查。当调用者已经知道 Namespace 的类型时这会很有用。当 nstype 被赋值为 CLONE_NEW*的常量时，内核会检查 fd 指向 Namespace 的类型。

要把 Namespace 利用起来，还要使用 execve 函数（或者其他的 exec 函数），使得我们能够构建一个简单但是有用的工具，该函数可以执行用户命令。

使用 unshare 在已有进程上进行 Namespace 隔离

unshare 和 clone 有些相像，不同的地方是前者运行在原有进程上，相当于跳出原来的 Namespace 操作，Linux 自带的 unshare 就是通过调用 unshare 这个 API 来实现的。

```
user@ops-admin:~$ unshare
Usage:
 unshare [options] <program> [args...]
 -h, --help        usage information (this)
 -m, --mount       unshare mounts namespace
 -u, --uts         unshare UTS namespace (hostname etc)
 -i, --ipc         unshare System V IPC namespace
 -n, --net         unshare network namespace
For more information see unshare(1).
```

由于 Docker 没有使用这个系统调用，所以不展开讨论，除此之外，像 fork 这样的函数也可以实现 Namespace 隔离，但并不属于 Namespace API 的一部分，有兴趣的读者可以阅读相关的资料。

2. 认识 Cgroup

Cgroup 是 control groups 的缩写，是 Linux 内核提供的一种可以限制、记录、隔离进程组（process groups）所使用的物理资源（如：CPU，内存，IO 等等）的机制。它最初由 Google 的工程师提出，后来被整合进 Linux 内核。Cgroup 也是 LXC 为实现虚拟化所使用的资源管理手段，因此可以说没有 Cgroup 就没有 LXC。

目前，Cgroup 有一套进程分组框架，不同资源由不同的子系统控制。一个子系统就是一个资源控制器，比如 CPU 子系统就是控制 CPU 时间分配的一个控制器。子系统必须附加（attach）到一个层级上才能起作用，一个子系统附加到某个层级以后，这个层级上的所有控制族群（control group）都受这个子系统的控制。

Cgroup 各个子系统的作用如下。

- Blkio：为块设备设定输入/输出限制，比如物理设备（磁盘、固态硬盘、USB，等等）。
- Cpu：提供对 CPU 的 Cgroup 任务访问。
- Cpuacct：生成 Cgroup 中任务所使用的 CPU 报告。
- Cpuset：为 Cgroup 中的任务分配独立的 CPU（在多核系统）和内存节点。
- Devices：允许或者拒绝 Cgroup 中的任务访问设备。
- Freezer：挂起或者恢复 Cgroup 中的任务。
- Memory：设定 Cgroup 中任务使用的内存限制，并自动生成由那些任务使用的内存资源报告。
- Net_cls：使用等级识别符（classid）标记网络数据包，可允许 Linux 流量控制程序（tc）识别从具体 Cgroup 中生成的数据包。
- Net_prio：设置进程的网络流量优先级。
- Huge_tlb：限制 HugeTLB 的使用。
- Perf_event：允许 Perf 工具基于 Cgroup 分组做性能监测。

这样说理解起来也很吃力，下面就通过命令来挂载 Cgroupfs：

```
root@ops-admin:~# mount -t cgroup -o cpuset cpuset /sys/fs/cgroup/cpuset
```

这个动作一般情况下已经在 Linux 启动时候做了。查看 Cgroupfs：

```
root@ops-admin:~# cpuset ls
cgroup.clone_children    cpuset.memory_pressure_enabled
cgroup.procs             cpuset.memory_spread_page
cgroup.sane_behavior     cpuset.memory_spread_slab
cpuset.cpu_exclusive     cpuset.mems
cpuset.cpus              cpuset.sched_load_balance
cpuset.effective_cpus    cpuset.sched_relax_domain_level
cpuset.effective_mems    docker
cpuset.mem_exclusive     notify_on_release
cpuset.mem_hardwall      release_agent
cpuset.memory_migrate    tasks
cpuset.memory_pressure
```

在主流 Linux 发行版下，可以通过/etc/cgconfig.conf 或者 cgroup-bin 的相关指令来配置 Cgroup：

```
mount {
   cpuset = /sys/fs/cgroup/cpuset;
   momory = /sys/fs/cgroup/momory;
}
group cnsworder/test {
  perm {
      task {
           uid = root;
           gid = root;
      }
```

```
    admin {
        uid = root;
        gid = root;
    }
  }
  cpu {
      cpu.shares = 1000;
  }
}
```

然后通过命令行把一个进程移动到这个 Cgroup 中：

```
root@ops-admin:~# mount -t group -o cpu cpu /sys/fs/cgroup/cpuset
root@ops-admin:~# cgcreate -g cpu,momory:/cnsworder
root@ops-admin:~# chown root:root /sys/fs/cgroup/cpuset/cnsworder/test/*
root@ops-admin:~# chown root:root /sys/fs/cgroup/cpuset/cnsworder/test/task
root@ops-admin:~# cgrun -g cpu,momory:/cnsworder/test bash
```

关于 Cgroup 子系统，本书不再过多讲述，更多内容可以在网络上找到很不错的学习资料。

3. 容器的创建

上面两节只是非常简单地了解了 Namespace 和 Cgroup 两个概念，实际上像各个 Namespace 的具体介绍与各个 Cgroup 子系统的介绍都没有深入讲解，但通过上面两节的学习，相信读者脑海中已经大致有了容器创建过程的雏形。

- 系统调用 clone 创建新进程，拥有自己的 Namespace。

该进程拥有自己的 pid、mount、user、net、ipc、uts namespace。

```
root@ops-admin:~# pid =clone(fun,stack,flags,clone_arg);
```

- 如将 pid 写入 cgroup 子系统，就受到 cgroup 子系统的控制。

```
root@ops-admin:~# echo$pid >/sys/fs/cgroup/cpu/tasks
root@ops-admin:~# echo$pid >/sys/fs/cgroup/cpuset/tasks
root@ops-admin:~# echo$pid >/sys/fs/cgroup/bikio/tasks
root@ops-admin:~# echo$pid >/sys/fs/cgroup/memory/tasks
root@ops-admin:~# echo$pid >/sys/fs/cgroup/devices/tasks
root@ops-admin:~# echo$pid >/sys/fs/cgroup/feezer/tasks
```

- 通过 pivot_root 系统调用，使进程进入一个新的 rootfs，之后通过 exec 系统调用在新的 Namespace、cgroup、rootfs 中执行"/bin/bash"。

```
fun(){
   pivot_root("path_of_rootfs/", path);
   exec("/bin/bash");
}
```

凡是通过上面操作成功的，都是在一个容器中运行了"/bin/bash"。

3.2 Docker 基础

现在终于到了和本书主角见面的时刻，Docker 是什么，相信读者对它有了一定的了解。Docker 是一个开源的应用容器引擎，开发者可以打包它们的应用以及仰仗包到一个可移植的容器中，然后发布到主流的 Linux、MacOS、Windows 机器上，以便实现虚拟化。

Docker 是一个重新定义了程序开发测试、交付和部署过程的开放平台。在 Docker 的世界里，容器就是集装箱，我们的代码都被打包到集装箱里；Docker 就是集船坞、货轮、装卸、搬运于一体的平台，帮你把应用软件运输到世界各地，并迅速部署。

3.2.1 Docker 架构

我们知道 Docker 是一个构建、发布、运行分布式应用的平台，Docker 平台整体可以看成由 Docker 引擎（运行环境 + 打包工具）、Docker Registry（API + 生态系统）两部分组成。其中 Docker 引擎可以分为守护进程和客户端两大部分。Docker 引擎的底层是各种操作系统以及云计算基础设施，而上层则是各种应用程序和管理工具，每层之间都是通过 API 来通信的。

1. Docker Client

如图 3-7 所示（图片来源于 Docker 官网），Docker 引擎可以直观地理解为在某一台机器上运行的 Docker 程序，实际上它是一个 C/S 结构的软件，有一个后台守护进程在运行，每次我们运行 Docker 命令的时候实际上都是通过 RESTful Remote API 来和守护进程进行交互的，即使是在同一台机器上也是如此。

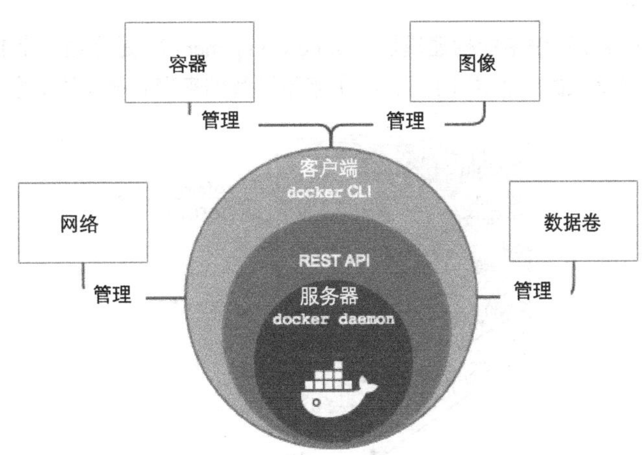

图 3-7 Docker 模块工作流程

我们使用 docker version 查看版本时，会看到两大部分：Client 和 Server，其实这就是图 3-7 中的 docker CLI（Client）和 docker daemon（Server）。

```
root@ops-admin:~# docker version
Client:
 Version:       17.05.0-ce
 API version:   1.29
 Go version:    go1.7.5
 Git commit:    89658be
 Built:         Thu May  4 22:09:06 2017
 OS/Arch:       linux/amd64

Server:
 Version:       17.05.0-ce
 API version:   1.29 (minimum version 1.12)
 Go version:    go1.7.5
 Git commit:    89658be
 Built:         Thu May  4 22:09:06 2017
 OS/Arch:       linux/amd64
 Experimental:  false
```

2. Docker Daemon

如上所说，daemon 就是一个守护进程，实际上它就是驱动整个 Docker 的核心引擎，在 0.9 版本之前 Docker 客户端和服务端是统一在同一个二进制文件中的，后来为了更好地对 Docker 模块进行管理，划分为四个二进制文件：docker、containerd、docker-containerd-shim 和 docker-runc。

分开之后，守护进程与容器管理不再互相牵制，这也使得 Docker 支持热更新，更人性化了。

3. Docker 镜像

Docker 镜像是 Docker 系统中的构建模块（Build Component），是启动一个 Docker 容器的基础。下面通过一个官方提供的示意图（见图 3-8）来帮助我们来理解镜像的概念。

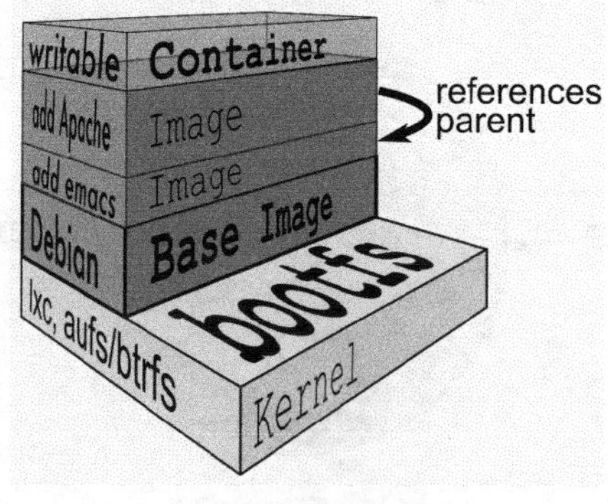

图 3-8　镜像结构

Docker 镜像采用分层的结构构建，最底层是 bootfs，这是一个引导文件系统，一般用户很少会直接与其交互，在容器启动之后会自动卸载 bootfs，bootfs 之上是 rootfs，rootfs 是 Docker 容器在启动时内部可见的文件系统，就是我们日常所见的“/”目录。

Docker 镜像使用了联合挂载技术和写时复制技术，关于这些内容会在下面章节详细介绍。利用这两项技术，Docker 可以只在文件系统发生变化时才会把文件写到可读/写层，一层层叠加，不仅有利于版本管理，还有利于存储管理。

4. Docker 容器

在 Docker 的世界中，容器是核心，是一个基于 Docker 镜像创建、包含为运行某一特定程序所有需要的 OS、软件、配置文件和数据，是一个可移植的运行单元。不过从宿主机来看，它只是一个简单的用户进程而已。关于容器的知识，在稍后会有详细介绍，在这里读者只需要知道容器是从镜像创建的运行实例，它是一个独立的沙盒。

容器很好地诠释了集装箱的理念，开发人员不用关心容器内部是什么应用，只管传输、运行即可，这是一种标准化的集装和运输方式，正因为 Docker 把容器技术进行了体验友好的封装，才使得容器技术迅速推广普及。

5. Docker 仓库

相信大家对 Github 这个网站不会陌生，Github 上有着海量的代码仓库，类似的，在 Docker 中，当开发者想要构建一个镜像或运行一个容器时，一般要先有一个现成的镜像才可以执行构建或者运行，而本地又没有该特定镜像时怎么办呢？Docker 提出了 Registry 的概念，用户可以将自己的镜像上传到 Registry 上，如果是公开的，那么全世界的用户都可以拉取这个镜像来操作，可以说 Registry 就是一个“软件商店”。Registry 类似传统运输业中的船坞、中转站一样，是一个集中存放“集装箱”（镜像）的地方。

Docker 官方的 Registry 地址是：https://hub.docker.com/，此站点是早期 Docker 高速发展时的一个“遗留问题”，虽然官方一再推荐用户使用 Docker Store，但是用户已经“旧习难改”，加之 Docker Store 与 Docker Cloud 深度绑定，市场反映平淡，因此 Docker Hub 还会存在相当长的一段时间。

Docker 官方的 Registry 商店地址是：https://store.docker.com/，这个仓库是 Docker 公司在后来改变 Docker 战略之后发布的一个镜像商店，它进一步融合了 Docker 的企业版本，并且提供镜像售卖渠道，意在打造一个真正的镜像交易平台。目前 Docker Store 和 Docker Hub 的数据是相通的，用户在 Docker Cloud 构建的镜像会推送到 Store 和 Hub 中。

除了这两个官方的地址，用户还可以搭建自己私有的 Registry，用来存储非公开的镜像，关于这部分内容会在后面详细讲解。

3.2.2 Docker 安装

截至 2016 年 10 月，Docker 已经原生支持 Linux、Windows、MacOS 三大平台。本节内容将介绍在不同操作系统上安装 Docker 的方法。

Docker 最初基于 Linux 容器技术，所以对 Linux 的支持无疑是最好的，主流的 Linux 系统都可以安装 Docker。需要注意的一点就是，Linux 内核版本必须大于 3.10 版才能使用 Docker 的完整功能，内核小于 3.10 版的 Linux 系统也可以运行 Docker，但会有部分特性无法使用，进而引起一些错误。

当前，Docker 分为社区版本 Docker CE 和企业版本 Docker EE，其中社区版本又分为 Stable 版本和 Edge 版本，Stable 版本的更新周期为每个季度更新一次，Edge 版本则每个月更新一次。Edge 适合想体验新功能的普通用户。

1. 一键安装脚本

Docker 官方提供了便捷的安装脚本，通过脚本自动完成安装。官网社区版本安装脚本一共有三种版本。第一个版本是主分支的 Docker CE，Edge 更新渠道，每个月更新一次；第二个版本是候选版本的 Docker CE，Test 更新渠道，提供候选功能，候选功能不一定会出现在主分支的 Docker CE 中；第三个版本是实验性的 Docker CE 版本，Experimental 更新渠道，提供实验性功能比 Test 更新渠道更加激进。

这四个更新渠道（Stable、Edge、Test、Experimental）可根据用户需求自由选择。Edge、Test、Experimental 这三个更新渠道可以自由切换，也就是说，你只需要安装主分支的 Docker CE Edge 版本，这三个更新渠道就已经内置在其中，你只需要在启动时切换模式即可。这是 Docker1.13 之后才有的功能（后来 Docker 又改变了版本命名规则，如今是按照年份加月份的方式命名的）。

本书主要以 Docker CE Edge 为例，但下面也会介绍一些其他更新渠道的安装方式：

- 安装 Edge 版本

```
user@ops-admin:~$ curl -fsSL get.docker.com -o get-docker.sh
user@ops-admin:~$ sudo sh get-docker.sh
```

- 安装 Test 版本

```
user@ops-admin:~$ curl -fsSL test.docker.com -o test-docker.sh
user@ops-admin:~$ sudo sh test-docker.sh
```

- 开启实验性功能

安装 Edge 或者 Test 更新渠道的 Docker 之后，新建并编辑文件/etc/systemd/system/docker.service.d/experimental.conf，内容如下：

```
[Service]
Environment=DOCKER_OPTS=--experimental=true
```

然后执行 systemctl daemon-reload 重启 daemon，以及重启 Docker 进程 sudo systemctl restart docker，然后查看 Docker 版本信息：

```
user@ops-admin:~$ docker version
Client:
 Version:      17.05.0-ce
 API version:    1.29
```

```
 Go version:     go1.7.5
 Git commit:     89658be
 Built:          Thu May  4 22:09:06 2017
 OS/Arch:        linux/amd64

Server:
 Version:        17.05.0-ce
 API version:    1.29 (minimum version 1.12)
 Go version:     go1.7.5
 Git commit:     89658be
 Built:          Thu May  4 22:09:06 2017
 OS/Arch:        linux/amd64
 Experimental:   true
```

如果上面的 Experimental 显示为 true 即表示开启实验性功能成功。

本书已经把 user 这个用户加入 docker 用户组，所以执行 docker 命令时不加 sudo 提权，在生产环境中不建议如此操作，特别是大型云服务生产环境。Docker 安装之后默认不会把当前用户加入 docker 用户组中，所以如果不想在每次操作 docker 时都频繁输入密码，需要用户手动操作把当前用户加入 docker 用户组。在安装之后执行：

```
user@ops-admin:~$ sudo usermod -aG docker $USER
```

如果安装时出现如下没有 aufs 的提示，用户可以安装内核扩展（仅限 Ubuntu 系列发行版）：

```
user@ops-admin:~$ sudo apt-get install linux-image-extra-`uname -r`
```

2. Linux 系统

上面 Docker 的安装脚本已经可以很好地兼容像 Debian（Raspbian）、Ubuntu、Fedora、Centos、Redhat、OracleServer 这些发行版，但是对于其他比较特殊发行版的支持并不是那么好的。

通用安装

目前绝大部分 Linux 发行版的仓库已经内置了 Docker 软件包，所以基本上都可以直接从更新源更新，一般的软件包名为：docker 或者 docker-engine。

```
# 启动 Docker 进程：
user@ops-admin:~$ sudo systemctl start docker
# 设置开机启动 docker：
user@ops-admin:~$ sudo systemctl enable docker
# 如果执行 docker info 可以返回正确信息，那么已经成功安装并运行 Docker 了。
user@ops-admin:~$ docker info
```

Arch Linux

像 Arch Linux 这种有着强大社区支持的发行版，也可以很轻松地从社区安装 Docker，软件包的名字就叫 docker，或者使用 AUR 包，名字叫 docker-git。

- docker 软件包将会安装最新正式版本的 Docker。
- docker-git 则是由当前 master 分支构建的包，属于 test 版本。

Docker 依赖于几个指定的安装包，核心的几个依赖包为：bridge-utils、device-mapper、iproute2、sqlite。所以社区包安装很简单：

```
user@ops-admin:~$ sudo pacman -S docker
```

这就安装了你所需要的一切。如果想使用 AUR 的包，这里假设你已经安装好了 yaourt，如果你之前没有安装构建过这个包，请参考 Arch User Repository，执行：

```
user@ops-admin:~$ sudo yaourt -S docker-git
```

启动 Docker：

```
# 启动 Docker
user@ops-admin:~$ sudo systemctl start docker
# 开机自动启动 Docker
user@ops-admin:~$ sudo systemctl enable docker
```

如果执行 Docker info 可以返回正确信息，那么 Arch Linux 已经成功安装并运行 Docker 了。

3. Windows 系统

如果你是 Windows 10 的 64 位专业版或企业版用户，那么你可以直接安装原生 Docker 应用了（原生的 Docker 客户端，Docker 服务端使用 Windows 自家的 Hyper-v 虚拟技术，通过虚拟机层运行一个定制化的轻量级 Linux 系统，进而运行容器）。

先从官网下载安装文件，一共有两个版本的 Docker CE，分别是 Stable 和 Edge，更新周期与 Linux 相同。

两个版本的下载链接：https://download.docker.com/win/stable/InstallDocker.msi，https://download.docker.com/win/edge/InstallDocker.msi。

新版本的安装器（集成实验功能）：https://download.docker.com/win/edge/Docker%20for%20Windows%20Installer.exe。

下载之后双击 InstallDocker.msi 文件，一路同意安装即可。

安装结束之后可以看到 Docker 的大鲸鱼图标。启动之后可以在 CMD 或者 Powershell 窗口执行 docker 命令。

选择 About Docker 可以查看 Docker 的版本。在 Windows 下使用 Docker 和 Linux 完全一样，这得益于前面提到的 Libcontainer 的封装抽象。下面通过一个 Hello-World 来验证 Docker 是否能正常运行：

```
PS C:\Users\samstevens> docker run --rm hello-world
Unable to find image 'hello-world:latest' locally
latest: Pulling from library/hello-world
b04784fba78d: Pull complete
Digest: sha256:f3b3b28a45160805bb16542c9531888519430e9e6d6ffc09d72261b0d26ff74f
Status: Downloaded newer image for hello-world:latest

Hello from Docker!
This message shows that your installation appears to be working correctly.

To generate this message, Docker took the following steps:
 1. The Docker client contacted the Docker daemon.
 2. The Docker daemon pulled the "hello-world" image from the Docker Hub.
 3. The Docker daemon created a new container from that image which runs the executable
that produces the output you are currently reading.
 4. The Docker daemon streamed that output to the Docker client, which sent it to
your terminal.

To try something more ambitious, you can run an Ubuntu container with:
 $ docker run -it ubuntu bash

Share images, automate workflows, and more with a free Docker ID:
 https://cloud.docker.com/

For more examples and ideas, visit:
 https://docs.docker.com/engine/userguide/
```

上面输出的是 Hello World 镜像的内容，这表示 Docker 已经正常运行了。

4. MacOS 系统

与 Windows 一样，两个版本的下载链接分别为：https://download.docker.com/mac/stable/Docker.dmg，https://download.docker.com/mac/edge/Docker.dmg。

把下载好的 Docker.dmg 双击打开，然后拖放到应用文件夹即可完成安装。打开 Docker 可以看到与 Windows 界面基本一致的 GUI，如图 3-9 所示。

同样在 MacOS 终端中输入 docker info 命令即可查看 Docker 运行的状态。

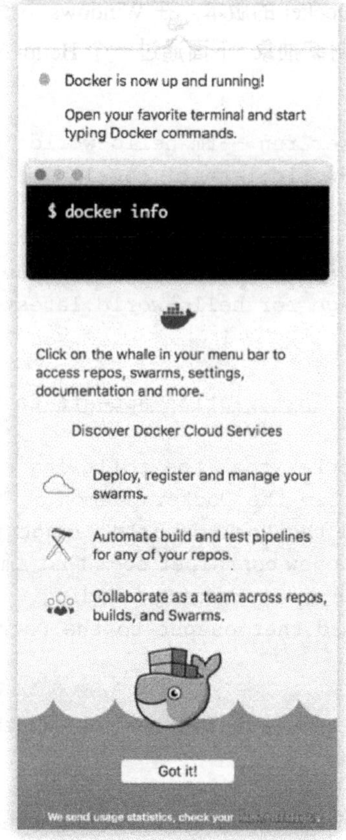

图 3-9　MacOS 界面

3.2.3　Docker 命令

安装 Docker 之后，打开终端直接输入 `docker` 可以看到帮助信息，这里面有三个部分，第一部分是 Options，这部分内容是 Docker 客户端的参数，它用于修改 Docker 服务端的参数、修改通信参数以及显示客户端的其他信息等，一般的日常操作不会用到这一部分。第二部分是 Management Commands，这部分是 Docker 改变架构之后更新的更合理的命令操作方式。第三部分则是 Commands，它是以前 Docker 的命令操作方式。

第二部分和第三部分的命令是重复的，两者都可以操作 Docker 客户端向服务端通信，其结果是相同的，不过由于 Docker 巨大的影响力，旧版的命令行暂时还不能马上撤销，所以第三部分的内容也会保留在 Docker 客户端中一段时间。但是如果你是新手，建议你使用第二部分的命令作为学习内容。

相比第三部分旧的命令行，第二部分的命令行规划整齐、结构清晰，而且后续的新功能只会在第二部分命令中添加，第三部分的命令不会再改变。

3.3 Docker 镜像

从本节开始将接触 Docker 最核心也是最基础的部分——镜像，Docker 镜像是 Docker 整个体系中最基础的部分，Docker 镜像是容器的初始状态，Docker 镜像的构建、维护都对容器的运行有着极大的影响，所以理解镜像的原理对 Docker 后面的学习至关重要，在本节中将从镜像的存储原理和驱动等内容讲起，然后介绍最基础的镜像操作方法，并逐步深入到镜像构建等内容。

3.3.1 认识镜像

1. 镜像结构

Docker 镜像里面有什么？我们不妨把镜像解压来看，这里以前面拉取的 Hello World 镜像为例：

```
user@ops-admin:~$ docker save hello-world > hello.tar
user@ops-admin:~$ tar xf hello.tar && rm hello.tar
user@ops-admin:~$ ls
1815c82652c03bfd8644afda26fb184f2ed891d921b20a0703b46768f9755c57.json
manifest.json
3e0554cb0efadb678332292bb7835495fbb0c71af7e01bd4f7d11e64fe3d54df
repositories
```

上面命令中先是把镜像导出为 tar 归档文件，然后解压，最后可以看到 hello-world 这个镜像中一共有四个文件（夹），这些像乱码一样的文件夹其实是镜像的一个层（layer）。镜像包含着数据以及必要的元数据，这些数据就是层（layer），而元数据则是一些 JSON 文件，元数据是用来描述镜像的信息，包括数据之间的关系、容器配置信息等。

上面解压的镜像所显示的每一个层（layer）文件夹意味着它是由一句 Dockerfile 命令生成的。在构建镜像的过程中，像 RUN、COPY、ADD、CMD 等命令都会生成一个新的镜像层，一个镜像就是不断在上一个镜像层的基础上叠加上去的。为了更直观地了解一个镜像的历史，可以使用 `docker history` 来看镜像的历史。

```
user@ops-admin:~$ docker history hello-world
IMAGE          CREATED       CREATED BY          SIZE                COMMENT
1815c82652c0   4 weeks ago   /bin/sh -c #(nop)   CMD ["/hello"]      0B

<missing>      4 weeks ago   /bin/sh -c #(nop)   COPY file:b655c...  1.84kB
```

可以看到 hello-world 这个镜像只有两句构建命令，第一句是 COPY 可执行文件，第二句是 CMD 命令，负责在启动时执行的命令。构建过程由下到上，一层一层叠加，每一层的内容独立存储在镜像层中。现在我们知道镜像内部是什么样的了，但是在本地，Docker 是如何存储这些镜像的呢？那就去 Docker 本地存储路径一探究竟吧。

```
root@ops-admin:~# ls -l /var/lib/docker
total 40
drwx------  5 root root 4096 Jul 15 14:16 aufs
drwx------ 13 root root 4096 Jul 15 13:39 containers      # 存放容器的信息
drwx------  3 root root 4096 Jun  1 13:25 image           # 存放镜像的信息
drwxr-x---  3 root root 4096 Jun  1 13:25 network         # 容器网络信息
drwx------  4 root root 4096 Jun  1 13:25 plugins         # 插件信息
drwx------  2 root root 4096 Jun  1 13:25 swarm           # 集群信息
drwx------  2 root root 4096 Jul 15 14:06 tmp
drwx------  2 root root 4096 Jun 29 14:17 tmp-old
drwx------  2 root root 4096 Jun  1 13:25 trust
drwx------ 18 root root 4096 Jun 12 22:15 volumes         # 数据卷信息
```

本地存储的镜像数据与层数据在 image 文件夹中是分开存储的，imagedb 保存了本地全部镜像的元数据，而 layerdb 保存了本地镜像的全部镜像层。

2. 存储原理

上面说到镜像内容与元数据是分开存储的，那么 Docker 是如何把这些内容整合然后把一个完整镜像显示在用户眼前的呢？依旧以 hello-world 为例，通过 `docker inspect` 命令查看镜像的详细信息：

```
user@ops-admin:~$ docker inspect hello-world
[
    {
        "Id":
"sha256:1815c82652c03bfd8644afda26fb184f2ed891d921b20a0703b46768f9755c57",
        "RepoTags": [
            "hello-world:latest"
        ],
        "RepoDigests": [
            "hello-
world@sha256:f3b3b28a45160805bb16542c9531888519430e9e6d6ffc09d72261b0d26ff74f"
        ],
        "Parent": "",
        "Comment": "",
        ... ...
        "RootFS": {
            "Type": "layers",
            "Layers": [
"sha256:45761469c965421a92a69cc50e92c01e0cfa94fe026cdd1233445ea00e96289a"
            ]
        }
```

注意 RootFS 中的信息，Docker daemon 首先通过 image 的元数据得知全部 layer 的 ID，再根据

layer 的元数据梳理出顺序，最后使用联合挂载技术还原容器启动所需要的 rootfs 和基本配置信息。运行的容器实际上就像是在这些镜像层之上新建一个动态的层。

现在我们已经知道镜像是一种像“千层饼”一样的结构，但问题是 Docker 是如何把这么多的镜像层统筹起来变为一个可运行的容器呢？这里就需要引入一项技术——联合挂载。

联合挂载会把多个目录挂载到同一个目录（甚至可能对应不同的文件系统）下，并对外显示这些目录的整合形态。Docker 中使用的 AUFS（AnotherUnionFS）就是一种联合文件系统。

联合文件系统在日常使用的电脑中有一个地方经常会用到，那就是 Linux 系统的 LiveCD，我们使用发行版时一般都有一个 LiveCD 供用户体验。它的原理就是在原有的系统目录之上附加一层可读可写的文件层，任何文件改动都会被写到这个文件层中，这种技术就是写时复制。关于写时复制的信息可以查看 Overlay 文件系统的资料。

这里需要特别注意一点，因为不理解写时复制的特性，在以后构建镜像过程中，大部分新手都会有一个误区就是“删除一个文件必定会导致镜像体积变小”。

实际上并非如此，举个简单的例子，有一个镜像，内部有一个 100MB 的文件，现在基于该镜像（FROM 命令）构建一个新的镜像，在构建过程中执行了删除那个 100MB 的文件的命令，那么现在镜像体积变小了吗?

当然没有，因为根据联合挂载与写时复制的特点，删除底层文件系统的文件或者目录时，会在上层建立一个同名的主次设备号都为 0 的字符设备，并不会删除底层文件系统的文件或者目录，只是整合后的 rootfs 让用户看不到那些文件而已。

所以正确的解决办法是从底层的文件系统着手，在最初的镜像层删掉 100MB 文件才是减少镜像体积的办法。更详细的内容会在以后实战过程中提示。

3.3.2　镜像操作

1. 拉取镜像

拉取镜像的命令，通过 docker pull 不仅可以拉取 Docker Hub 的镜像，还可以通过指定仓库地址拉取私有仓库镜像。

```
user@ops-admin:~$ docker pull --help

Usage:  docker pull [OPTIONS] NAME[:TAG|@DIGEST]

Pull an image or a repository from a registry

Options:
  -a, --all-tags                Download all tagged images in the repository
      --disable-content-trust   Skip image verification (default true)
      --help                    Print usage
```

使用 `docker pull-a` 会把所有标签都拉取到本地，使用`--disable-content-trust=`

false 会在拉取时校验镜像，保证传输安全，默认是关闭的。

镜像获取非常简单，如果想获取其他用户上传的镜像，可以在 Docker Hub 上面搜索。

2. 镜像创建

构建镜像

docker build 是构建镜像用到的重要命令。从 docker build 的帮助信息中看到，build 这个子命令的功能非常强大。通过丰富的参数设置，可以控制镜像构建的各项细节。常用的参数如下。

- -c：控制 CPU 使用。
- -f：选择 Dockerfile 名称。
- -m：设置构建内存上限。
- -q：不显示构建过程的一些信息。
- -t：为构建的镜像打上标签。

构建镜像的基本命令格式是：

```
user@ops-admin:~$ docker build -t user_name/image_name .
```

其中命令后面的小数点符号不能省略，它表示当前目录的 Dockerfile 文件。Docker 镜像构建是讲究上下文的，因此不能把 Dockerfile 乱放，关于 build 的详细用法在下一节结合 Dockerfile 讲解。

镜像提交

除了使用 docker build 构建镜像，还可以使用 docker commit 提交镜像。docker commit 会把容器提交打包为镜像，这样提交的镜像会保存容器内的数据，而且第三方无法获得镜像的 Dockerfile，也就无法再构建一个完全一样的镜像出来，从这点看，并不推荐用户使用 docker commit 提交镜像。

但是在某些时候，我们需要使用 docker commit 来保存容器状态，这个时候我们还是需要使用这个方法保存容器的。下面以一个简单的例子说明，首先启动一个容器：

```
user@ops-admin:~$ docker run -d --name=test ubuntu
```

然后进入该容器内部，在工作目录下新建一个 test.txt 文件，在里面写入内容：

```
user@ops-admin:~$ docker exec -it test bash
container:~# echo "Text" > test.txt && exit
```

提交镜像，镜像名称是 username/test：

```
user@ops-admin:~$ docker commit test username/test
```

再把刚才提交的镜像运行：

```
user@ops-admin:~$ docker run -dit --rm username/test bash
container:~# cat test.txt
container:~# Text
```

可以看到：刚才 test 容器新建的文件被保留下来了，username/test 镜像里面包含了该文件。

`docker commit` 的参数如下。

- -a：添加作者信息，方便维护。
- -c：修改 Dockerfile 指令，目前支持的有 CMD | ENTRYPOINT | ENV | EXPOSE | LABEL | ONBUILD | USER | VOLUME | WORKDIR。
- -m：类似 `git commit -m` 提交修改信息。
- -p：暂停正在 commit 的操作。

3. 导入/导出镜像

前面我们已经使用过镜像导出的功能，现在来具体看镜像导出/导入的用法。如果在两台主机之间需要传输镜像，一个办法就是把镜像推送到仓库，然后让另一台主机拉回来，但是这样有个中转，不仅麻烦还不安全，有时候我们不希望镜像发布到互联网中。而自己搭建私有镜像仓库显然不是三两句命令就能搞定的，于是就需要一组可以导出/导入镜像的命令了。

导出镜像

使用 docker save 可以导出镜像到本地文件系统：

```
user@ops-admin:~$ docker save -o ubuntu.tar ubuntu
user@ops-admin:~$ ls
user@ops-admin:~$ ubuntu.tar
```

我们可以把这个文件解压，里面就是一个基于 Libcontainer 标准的 rootfs，使用 runC 也可以运行起来。如果忘了参数，还可以使用“>”符号导出镜像，更加形象：

```
user@ops-admin:~$ docker save ubuntu > ubuntu.tar
```

导入镜像

使用 docker load 可以加载一个导出的镜像包到本地仓库。

```
user@ops-admin:~$ docker load -i ubuntu.tar
# 或者
user@ops-admin:~$ docker load < ubuntu.tar
```

导入镜像时不必指定镜像名称。

4. 删除镜像

本地镜像多了，有些不需要，我们当然想要删除它们。删除镜像的命令是 `docker rmi`，删除镜像时不指定镜像的 tag 则会默认删除镜像的 latest 标签。可以在命令后面接上多个镜像名称，删除多个镜像。

使用 docker rmi 命令删除镜像时，要确保没有容器使用该镜像，也就是说，没有容器是使用该镜像启动的，才可以删除，否则会报错。

删除镜像时可以使用镜像的 ID 也可以使用镜像名称，docker rmi 有一个参数-f，该参数可以强制删除镜像，即便有容器正在使用该镜像。但是这样只会删除镜像标签，不影响正在运行的容器，实际上只要容器还在运行，镜像就不会被真正删除，用户可以使用 docker commit 操作提交容器来恢复镜像。

```
# 删除一个镜像（默认删除 latest 标签）
user@ops-admin:~$ docker rmi hello-world
Untagged: hello-world:latest
Deleted: sha256:c0ec52a519810bbab006186fe5ec107f477885601b13b29f0b1c940d03c2ac46
Deleted: sha256:f004c17c62d27346bd7ad32afd616d6f135ab7b7d67fa704906c3b6790133b59
# 删除一个标签
user@ops-admin:~$ docker rmi ubuntu:test
Untagged: ubuntu:test
```

前面说过，镜像实际上是以 ID 为标准保存在 Docker 中的，即使镜像没有使用标签，镜像也是可以存在的，出现这种情况的原因有很多，例如强制删除了一个正在运行着容器的镜像，又或者构建的新镜像的 tag 覆盖了原来旧镜像的 tag 等。

时间长了，我们没有 tag 说明这些镜像是什么作用就会很难管理，所以我们需要删除这些镜像，数量少时我们可以手动一条一条地删除，数量多时我们可以配合 Docker 其他命令，删除所有未打 dangling 标签的镜像：

```
user@ops-admin:~$ docker rmi $(docker images -q -f dangling=true)
```

删除所有镜像：

```
user@ops-admin:~$ docker rmi $(docker images -q)
```

注意：shell 中的$()和``类似，会先执行这里面的内容。

5. 发布镜像

现在，我们已经知道如何构建、导出、导入、删除镜像了，当我们想发布镜像让更多的人使用时，我们就需要推送镜像到公共仓库了。

因为 Docker Hub 是官方默认仓库，镜像最多，我们一般都会选择发布到这里。在推送镜像之前，需要先在终端中登录到 Docker Hub：

```
user@ops-admin:~$ dcoker login
Login with your Docker ID to push and pull images from Docker Hub. If you don't have
a Docker ID, head over to https://hub.docker.com to create one.
Username: username
Password:
Login Succeeded
```

这里输入密码时是不会显示输入反馈的，只需要输完密码回车就可以了。登录成功后我们才可以使用 docker push 推送镜像：

```
user@ops-admin:~$ docker push username/images
```

注意一点，这里推送的镜像名称表示镜像的所有者是 username，我们无法推送一个名称为 user/image 的镜像到 Docker Hub 中，因为 docker push 只能推送镜像到用户有管理权限的仓库。这里的管理权限包括组织，与 Github 类似，Docker Hub 也有组织的概念。

修改镜像标签

前面提到，我们只能推送镜像到自己有管理权限的仓库中。假设现有用户名为 username 的用户，想推送一个 user/image 的镜像到 Docker Hub 中，有什么办法呢?

最简单就是给镜像重新打标签，重新打标签之后，镜像内容不变，只是名称改变了。

```
user@ops-admin:~$ docker tag user/image username/image
```

这样就可以推送 username/image 到 Docker Hub 了。当然本书不推荐任何开发者通过这种方式复制推送他人镜像到自己的仓库中（因为没有构建过程）。

发布镜像到第三方仓库

打标签最重要的用途其实是为了可以向其他仓库推送镜像。虽然 Docker Hub 是官方默认的仓库，但是国内网络并不是很稳定，而且 Docker Hub 免费版本的功能有限制，因此国内许多 Docker 初创公司以及一些公益镜像仓库都开放了推送请求。

我们可以选择把镜像推送到这些第三方仓库中，不仅有助于加快推送速度，还方便以后拉取镜像时提速。因为 docker push 推送时会默认推送到 Docker Hub 中，为了改变这一默认值，我们还需要给镜像打上仓库标签：

```
user@ops-admin:~$ docker tag username/image reg.example.com/username/image
```

上面的 reg.example.com 表示一个第三方的仓库地址。这个时候使用 docker images 查看镜像会发现镜像名称已经改变，原来标签不会删除，虽然变成了两个镜像，但是实际上只是占用一个镜像的空间。

如果要推送的仓库需要认证，别忘记使用 docker login 登录：

```
user@ops-admin:~$ docker login reg.example.com
```

接下来可以使用 docker push 推送了：

```
user@ops-admin:~$ docker push reg.example.com/username/image
```

至此，基本的 Docker 镜像操作就介绍完了，下一节会深入讲解 Docker 镜像构建的过程以及构建配置文件的书写规则。

3.3.3 Dockerfile 详解

在 3.3.1 节中已经认识了 Docker 镜像，那么对于构建 Docker 镜像的“圣旨”—— Dockerfile 将在本节继续深入学习。

前面已经很多次提到可以使用 Dockerfile 构建镜像或者使用 docker commit 提交镜像，这两种方法生成的镜像的最大区别在于前者可以通过一份简单的文本就把整个镜像概括进去，其他人只需要拿到 Dockerfile 就可以构建出一个“一模一样”的镜像，而后者（使用 docker commit）生成的镜像，其他人只能通过 Registry 或者导出导入的方式来传输镜像，非常不方便，而且其他人很难确定镜像内有什么，也无法构建一个“一模一样”的镜像出来，所以一般不推荐使用 docker commit 的方式生成镜像。

因此掌握使用 Dockerfile 构建镜像就很有必要了，Dockerfile 的内容并不多，配合 docker build 使用，可以轻松地构建一个自己定制的镜像。本节内容将逐一解释 Dockerfile 的每条指令，然后扩展到镜像构建过程中的扩展，诸如 .dockerignore 等。

1. Dockerfile 编写指南

要写一份 Dockerfile，需要作者有一定的 Linux 命令行基础，因为从整体来看，Dockerfile 就是一个自动化的 Linux 命令集。在写 Dockerfile 过程中，需要模拟一遍命令的运行过程，尽量减少因命令行写错而重新构建的情况，因为有时这很耗时。

Dockerfile 这个文件虽然可以命名为其他名字，但是一般情况下不推荐修改 Dockerfile 这个文件名，除非同一个文件夹下存在多个 Dockerfile 文件，此时可以使用 Dockerfile.second、Dockerfile.server 等方式命名，构建时加上-f 指定该文件即可。例如：

```
user@ops-admin:~$ docker build -t user/image:tag .
user@ops-admin:~$ docker build -t user/image:new -f Dockerfile.new .
```

注意上面的两句命令，第一句表示使用当前目录中的 Dockerfile 文件构建，第二句表示使用 Dockerfile.new 这个文件构建，两句命令都是使用当前目录作为构建的上下文根目录。一般情况下我们使用 Dockerfile 这个默认的名字可以省去-f 这个参数。

一个标准的 Dockerfile 中应该包含命令、注释等内容，构建命令应使镜像尽量干净，不留垃圾文件。Dockerfile 的结构如下：

```
# 这是注释
# 一般来说结构形如"命令 参数"，虽然官方允许使用小写的命令，但为了更好地阅读 Dockerfile，一般把命令全部大写
INSTRUCTION arguments
```

如何写出一个构建不会出错的 Dockerfile 是新手首先要面对的问题。因为 Docker 构建过程是无交互的，所以整个构建过程需要保证命令集能够一直持续不断地执行下去，完全的“自动化”要求 Dockerfile 编写者必须尽可能地考虑到所有可能的构建情况。

因此在书写 Dockerfile 的过程中，需要注意命令是否能够自动执行，遇到交互节点是否可以自动应答等。例如在使用 apt-get install 构建镜像时就会遇到 Y/n 的提示，所以在写 Dockerfile 时必须加入-y 参数。在安装依赖时不要执行软件升级操作，比如 apt-get upgrade 等行为都是破坏镜像兼容性的做法，可能会导致其他人构建时产生因为版本问题而构建失败的问题。

此外，要注意 Dockerfile 指令书写的顺序，因为 Dockerfile 的构建过程是从上到下的，所以书写 Dockerfile 需要考虑到后面的命令执行情况，并适当调整命令的位置。比如在执行删除软件源命令之

前一般要完成全部软件依赖的安装，不能发现缺少依赖再重新添加软件源进行安装（如果调整 Dockerfile 上面的命令，后面命令即使没有改动，构建时也会从改动处开始构建）。

第三，要注意清理，这是很多用户在书写 Dockerfile 时没有注意到的地方，有时一个镜像在构建过程中会产生很多临时文件，很多时候在完成构建之后，临时文件也保留在了镜像之中，因此在 Dockerfile 中一般在最后写上清理系统的命令，以保证镜像的体积。值得注意的是，并不是删除文件后镜像体积一定会减小，这要根据 Docker 的存储特点和 Dockerfile 文件来判断。下面的章节会详细讲述这一点。

最后是关于易读，有时候使用一条很长的命令，不要一行写到底，这样不容易阅读，遇到长命令可以使用“\”符号来连接，遇到几个命令连在一起，还可以使用“\&&”的方式进行连接。

```
RUN echo 'we are running some things' \
    && echo 'Hello'
```

易读还包括适当地在 Dockerfile 留下注释以及维护者的信息，这将有利于他人从中获得更全面的帮助。

实际上一个复杂的 Docker 镜像，一次性写出执行成功的 Dockerfile 是不太现实的，往往需要编写者多次调试。幸好 Docker 构建过程有一个缓存，每一句命令（除了 ADD 和 COPY）执行过后都会被缓存到本地中，直到镜像完全构建成功，也就是说，如果构建过程因为某一句命令构建失败，那么下一次构建时只需要从失败那一句命令开始构建，不需要从头到尾再构建一次。

注意：Docker 并不会去检查容器内的文件内容，比如 RUN apt-get -y update，每次执行时文件可能都不一样，但是 Docker 却认为命令一致，会继续使用缓存。这样一来，以后构建时都不会再重新运行 apt-get -y update 了。

在 Docker 开始构建镜像时，Docker 客户端会先在上下文目录中寻找 .dockerignore 文件，根据 .dockerignore 文件排除上下文目录中的部分文件和目录，然后把剩下的文件和目录传递给 Docker 服务端开始构建。“.dockerignore”语法与“.gitignore”相同。

对于大型项目在构建镜像时，一般不建议在项目的根目录放置 Dockerfile 文件，因为上下文内容太过于庞杂，构建缓存会非常之大，解决办法有两种，一种是新建一个 Docker 相关的文件夹，改变构建上下文，构建时指定构建上下文，以减少不必要的目录进入构建缓存。另一种办法就是使用“.dockerignore”文件，这里是一个使用“.dockerignore”文件的例子：

```
# 这是注释
# 一级子目录中排除其名称以 temp 开头的文件和目录。例如/dir/temp_text 和/dir/temp_dir 被排除
*/temp*
# 同理，二级目录排除以 temp 开头的文件和目录
*/*/temp*
# 排除根目录中名称有 temp 字符的文件和目录
temp?
```

行开头!（感叹号）可用于排除例外。“.dockerignore”文件示例：

```
*.md  # 上下文中排除所有 md 文件
!README.md  # 不排除 README.md 文件
```

特别指出文件：

```
*.md  # 上下文中排除所有 md 文件
!README*.md  # 包含 README 字符的 md 文件不排除
README-password.md  # 特别指出 README-password.md 从上下文中排除
```

注意：上面例子中最后两句不能写反，因为 Docker 从上往下读，最后两句反过来会冲突，写反之后 Docker 会以最后一句为准的。

最后总结一下书写 Dockerfile 需要注意的几个问题：

- 镜像要轻量化，减少镜像的大小要从根本入手，基础镜像尽量选择简单而且稳定的发行版。减少软件依赖，仅安装需要的软件包以及最后要记得清理缓存。
- 使用`.dockerignore`排除无关文件。在大部分情况下，Dockerfile 会和构建所需的文件放在同一个目录中，为了提高构建的性能，应该使用`.dockerignore`来过滤掉不需要的文件和目录。
- 一个容器只做一件事，甚至一个容器只运行一个进程。例如一个动态网站容器，不应该把数据库、运行环境、负载器都放进容器中，这样容器就失去了意义。
- 减少构建命令。这样做的目的是减少镜像层数，这对于减少镜像体积有着极其重要的影响。例如整合多个 Label、ENV、RUN 标签，优化命令执行顺序等。
- 其使用反斜杠\连接跨行的命令，提高 Dockerfile 易读性。

上面说了这么多，下面具体来看每个命令的用法与注意的要点。

2. Dockerfile 命令详解

解析器命令

解析器命令是可选的，它影响 Dockerfile 后续的处理方式。解析器命令不会向构建添加镜像层，不会显示构建步骤。解析器指令以注释形式写入 Dockerfile 中。单个命令只能使用一次，如果碰到注释、Dockerfile 命令或空行，接下来出现的解析命令都无效，被当作注释处理。还有，解析器命令不支持反斜杠跨行。

解析命令以#开头，形式如下，虽然不区分大小写，但约定俗成使用小写：

```
# directive=value1
# directive=value2
FROM ImageName
```

解析器命令形如注释，但不是注释，它必须写在 Dockerfile 所有执行命令之前（也就是 FROM 命令前面），写在 FROM 命令下面的全部被认为是注释。

当前只有一个解析命令：escape，用来设置转义或续行字符，这在 Windows 下是很有用的，例如下面的语句：

```
COPY testfile.txt c:\\
RUN dir c:\
```

在 Windows 下会被 Docker 解析成：

```
COPY teestfile.txt c:\RUN dir c:
```

下面的例子就可以正常执行（转义字符为默认值，Windows 下应为`）：

```
# escape=`
FROM ... ...
... ...
COPY testfile.txt c:\
RUN dir c:\
```

FROM

FROM 命令表示将来构建的镜像来自哪个镜像，也就是使用哪个镜像作为基础构建的，一般情况下 Dockerfile 都有基础镜像，FROM 指令必须是整个 Dockerfile 的第一句有效命令。

FROM 的格式为：

```
FROM <imagesName:tag>
```

当同一个 Dockerfile 构建几个镜像时，可以写多个 FROM 命令，比如说同时用 Ubuntu 和 Debian 作为基础镜像构建一个系列的镜像，以最后一个镜像的 ID 为输出值。

MAINTAINER

这条命令主要是指定维护者信息，方便他人寻找作者。指令后面的内容其实没有规定写什么，只要可以联系上作者即可，一般使用邮箱地址。格式为：

```
MAINTAINER Name <Email>
```

注意：这个标签已经弃用，但现在还有很多 Dockerfile 使用这个标签，所以短时间内不会删除。现在推荐使用更灵活的 LABEL 命令，详见后面的讲解。

RUN

接下来是 RUN 命令。这条命令用来在 Docker 的编译环境中运行指定的命令。RUN 会在 shell 或者 exec 的环境下执行命令。

- shell 格式：

```
RUN echo Hello World
```

RUN 命令会在当前镜像的顶层执行任何命令，并 commit 成新的（中间）镜像，提交的镜像会在后面继续用到。在 shell 格式中，可以使用反斜杠将单个 RUN 命令跨到下一行。

```
RUN echo "Hello" && \
  echo "World" \
  && echo "Docker"
```

- exec 格式：

```
RUN ["程序名", "参数1", "参数2"]
```

以这种格式运行程序，可以免除运行/bin/sh 的消耗。这种格式是用 Json 格式将程序名与所需参数组成一个字符串数组，所以如果参数中有引号等特殊字符，则需要进行转义。

exec 格式，不会触发 shell，所以$HOME 这样的环境变量无法使用，但它可以在没有 bash 的镜像中执行，而且可以避免错误的解析命令字符串。如果需要展开变量，可以这样使用：RUN ["sh", "-c", "echo $HOME"]，exec 格式被解析为 json 数组，所以使用双引号而不是单引号。

RUN 命令的构建缓存在下一次构建期间不会失效。诸如 RUN apt-get update 之类的构建缓存将在下一次构建期间被重用。但用户可以通过使用--no-cache 标志来使 RUN 命令的缓存无效，例如 docker build --no-cache ...

最后要注意，避免使用 RUN apt-get upgrade 或 RUN apt-get dist-upgrade，这会更新大量不必要的系统包，增加了镜像大小，破坏了镜像的兼容性。如果需要更新包，简单地使用 RUN apt-get update && apt-get install -y package 就足够了，注意要把这两句写到一个 RUN 中，否则会变成两个镜像层，增加不必要的缓存。构建结束之后记得清理缓存，像 apt clean 之类的自然不必说，包括/var/lib/apt/lists、/tmp/*这些目录等都要删除（在同一个 RUN 命令中）。

ENV

ENV 命令用来在执行 docker run 命令运行镜像时指定自动设置的环境变量。这个环境变量可以在后续任何 RUN 命令中使用，并在容器运行时保持，这些环境变量可以通过 docker run 命令的-e 参数来进行修改。

语法如下：

```
ENV <key> <value>
# 或者
ENV <key>=<value>
```

使用 ENV 命令类似 Linux 下的 export 命令，用户可以在后续的 Dockerfile 中使用这个变量，例如：

```
ENV TARGET_DIR /app
WORKDIR $TARGET_DIR
```

在 Dockerfile 中，使用 env 命令来定义环境变量。环境变量有两种形式：$variable 和 ${variable}，推荐使用后者，因为后者可以使用复合值，如${foo}_bar，前者就无法做到；后者支持部分 bash 语法，支持环境变量，可以进行递归替换。

- ${variable:-password}：如果 variable 不存在，则使用 password。
- ${varialbe:+password}：如果 variable 存在，则使用 password，如果 variable 不存在，则使用空字符串。

最后，尽量把多个 ENV 命令写为一个命令，这样可以减少镜像层的数量，因为每一句命令都是一个镜像层，合并之后镜像结构会变得更加简单直观。例如：

```
ENV Name="Zuo Lan" \
    demo_var=hello \
    test_var=world
```

ENV 命令在构建完成之后，会一直保留在容器内，可以使用 `docker inspect` 查看相关的值，也可以使用 `docker run --env <key> = <value>`更改它们的值。

ARG

ARG 命令定义了一个变量，用户可以在构建时使用，效果和 `docker build --build-arg <varname>=<value>`一样，可以在构建时设定参数，这个参数只会在构建时存在。格式为：

```
ARG <name>[=<default value>]
```

ARG 与 ENV 类似，不同的是 ENV 会在镜像构建结束之后依旧存在镜像中，而 ARG 会在镜像构建结束之后消失。例如，在构建过程中，如果希望整个构建过程是无交互的，那么可以设置如下 ARG 命令（仅限 Debian 发行版）：

```
ARG DEBIAN_FRONTEND=noninteractive
```

COPY

COPY 命令用来将本地的文件或文件夹复制到镜像的指定路径下。格式为：

```
COPY /Local/Path/File /Images/Path/File
```

ADD

ADD 和 COPY 作用相似，但实现不同，ADD 命令可以从一个 URL 地址下载内容复制到容器的文件系统中，还可以将压缩打包格式的文件解开后复制到指定的位置。格式为：

```
ADD File /Images/Path/File
ADD latest.tar.gz /var/www/
```

在相同的复制命令下，使用 ADD 构建的镜像比 COPY 命令构建的镜像体积要大，所以如果只是复制文件请使用 COPY 命令。

因为通过 STDIN 传递一个 Dockerfile 构建（docker build - < http://example.com/Dockerfile），没有构建上下文，所以 Dockerfile 只能使用基于 URL 的 ADD 命令，不能使用 COPY。此外，还可以通过 STDIN 传递压缩归档文件（docker build - <archive.tar.gz ），归档根目录下的 Dockerfile 和归档的其余部分将在构建的上下文中使用。不过，如果 URL 文件使用身份验证保护，那么只能使用 RUN wget 或者 RUN curl 等工具了。

注意：

（1）不能对构建目录或上下文之外的文件进行 ADD 操作，即不能使用 ../path 这样的路径。

（2）如果容器内部目标位置不存在，则会自动创建。

（3）ADD 命令会使得构建缓存无效（当上下文变动时）。

EXPOSE

EXPOSE 命令用于标明这个镜像中的应用将会侦听某个端口，并且能将这个端口映射到主机的网络界面上。但是，为了安全，docker run 命令如果没有带上相应的端口映射参数，Docker 并不会将端口映射出去。格式如下：

```
EXPOSE <端口> [<端口>...]
```

EXPOSE 只负责容器内部监听端口，如果 Docker 不给容器分配端口映射，则外部将无法访问容器 EXPOSE 设置的端口。

CMD

CMD 提供了容器默认的执行命令。Dockerfile 只允许使用一次 CMD 命令。使用多个 CMD 会抵消之前所有的命令，只有最后一个命令生效。一般来说，这是整个 Dockerfile 脚本的最后一个命令。

当 Dockerfile 已经完成了所有环境的安装与配置，通过 CMD 命令来指示 docker run 命令运行镜像时要执行的命令。格式如下：

```
CMD ["executable","param1","param2"]
CMD command param1 param2
```

值得注意的是，docker run 命令可以覆盖 CMD 命令，CMD 与 ENTRYPOINT 的功能极为相似，区别在于如果 docker run 后面出现与 CMD 指定的相同命令，那么 CMD 会被覆盖；而 ENTRYPOINT 会把容器名后面的所有内容都当成参数传递给其指定的命令（不会对命令覆盖）。

另外，CMD 还可以单独作为 ENTRYPOINT 命令的可选参数，共同组合成一个完整的启动命令，例如下面这样的写法表示容器启动时执行：`command param1 param2`。

```
ENTRYPOINT ["command"]
CMD ["param1", "param2"]
```

下面以例子说明，实验的 Dockerfile 是：

```
FROM ubuntu
CMD ["echo", "Hello Ubuntu"]
```

然后我们构建镜像并运行容器，运行时会返回：

```
$ docker build -t user/test .
Sending build context to Docker daemon 2.048 kB
Step 1 : FROM ubuntu
 ---> bd3d4369aebc
Step 2 : CMD echo 'Hello Ubuntu'
 ---> Running in 14c9aa5280a9
 ---> a8391a058561
Removing intermediate container 14c9aa5280a9
Successfully built a8391a058561
```

```
user@ops-admin:~$ docker run user/test
Hello Ubuntu
user@ops-admin:~$ docker run user/test echo "Hello Docker"
Hello Docker
```

当使用 `docker run user/test echo "Hello Docker"` 这个方式启动容器时，echo "Hello Docker" 命令会覆盖原有的 CMD 命令。也就是说，CMD 命令可以通过 docker run 命令覆盖，这一点也是 CMD 和 ENTRYPOINT 指令的最大区别。

CMD 与 RUN 的区别在于，RUN 是在创建成镜像时就运行的，先于 CMD 和 ENTRYPOINT，CMD 会在每次启动容器的时候运行，而 RUN 只在创建镜像时执行一次，固化在 image 中。

ENTRYPOINT

上面已经说到了 ENTRYPOINT 命令，这个命令和 CMD 很相似，ENTRYPOINT 相当于把镜像变成一个固定的命令工具，ENTRYPOINT 一般是不可以通过 docker run 来改变的，而 CMD 不同，CMD 可以通过启动命令修改内容。主要区别通过实践来体会最清晰，实验的 Dockerfile 为：

```
FROM ubuntu
ENTRYPOINT ["echo"]
```

实验过程：

```
user@ops-admin:~$ docker build -t test .
Sending build context to Docker daemon 2.048 kB
Step 1 : FROM ubuntu
 ---> bd3d4369aebc
Step 2 : ENTRYPOINT echo
 ---> Running in c6b9b6a657fd
 ---> af1c6cd7f531
Removing intermediate container c6b9b6a657fd
Successfully built af1c6cd7f531
user@ops-admin:~$ docker run test "Hello Docker"
Hello Docker
```

可以看到在 ENTRYPOINT 命令下，容器就像一个 echo 程序，docker run 后续的参数就成了 echo 的参数。

- shell 格式：因为嵌套在 shell 中，PID 不再为 1，也接收不到 UNIX 信号，即在 `docker stop <container>` 时收不到 SIGTERM 信号，需要手动写脚本使用 `exec` 或 `gosu` 命令处理。

```
ENTRYPOINT <command> <param1> <param2>
```

- exec 格式为：

```
ENTRYPOINT ["<executable>", "<param1>", "<param2>"]
```

此时 ENTRYPOINT 进程的 PID 为 1。

CMD 和 ENTRYPOINT 至少得使用一个。两个一起用时，ENTRYPOINT 作为可执行程序，CMD

则是 ENTRYPOINT 的默认参数。

注意：可以用 docker run --entrypoint 来重置默认的 ENTRYPOINT。

VOLUME

VOLUME 用来向基于镜像创建的容器添加数据卷（在容器中设置一个挂载点，可以用来让其他容器挂载或让宿主机访问，以实现数据共享或对容器数据的备份、恢复或迁移），数据卷可以在容器之间共享和重用，数据卷的修改是立刻生效的，数据卷的修改不会对更新镜像产生影响，数据卷会一直存在直到没有任何容器使用它为止（没有使用它也会在宿主机存在，但就不是数据卷了，和普通文件无异）。

VOLUME 指令在后面还会详细介绍，这里只做简单的使用说明。格式为：

```
VOLUME ["/data","/data2"]
VOLUME /data
```

VOLUME 可以在 docker run 中使用，如果 run 命令中没有使用，则默认不会在宿主机挂载这个数据卷。如果在 Dockerfile 中没有设置数据卷，在 docker run 中也是可以设置的，在 Dockerfile 中声明数据卷有助于开发人员迅速定位需要保存数据的目录位置。

下面用实例说明，写一份 Dockerfile 如下：

```
FROM ubuntu
RUN mkdir /app && echo "Hello" > /app/test.txt
VOLUME /home
CMD ["cat", "/app/test.txt"][]
```

然后构建：

```
user@ops-admin:~$ docker build -t test .
Sending build context to Docker daemon 2.048 kB
Step 1 : FROM ubuntu
 ---> bd3d4369aebc
Step 2 : RUN mkdir /app && echo "Hello" > /app/test.txt
 ---> Running in de1c060fec4c
 ---> cef195e37ae4
Removing intermediate container de1c060fec4c
Step 3 : VOLUME /home
 ---> Running in 03256c21c57c
 ---> 2625346dd697
Removing intermediate container 03256c21c57c
Step 4 : CMD cat /app/test.txt
 ---> Running in daac6eaffe2f
 ---> 75254f6ac08d
Removing intermediate container daac6eaffe2f
Successfully built 75254f6ac08d
```

直接运行容器，看到返回 Hello 的信息，说明 cat 命令的目标文件是容器内部的/app/test.txt 文件：

```
user@ops-admin:~$ docker run --rm test
Hello
```

在本地创建一个文件：

```
user@ops-admin:~$ mkdir local
user@ops-admin:~$ echo "Here is test" > ~/local/test.txt
```

再运行容器，这是设置一个数据卷，注意，上面 Dockerfile 并没有设置/app 为数据卷，但是在 docker run 中使用–v 参数指定了/app 目录，看 cat 的结果会发现：目标文件并不是容器内部的 test.txt 文件，而是宿主机上的 test.txt 文件：

```
user@ops-admin:~$ docker run --rm -v ~/local:/app test
Here is not test
```

USER

USER 命令指定运行容器时的用户名或 UID（默认为 root），后续的 RUN 也会使用指定用户。格式为：

```
USER user
USER user:group
USER uid:gid
```

USER 命令可以在 docker run 命令中通过-u 选项来覆盖，这个命令的应用场景在于当服务不需要管理员权限时，可以通过该命令指定运行用户。指定的用户需要在 USER 命令之前创建，例如：

```
RUN groupadd -r newuser && useradd -r -g newuser newuser
```

要临时获取管理员权限可以使用 gosu，而不推荐用 sudo。

WORKDIR

WORKDIR 命令指定 RUN、CMD 与 ENTRYPOINT 命令的工作目录。语法如下：

```
WORKDIR /path/to/workdir
```

同样的，docker run 可以通过-w 标志在运行时覆盖命令指定的目录。此外，可以使用多个 WORKDIR 命令，后续命令如果参数是相对路径，则会基于之前命令指定的路径。例如：

```
WORKDIR /a
WORKDIR b
WORKDIR c
```

则最终路径为/a/b/c。WORKDIR 还支持 ENV 设置的环境变量。

ONBUILD

ONBUILD 命令在镜像被用作另一个构建的基础时，要向镜像添加在以后执行的 trigger 命令。trigger 将在下游构建的上下文中执行，简单地说，就是事先在下游 Dockerfile 中的 FROM 命令之后立即插入。

如果你正在构建将用作构建其他镜像的基础图像，例如应用程序构建环境或可以使用用户特定配置自定义的后台驻留程序，这将非常有用。

格式：

```
ONBUILD [INSTRUCTION]
```

ONBUILD 指定的命令在构建镜像时并不执行，而是在它的子镜像中执行，下面用一个简单的例子来说明。

Dockerfile：

```
FROM busybox
ONBUILD RUN echo "You won't see me until later"
```

构建：

```
user@ops-admin:~$ docker build -t me/no_echo_here .
Uploading context  2.56 kB
Uploading context
Step 0 : FROM busybox
Pulling repository busybox
769b9341d937: Download complete
511136ea3c5a: Download complete
bf747efa0e2f: Download complete
48e5f45168b9: Download complete
 ---&gt; 769b9341d937
Step 1 : ONBUILD RUN echo "You won't see me until later"
 ---&gt; Running in 6bf1e8f65f00
 ---&gt; f864c417cc99
Successfully built f864c417cc9
```

我们看到在构建过程中，会读取 ONBUILD 的命令，但是并不会执行。接下来我们用上面的镜像来构建子镜像。

Dockerfile：

```
FROM me/no_echo_here
```

构建：

```
user@ops-admin:~$ docker build -t me/echo_here .
Uploading context  2.56 kB
Uploading context
Step 0 : FROM cpuguy83/no_echo_here

# Executing 1 build triggers
Step onbuild-0 : RUN echo "You won't see me until later"
 ---&gt; Running in ebfede7e39c8
You won't see me until later
```

```
 ---&gt; ca6f025712d4
 ---&gt; ca6f025712d4
Successfully built ca6f025712d4
```

可以看到，在这一次构建中，执行了 ONBUILD 命令。目前 ONBUILD 命令后面不能是 FROM 和 MAINTAINER 命令，当然也不能是 ONBUILD 自己。形如 ONBUILD FROM 这样的都是错误的命令。

LABEL

LABEL 命令是指添加元数据到镜像。每一个标签会生成一个 layer，所以尽量使用一个 LABEL 标签，比如：

```
LABEL multi.label1="value1" multi.label2="value2" other="value3"
# 或者：
LABEL multi.label1="value1" \
      multi.label2="value2" \
      other="value3"
```

标签信息会保存到镜像中，如果有某个值已经存在，新的标签元素会覆盖它。LABEL 命令的值不是给 Docker 构建镜像用的，而是专门给人看的，也就是说，这里面的数据是留给别人理解这个镜像的关键信息，包含作者、联系方式、版本以及其他你想表达的数据。

STOPSIGNAL

STOPSIGNAL 指令允许用户定制化运行 `docker stop` 时的信号。例如：

```
STOPSIGNAL SIGKILL
```

这样构建的镜像其启动的容器在停止时会发送 SIGKILL 信号，这个命令适用于一些不能接受正常退出信号的容器。

HEALTHCHECK

这是一个健康检查命令，用来检查容器启动运行时是否正常，若正常则会返回 healthy，否则返回 unhealthy。例如有时候服务器被卡在无限循环中并且无法处理新连接的情况，即使服务器进程仍在运行，但实际上问题已经产生了却不会报错，因为从 Docker 看来这个容器还在运行。添加这个心跳检查命令，可以隔一段时间检查容器是否在正常运行。

格式为：

```
# 通过在容器中运行命令来检查容器运行状况
HEALTHCHECK [OPTIONS] CMD command
# 禁用从基本映像继承的任何运行状况检查
HEALTHCHECK NONE
```

参数有以下 3 个。

- 设置在容器启动多长时间后开始检查容器状态： --interval=DURATION (默认为 30s)。
- 设置超时时间，超过这个时间不返回信息表示容器异常：--timeout=DURATION (默认为 30s)。
- 设置重试次数： --retries=N (默认为 3)。

例如：

```
HEALTHCHECK --interval=5m --timeout=3s \
  CMD curl -f http://localhost/ || exit 1
```

这样可以在容器运行时检查运行是否正常，不需要用第三方工具检测容器心跳信号。在 Dockerfile 中只能有一个 HEALTHCHECK 命令。如果列出多个，则只有最后一个 HEALTHCHECK 生效。

SHELL

在 Docker 构建过程中，会默认使用/bin/sh 作为 shell 环境，Windows 下构建默认使用 cmd 作为 shell 环境，但是有时候我们需要其他 shell 环境来执行 RUN 的内容，这时候我们需要用 SHELL 命令提醒 Docker 更换 shell 环境。

例如在 Windows 下将 powershell 更换为默认 shell 环境：

```
SHELL ["powershell", "-command"]
```

3. 自动化构建

在使用 Docker 镜像的过程中，我们经常需要构建自己的镜像，而每一次 docker build 都需要漫长的等待，非常耗费时间，而且面对一些大型镜像的编译工作还需要服务器有足够的硬件性能，这对普通用户来说是个不小的门槛与负担。

因此，我们可以利用 Docker Hub 来自动构建镜像，解放我们的双手，也节省了一笔服务器费用。在登录 Docker Hub 之后，首先在右上角头像的菜单中依次选择“Settings > Linked Accounts & Services”，这时候可以看到 Github 的图标，单击认证，然后 Docker Hub 就与你的 Github 仓库连接了。

接下来在右上角“Create”的下拉菜单中单击“Create Automated Build”，选择 Github，然后选择你的项目仓库，即可打开自动构建的页面，Docker Hub 界面如图 3-10 所示。默认可以直接构建，Docker 会自动识别。

但如果你的仓库比较复杂，可以指定 Dockerfile 文件，首先单击"By default Automated Builds will match branch names to Docker build tags. Click here to customize behavior."这一行字，打开自定义界面，然后在 Dockerfile location 这一栏中填写 Dockerfile 的位置（或者修改分支）。

单击保存按钮之后，可以看到新的镜像页面已经搭建起来了，如图 3-11 所示，当 Github 上的 Dockerfile 仓库有改动时，Docker Hub 会自动构建镜像。

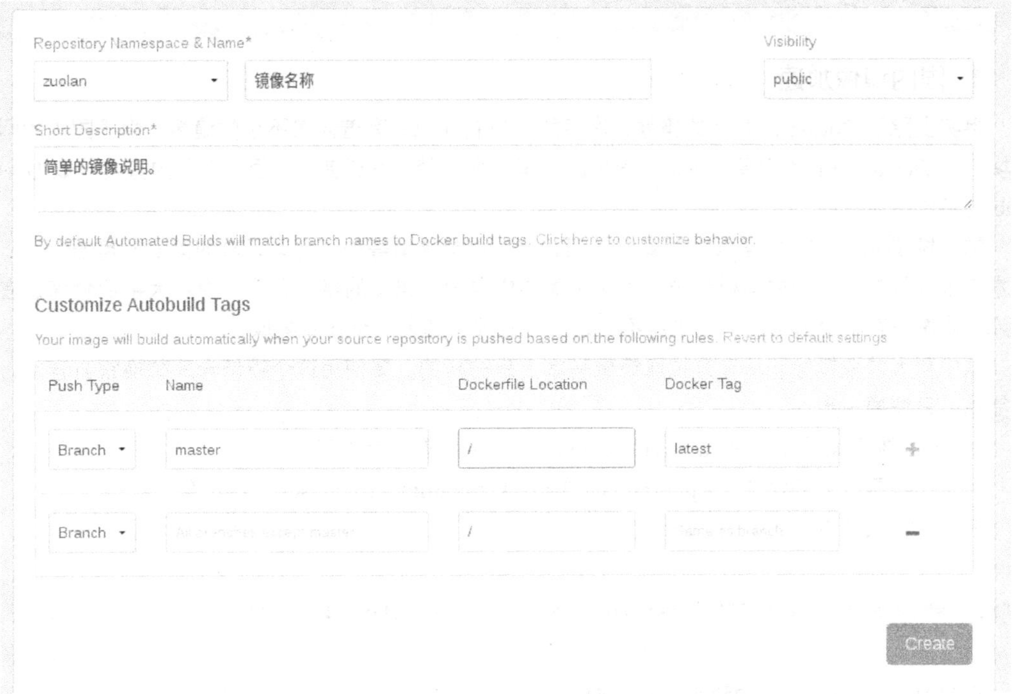

图 3-10　Docker Hub 界面

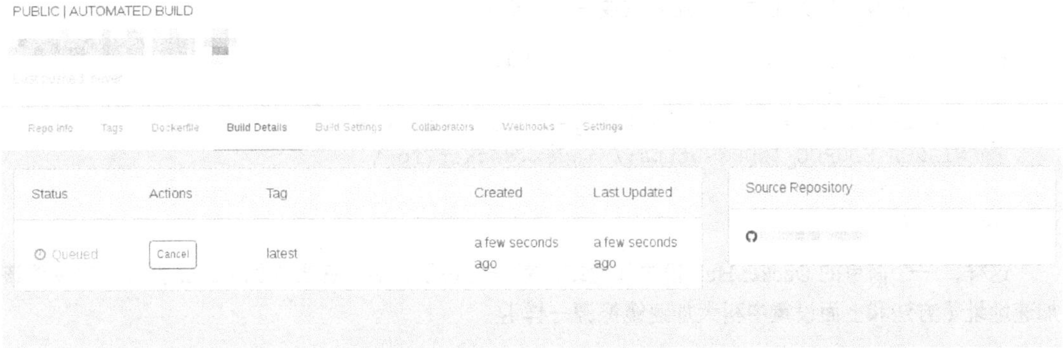

图 3-11　Docker Hub 构建页面

构建完成会提示：用户可以单击相应的构建编号查看构建过程。Docker Hub 构建时会进入一个队列，但并非立即构建，如果你需要马上构建一个镜像，但手头没有性能足够的机器来构建，那么可以使用 Docker Cloud 或者其他商业性质的方式构建。国内的几家容器云提供商还提供免费的实时镜像构建服务。除此之外，还可以使用著名的持续构建服务 Travis CI 来构建镜像。

3.3.4 镜像仓库

1. 国内镜像加速

事实上除了 Docker Hub 上的镜像，许多第三方仓库也是有着体量不小的镜像。由于国内的网络环境访问 Docker Hub 的速度不理想，使用国内镜像仓库就很有必要了，否则在国内直接拉取 Docker Hub 的镜像会非常慢。

国内像 Daocloud、阿里云、灵雀云、时速云、网易蜂巢等公司都有开放的第三方镜像仓库，不过本节推荐的是一个由中国科学技术大学（简称中科大）搭建的镜像仓库。中科大镜像仓库是官方仓库的镜像缓存，也就是说，它本身不只是一个仓库，还是一个仓库镜像。

从中科大拉取镜像和从官方拉取镜像基本上是一样的。要使用这个镜像仓库替换官方仓库，非常简单，只需要一步。

Linux 系统下编辑文件/etc/docker/daemon.json，若没有，就新建一个。

Windows 系统下编辑文件%programdata%\docker\config\daemon.json，若没有，就新建一个。

在该配置文件中加入：

```
{
  "registry-mirrors": ["https://docker.mirrors.ustc.edu.cn"]
}
```

重启 Docker 即可使用中科大缓存加速。

此外，我们如果在海外有自己的服务器，并且经常有用不完的流量，不妨把那些闲置资源打造成一个镜像加速器。要实现这一功能只需要一个命令：

```
user@ops-admin:~$ docker run -d -p 5000:5000 \
    -e STANDALONE=false \
    -e MIRROR_SOURCE=https://registry-1.docker.io \
    -e MIRROR_SOURCE_INDEX=https://index.docker.io \

    registry[]
```

这样，一个简单的 Docker Hub 镜像加速站点就搭建好了，然后在国内的 Linux 服务器中设置该加速地址（方法和上面设置中科大加速镜像源一样）：

```
{
  "registry-mirrors": ["http://服务端 ip 地址:5000"]
}
```

现在，在国内服务器里使用 docker pull 拉取镜像就会快很多了。

2. 搭建私有仓库

如果你是个人开发者，没有公开仓库分享的需求，那么搭建一个自己的仓库就非常简单了，只需要运行一个容器就可以实现私有仓库的搭建：

```
user@ops-admin:~$ docker run -d -p 5000:5000 --restart=always --name registry
registry:2
```

没有问题的话，上面的私有仓库已经搭建起来了，现在你可以向私有仓库推送镜像了，但是在此之前，必须先使用 docker tag 来给即将推送的镜像打标签，这是因为在 docker images 所显示的镜像默认是从 Docker Hub 拉下来的，推送时如果不指定仓库地址，Docker 会默认推送到 Docker Hub 中。

举个例子，比如要把 ubuntu:16.04 推送到刚才搭建的私有仓库中，需要先使用 `dcoker tag` 改变 ubuntu:16.04 的镜像名称：

```
user@ops-admin:~$ docker tag ubuntu:16.04 localhost:5000/ubuntu:16.04
```

改变之后就可以推送到私有仓库了，使用 docker push 即可：

```
user@ops-admin:~$ docker push localhost:5000/ubuntu:16.04
The push refers to a repository [localhost:5000/ubuntu]
ffb6ddc7582a: Pushed
344f56a35ff9: Pushed
530d731d21e1: Pushed
24fe29584c04: Pushed
102fca64f924: Pushed
16.04: digest:
sha256:4e55a1752a2030d7b43f32b1971f29862e822be9649b7dfe6b1806245d8a8fd4 size: 1359
```

推送成功后，即使本地删除了 localhost:5000/ubuntu:16.04 镜像，还可以从 localhost:5000 这个私有仓库拉取 ubuntu:16.04 的镜像。

```
user@ops-admin:~$ docker pull localhost:5000/ubuntu:16.04
16.04: Pulling from ubuntu
Digest: sha256:4e55a1752a2030d7b43f32b1971f29862e822be9649b7dfe6b1806245d8a8fd4
Status: Downloaded newer image for localhost:5000/ubuntu:16.04
```

需要注意的是，上面运行的 registry 容器没有提供数据卷参数，所以推送的容器只存在于容器内部，如果用户删除 registry 容器之后所有推送到该私有仓库的镜像都会被删除，那么为了存储镜像，在实际应用中还需要在启动命令中补充数据卷参数：`-v<宿主机本地路径>:/var/lib/registry`，默认的镜像存储位置在`/var/lib/registry`，用户可以自己调整参数改变存储目录。

在容器编排中将会讲述如何配置一个功能完善的私有仓库，所以这里就不展开介绍了。

3. 仓库原理

上面在搭建私有仓库时，你可能注意到并没有账号管理的功能，这是因为在 registry 镜像中并没有账号管理的功能。要完成这些功能，我们先要了解一个完整 Docker Registry 的结构。

Docker Registry 扮演三个角色，分别是 Index、Registry 和 Registry Client。Index 主要负责管理 Docker Private Registry 的用户信息以及认证权限、保存记录和更新用户信息（包括操作记录），以及镜像校验信息。Index 主要由控制单元、鉴权模块、数据库、健康检查模块和日志系统等组成，可见

Index 并不是一个具体存在的事物而是一个概念。

Registry 是镜像的仓库。然而，它没有一个本地数据库，也不提供用户的身份认证，由 S3、云文件和本地文件系统提供数据库支持。此外，它是通过 Index Auth service（鉴权模块）的 Token 方式进行身份认证的。

Docker 充当 Registry Client 来负责维护推送和拉取的任务，以及客户端的授权。

了解了这三个角色，我们就大概了解了 Docker Registry 的工作流程，图 3-12 是客户端发出 pull（捡取）请求下载镜像时 Registry 的工作流程，客户端向 Index 请求拉取镜像，Index 确认后返回 Token，客户端拿到 Token 向 Registry 请求拉取镜像，Registry 再向 Index 确认 Token 是否正确，确认无误后 Registry 允许用户拉取镜像。

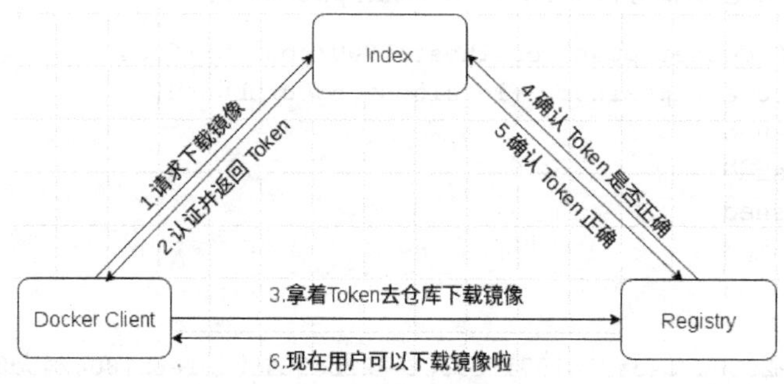

图 3-12 Docker pull 工作流程

同样，当客户端提出要推送镜像到 Registry 时，需要 Index 认证，认证通过后会返回一个 Token，拿着 Token 去找 Registry，Registry 再去问 Index，Index 说是这个口令、没错，然后 Registry 才向用户开放权限允许推送，如图 3-13 所示。

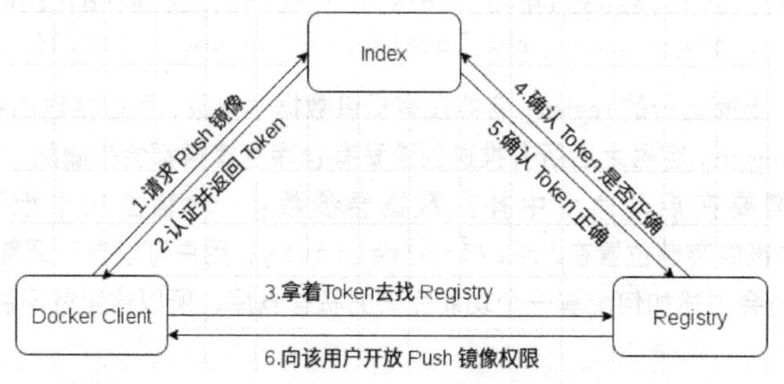

图 3-13 docker push 工作流程

稍有不同的是删除镜像的时候，Registry 收到 Client 的删除镜像的请求时，会向 Index 确认，确认无误后，Index 删除镜像元数据，并且通知 Registry 删除存储的镜像，如图 3-14 所示。

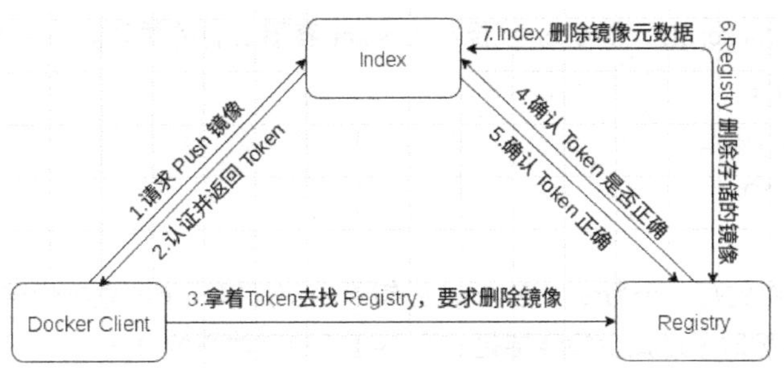

图 3-14　Docker delete 工作流程

即便是一些第三方公开仓库，在匿名拉取镜像时都是通过鉴权机制发放匿名口令来实现拉取的。更详细的诸如 Index 的数据库设计等内容，可以参考一些开源的仓库项目，例如 Harbor 等的数据库设计。

3.4 Docker 容器

容器是 Docker 的一个核心概念，容器技术的概念在 3.1 节就已经讲过，Docker 容器是镜像的运行实例，它在镜像已有的文件层上添加一层可读可写的文件层，使得容器像是一个动态的镜像。

3.4.1 认识容器

Docker 容器是 Docker 镜像运行态的体现。概括而言，就是在 Docker 镜像之上，运行进程。既然这样，容器的内部结构必定与镜像结构十分类似，本节我们就容器的结构做介绍。

1. 容器结构

Docker 容器的文件系统，大部分是由 Docker 镜像来提供的。前面说过，容器是在镜像的文件层之上新建一层可读写层，因此容器内部大部分是镜像的内容。

容器的内部结构如图 3-15 所示。

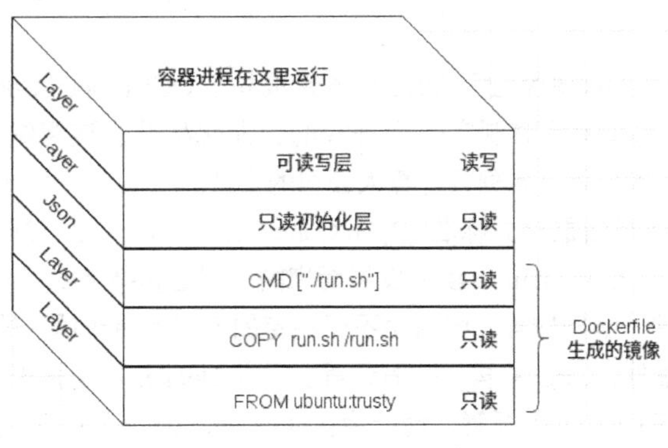

图 3-15　容器的内部结构

图 3-15 展示了 Dockerfile、Docker 镜像与 Docker 容器三者的关系。在图 3-15 中我们假设一个 Dockerfile 的镜像如下：

```
FROM ubuntu:trusty
COPY run.sh /run.sh
CMD ["./run.sh"]
```

以上 Dockerfile 中的每一个命令，在 Docker 镜像中都是以一个独立镜像层的形式存在的，这也提示我们：在构建镜像时通过减少镜像层是一个不错的控制体积的办法。

图 3-15 中 Dockerfile 组成的几个文件层实际上就是一个镜像的文件层，镜像每一层对应一个 Dockerfile 命令。

然后我们来看一下 Docker 容器，Docker 容器是 Docker 镜像运行态的体现。上文曾提及，Docker 容器的文件系统中不仅包含 Docker 镜像，而且包含图 3-15 中的顶上两层，就是 Docker 为 Docker 容器新建的内容，但这两层不属于 Docker 镜像的结构。

这两层分别为 Docker 容器的初始层（Init Layer）与可读写层（Read-Write Layer），初始层中大多是初始化容器环境时与容器相关的环境信息，如容器主机名、主机 host 信息以及域名服务文件等。

而可读写层是 Docker 容器内的进程拥有读/写权限的文件层，其他层对进程而言都是只读的（Read-Only）。在 AUFS 文件系统下，可读写层用到了写时复制（Copy-on-Write）的技术。需要注意的是，数据卷的文件也会挂载到可读写层，虽然 Docker 容器在可读写层可以看到数据卷的内容，但那都仅仅是挂载点，真实内容位于宿主机上。

需要特别指出的是，容器内部像/etc/hosts 这种文件实际上是由 Docker 引擎在启动容器时生成的（里面包含容器主机名——容器 ID），并且作为独立的一个层（Layer）存在，虽然用户可写，但下次容器重启时又会恢复为默认状态。

2. 容器格式

容器格式标准是一种不受上层结构绑定的协议，即不限于某种特定操作系统、硬件、CPU 架构、公有云等，这样做的目的是减少行业内的恶性竞争，提供一个标准允许任何人在遵循该标准的情况下开发应用容器技术，这使得容器技术有了一个更广阔的发展空间，OCI 下的容器技术不属于任何一家公司或个人。

随着容器技术发展，Linux 基金会于 2015 年 6 月成立了 OCI（Open Container Initiative）组织，该组织旨在围绕容器格式和运行时制定一个开放的工业化标准。该组织一经成立便得到了包括 Google、微软、亚马逊、华为等一系列云计算大公司的支持。

而 runC 就是按照该开放容器格式标准（Open Container Format, OCF）制定的一种具体实现，runC 是基于 Docker 公司提供的 Libcontainer 项目发展而来的。制定容器格式标准使得容器不受上层结构的绑定，如特定的客户端、编排栈等，同时也不受特定的云服务商或项目的绑定，也就是说，不限于某种特定操作系统、硬件、CPU 架构、公有云等。目前 Docker 就是基于 runC 构建的。

该标准的规范文档在 GitHub 上托管，地址为：https://github.com/opencontainers/specs。

标准化容器有两大特点，分别是：操作标准化与工业自动化。

所谓操作标准化，指的是创建、启动、停止容器使用一套标准，只要实现了接口都可以操作容器，还包括使用标准文件系统工具复制和创建容器快照，使用标准化网络工具进行下载和上传。

而工业自动化，主要有两方面，一方面是交付流程，标准容器技术的软件分发可以达到工业级交付标准，另一方面是容器自动化，与操作内容无关，与平台无关，实现标准接口就可以实现容器操作自动化。

要实现这两方面，就需要做到与内容无关、与基础设施无关，也就是指不管针对具体的容器内容是什么，容器标准操作执行后都能产生同样的效果。如容器可以用同样的方式上传、启动，不管是 PHP 应用还是 MySQL 数据库服务；而基础设施无关是指任何设备都应该支持容器的各项操作。

其实，开放容器格式（OCF）标准的实现要求非常宽松，它并不限定具体的实现技术也不限定相应的框架，目前已经有基于 OCF 的具体实现，相信不久后会有越来越多的项目出现。

下面是一些比较著名的项目，以供参考。

- 容器运行时：opencontainers/runc，即前文所讲的 runC 项目，是后来者的参照标准。
- 虚拟机运行时：hyperhq/runv，基于 Hypervisor 技术的开放容器规范实现。
- 测试框架：huawei-openlab/oct，基于开放容器规范的测试框架。

3.4.2 容器操作

关于容器管理的命令如表 3-2 所示，本节会对常用的命令进行讲解，对于其他命令会在涉及时再提及。

表 3-2　容器管理的命令

命　　令	说　　明
attach	依附到正在运行的容器
cp	从容器里面复制文件或者目录到宿主机文件系统，或以 STDOUT 形式输出
create	创建一个新容器
diff	检查容器的文件系统变动
events	实时获得 Docker 服务器端的事件信息
exec	在一个运行中的容器里面运行命令
export	将容器的文件系统导出到一个归档文件中
kill	杀死一个运行中的容器
logs	获取容器的日志
pause	暂停容器内部的所有进程
port	输出容器的端口信息
ps	显示容器列表
rename	重命名一个容器
restart	重启容器

续表

命　令	说　明
rm	删除一个或者多个容器
run	运行一个新容器
start	启动一个或多个非运行状态的容器
stats	实时显示容器的资源使用情况
stop	停止正在运行的容器
top	显示容器内正在运行的进程
unpause	恢复容器内部的所有进程
update	更新一个或者多个容器的配置
wait	阻塞直到容器停止，然后打印它的退出代码

使用 docker container 可以查看相关命令，上面的命令大部分都不复杂，一些参数较多的命令，诸如docker run等可以在日后学习中慢慢积累经验。下面讲解容器常用的操作。

1. 容器基本操作

创建容器

使用docker create可以创建一个容器，例如：

```
user@ops-admin:~$ docker create -it alpine
a4ec86af07d71e1dd91b06b334ee377989abce6b51ec323c3495063835730a2c
user@ops-admin:~$ docker ps -a
CONTAINER ID   IMAGE    COMMAND    CREATED      STATUS   PORTS   NAMES
a4ec86af07d7   alpine   "/bin/sh"  2 sec ago    Created          test
```

使用 docker create 创建的容器处于“Created”状态，这种状态类似“Stop”，我们可以用docker start来启动它们。

启动容器

启动容器有两种情况，一种是原来没有这个容器，我们需要基于一个镜像启动新的容器，另一种是我们宿主机本来有一个容器，但是这个容器处于非运行状态，我们可以把这个处于非运行状态的容器启动起来。

启动一个新的容器我们使用 docker run 命令，而启动一个已经存在的非运行状态的容器，我们使用 docker start 命令。

例如，下面我们使用 docker run 新建容器并启动，用这个容器来输出一句话，然后停止容器：

```
user@ops-admin:~$ docker run ubuntu /bin/echo "Hello World !"
Hello World !
```

查看刚才的容器状态：

```
user@ops-admin:~$ docker ps -a
```

此时上面的容器处于“Exited”状态，即为退出。

当我们使用 docker run 命令创建容器时，Docker 实际上是在用户感受不到的情况下经过了一系列操作：

首先检查本地是否存在这个镜像，如果没有就从镜像仓库下载；如果有就检查启动命令是否有参数冲突（例如-d 和--rm 不能一起用）；没有冲突时，利用本地镜像创建一个容器（类似 docker create 操作）；然后挂载可读可写层，启动容器和一系列配置（各种资源隔离操作）；再然后在应用参数值时如果遇到参数有误，启动会终止；如果没有问题则执行应用程序，执行完毕后终止容器。这就是一个容器启动的简单过程。

下面的命令启动一个 bash 终端，允许用户交互操作：

```
user@ops-admin:~$ docker run -it ubuntu bash
root@95df1fb2e37c:~#
```

上面的-it 其实是-i 与-t 的缩写，很多时候这种没有参数值的参数选项都可以写在一起，例如-itd 等。这里面的-t 就是让 Docker 分配一个终端并绑定到容器的标准输出上，而-i 则是让容器的标准输出保持打开，这样就形成了一个可交互的终端界面，它是绑定到容器内部的，因此在该终端下执行的动作会在容器内部执行，就像连接虚拟机一样，例如：

```
root@95df1fb2e37c:~# ls
bin  boot  core  dev  etc  home  lib  lib64  media  mnt  opt  proc  root  run
sbin  srv  sys  tmp  usr  var
```

在容器内部使用 ps 命令查看进程，可以看到只运行了 bash 程序，没有其他进程在运行。

```
root@95df1fb2e37c:~# ps
  PID TTY          TIME CMD
    1 ?        00:00:00 bash
    8 ?        00:00:00 ps
root@5233cca0b35a:/#
```

用户可以输入 exit 来退出容器。这个时候容器会处于退出状态，因为上面我们把标准输出绑定到 bash 中，当 bash 退出时，容器自然会停止。

停止的容器可以通过 docker start 再次启动上面的容器：

```
$ docker start -i 95df1fb2e37c
root@5233cca0b35a:/#
```

启动后的容器可以使用 docker inspect 查看容器详细信息，例如查看容器 IP 地址：

```
$ docker inspect --format '{{.NetworkSettings.IPAddress}}' ${container_id}
```

docker inspect 命令允许使用 Go Templates 来格式化 inspect 命令的输出信息。在稍后的内容中我们会讲述关于 Go Templates 的基本知识。

后台运行容器

大部分时候，我们运行容器都是需要在后台运行较长时间的，上面那种启动容器的方式不适合大部分应用场景。

后台运行容器需要添加-d参数，例如在后台运行一个Nginx：

```
$ docker run -d nginx:alpine
0948ef9e95091c67fec1cd9712e8e2688dcd5436c816497699aee9e333791304
```

容器启动后会返回一个唯一的容器ID，如通过docker ps命令查看的话，可以看到正在运行的容器的基本信息。

使用docker logs可以查看容器的日志信息，这对于在后台运行的容器是非常重要的，有时候容器意外退出，我们可以通过docker logs来查看容器退出的原因：

```
$ docker logs <container id>
```

自动重启容器

上面讲到容器会意外退出，说明容器有时候会发生一些意想不到的事情，例如应用程序内部的错误导致程序退出，从而波及容器进程，导致整个容器退出。所以我们要用一个办法让容器在意外退出的时候自动重启，重新运行。

这个参数就是`--restart=always`，这表示一直重启，参数的默认值为不重启，`docker run`使用这个参数启动的容器会在容器非正常退出的时候自动重启。

例如：

```
user@ops-admin:~$ docker run -d --restart=always ubuntu /bin/bash
```

这个启动命令必定是运行失败的，因为没有给bash提供一个输出环境，bash启动就退出导致容器跟着不断地重启。使用`docker ps`可以看到容器的状态：

```
Restarting (0) Less than a second ago
```

需要注意的是：这里的自动重启是面向意外退出的情况，对于手动执行`docker stop`停止的容器，属于正常退出行为，并不会让容器重启。

停止与杀死容器

停止容器使用的是`docker stop`命令，有一个-t参数可以指定发送SIGKILL信号的时间。正常情况下`docker stop`向容器发送的是SIGTERM信号，这信号会使容器正常退出。

但是有时候容器会因为各种原因对SIGTERM信号没有响应，这个时候设置的-t参数就起了作用，当一定时间过后容器仍然没有停止就向容器发送SIGKILL信号，让容器强制停止。SIGKILL信号会类似kill命令一样杀死所有正在运行的容器进程。

例如：

```
user@ops-admin:~$ docker stop <container id>
<container id>
```

这个时候使用 docker ps -a 命令可以查看到容器状态如下：

```
Exited (0) 2 seconds ago
```

退出代码是 0 表示正常退出。

杀死容器的操作是 docker kill，这个操作可以快速停止一个容器，类似于我们强制结束一个应用，这样杀死容器有可能导致数据丢失。

例如：

```
user@ops-admin:~$ docker kill <container id>
<container id>
```

使用 docker ps -a 查看容器信息，可以看到退出码是 137，这表示容器是非正常退出的。

```
user@ops-admin:~$ docker ps -a
... ...
Exited (137) 1 seconds ago
... ...
```

如果是非人为停止容器的话，可以使用 docker logs 查看容器日志，以便于定位。

```
user@ops-admin:~$ docker logs <container id>
```

停止所有容器：

```
user@ops-admin:~$ docker kill $(docker ps -a -q)
```

删除所有已经停止的容器：

```
user@ops-admin:~$ docker rm $(docker ps -a -q)
```

删除容器

在执行上面的停止与杀死命令之后，容器不会被删除，而是以停止状态保存在宿主机中，此时容器不会占用磁盘之外的硬件资源。

如果用户需要释放磁盘资源，删除容器可以执行：

```
user@ops-admin:~$ docker rm <container id>
<container id>
```

使用 docker rm 命令只能删除已经停止的容器，想要删除正在运行的容器，可以添加-f 参数，该参数会向容器发送 SIGKILL 信号，例如：

```
user@ops-admin:~$ docker rm -f <container id>
<container id>
```

除了-f 这个参数，docker rm 命令还有-l 与-v 这两个比较常用的参数。-l 参数的作用是删除容器与其他容器的关联，但会保留容器。-v 可以在删除容器的时候也把数据卷删除，默认情况下容器与数据卷的生命周期是相互独立的。

```
user@ops-admin:~$ docker run -v /srv:/srv -d ubuntu
user@ops-admin:~$ docker rm -v -f <container id>
<container id>
```

查看容器信息

前面已经多次提到 docker inspect 命令，该命令用于获取容器/镜像的元数据，例如使用 `docker inspect -f {{.IPAddress}}`来获取容器的 IP 地址等。

不过对于初学者来说，很容易被该特性的语法搞晕，并且很少有人能将它的优势发挥出来，大部分教程都是通过 grep 来获取指定数据的，虽然有效但比较零散混乱。本节将详细介绍 -f 参数，并给出一些例子来说明如何使用它。

inspect 的-f 参数值其实是个 Go 模板，把读取到的容器/镜像的元数据按照模板格式返回内容。对于不熟悉 Golang 的用户来说不容易理解，其实 Golang 模板是一种模板引擎，让数据以指定的模式输出。Web 领域也有很多模板引擎，比如 Jinga2（用于 Python 和 Flask）、Mustache、JSP 等，看下面的示例：

```
user@ops-admin:~$ docker inspect -f 'Image Id is: {{.Id}}' ubuntu:16.04
Image Id is:
sha256:1e0c3dd64ccdb5d750d8d1dee705a64e40f1c49fd8859ae488853748c91cad43
```

上面的例子中 {{.Id}} 的内容其实就是截取了 `docker inspect ubuntu:16.04` 的信息：

```
user@ops-admin:~$ docker inspect ubuntu:16.04
[
    {
        "Id":
"sha256:1e0c3dd64ccdb5d750d8d1dee705a64e40f1c49fd8859ae488853748c91cad43",
        "RepoTags": [
            "ubuntu:16.04"
        ],
        "RepoDigests": [],
        "Parent": "",
        "Comment": "",
        "Created": "2017-05-13T21:13:06.201891855Z",
        "Container":
"f0345d441216cc655ebbd58fd942ff6a7bcb38c73fe4320bc8b6a5da376aea4d",
.........
```

现在我们知道了一个简单的模板，通过修改 Id 这个字符串可以获取其他同级信息。例如上面的 Id、RepoDigests、Parent 等都是同级信息。

如果我们要获取二级信息，该如何做？例如我们启动了一个容器：

```
user@ops-admin:~$ docker run -d --name test abiosoft/caddy:php
user@ops-admin:~$ docker inspect test
[
```

```
{
    "Id": "900d1f3d1015836792eb8912de4ff45e7293c7d172feb32f8cdad6ab29109c3f",
    "Created": "2017-05-23T06:07:43.358987797Z",
    "Path": "/usr/bin/caddy",
    "Args": [
        "--conf",
        "/etc/Caddyfile"
    ],
    "State": {
        "Status": "exited",
        "Running": false,
        "Paused": false,
        "Restarting": false,
        "OOMKilled": false,
        "Dead": false,
        "Pid": 0,
        "ExitCode": 0,
        "Error": "",
        "StartedAt": "2017-05-23T06:07:46.139224733Z",
        "FinishedAt": "2017-05-23T06:07:53.037935547Z"
    },
```

现在如果想要查询容器启动时间，可以通过 StartedAt 获得，但是 StartedAt 信息属于 State 下面的内容，所以要这样写：

```
user@ops-admin:~$ docker inspect -f '{{.State.StartedAt}}' test
2017-05-23T06:07:46.139224733Z
```

又比如要获取容器退出码，确定容器状态，还可以同时显示多项信息：

```
user@ops-admin:~$ docker inspect -f '{{.State.ExitCode}}' test
0
user@ops-admin:~$ docker inspect -f '容器创建时间是：{{.State.StartedAt}} \
        容器退出码是：{{.State.ExitCode}}' test
容器创建时间是：2017-05-23T06:07:46.139224733Z  容器退出码是：0
```

除了可以单纯使用模板外，还可以通过加入一些基本语法，例如获取所有退出码为非 0 的容器名：

```
user@ops-admin:~$ docker kill test
user@ops-admin:~$ docker inspect -f \
  '{{if ne 0.0 .State.ExitCode }}{{.Name}} {{.State.ExitCode}}{{ end }}' \
  $(docker ps -aq)
/test 137
```

又例如查看容器 IP 地址：

```
user@ops-admin:~$ docker inspect -f '容器的 IP 是：{{.NetworkSettings.IPAddress}}'
test
容器的 IP 是：172.17.0.9
```

由上面几个演示可以看到：非常方便就能获得容器的数据，但是这个语法有点奇怪，没关系，下面来解释一下 Golang 模板的基本用法。

只需要记住几点就可以了：

- {{}} 语法用于处理模板指令，大括号外的任何字符都将直接输出。
- “.” 表示“当前上下文”，前面提到的同级信息就表示在一个层级上，子级信息通过“.”符号可以传达下去。例如“.NetworkSettings.IPAddress”就表示 NetworkSettings 下面的 IPAddress 信息，NetworkSettings 与 Config 信息属于同级信息。
- 允许使用函数可以重定义上下文，with 会重定义上下文环境：

```
user@ops-admin:~$ docker inspect -f '{{.State.Pid}}' test
32289
user@ops-admin:~$ docker inspect -f '{{with .State}} {{.Pid}} {{end}}' test
32289

# 使用 $ 符号可以获取 root 的上下文：
user@ops-admin:~$ docker inspect -f '{{with .State}} {{$.Name}} 的 Pid 是：{{.Pid}}
{{end}}' test
```

- 使用 index 可以获取指定下标的数组值：

```
user@ops-admin:~$ docker inspect -f '{{.HostConfig.Binds}}' test
[/home/user/srv:/srv]
# 使用 index .HostConfig.Binds 0 可以获得上面数组的第一个值
user@ops-admin:~$ docker inspect -f '{{index .HostConfig.Binds 0}}' test
/home/zuolan/srv:/srv
```

- 除了 with、index 函数，其他很多函数也很常用。比如逻辑函数 and、or 可以返回布尔结果。注意，函数是不能放在中间的：

```
user@ops-admin:~$ docker inspect -f '{{and true false}}' test
false
user@ops-admin:~$ docker inspect -f '{{true and false}}' test
Template parsing error: template: :1:2: executing "" at <true>: can't give
argument to non-function true
```

常用的比较函数有：eq（等于）、ne（不等于）、lt（小于）、le（小于等于）、gt（大于）、ge（大于等于），等等。* json 函数可以把信息输出为 JSON 格式：

```
user@ops-admin:~$ docker inspect -f '{{json .NetworkSettings.Ports}}' test
```

```
{"2015/tcp":null,"443/tcp":null,"80/tcp":null}
```

- 最后一点，就是 if 语句的使用，在上面查退出码非 0 的容器的例子中就用到了 if 语句。注意，{{end}} 语句必须有，else if 和 else 则按需使用。

```
user@ops-admin:~$ docker inspect -f \
    '容器是{{if eq .State.ExitCode 0.0}}正常退出{{else}}非正常退出{{end}}' test
容器是正常退出
```

更多内容可参考官方文档：https://golang.org/pkg/text/template/。

2. 进入容器内部

经过上面几个小节的内容，相信大家已经学会基本的容器操作了，现在你已经可以让一个容器启动起来了，但是容器对宿主机文件系统是完全隔离的，而很多时候我们需要查看容器的文件系统，使用-d 参数之后，我们只能通过 docker ps 看到容器的运行状态。那么，怎么进入到一个正在运行的容器里面呢?

attach

使用 docker attach 属于 Docker 的自带命令，该命令依附到正在运行的容器中：

```
user@ops-admin:~$ docker run -dit --name test ubuntu:16.04
1cc65411a3cb8e4d99c6f632eaf60168162ddf4a838ed15fc49717c1a5f51662
user@ops-admin:~$ docker attach test
^C
root@1cc65411a3cb:/#
```

在前面的章节中介绍过 `docker attach` 的用法，其中提到不要使用 exit 命令（或者 Ctrl + C 组合键），那样就是让 Docker 容器停止了。要退出容器，使用 Ctrl + P 组合键，然后按 Ctrl + Q 组合键，即可退出容器，容器还会再运行。

使用 attach 命令有时候并不方便。当多个窗口同时 attach 到同一个容器的时候，所有窗口都会同步显示。当某个窗口因命令阻塞时，其他窗口也无法执行操作了。

举个例子，下面以 top 命令做例子，在多个终端下查看输出：

```
user@ops-admin:~$ docker run -d --name top_demo ubuntu:16.04 /usr/bin/top -b
bb83ff89a1003727e1d381821cb4cd5442e6c031c56006178c036f0773dd1a2d
user@ops-admin:~$ docker attach top_demo
top - 06:24:03 up 20:50,  0 users,  load average: 0.29, 0.26, 0.35
... ... ...
top - 06:24:21 up 20:50,  0 users,  load average: 0.20, 0.24, 0.35
... ... ...
top^C
```

此时打开其他终端，输入 `docker attach top_demo` 看到的信息是一样的。相反，从上面看出，如果要实时查看容器日志信息等行为，使用 `docker attach` 是最方便的。

exec

docker exec 命令用于进入容器内部进行操作，它与 attach 原理不一样，docker exec 可以像使用 SSH 登录服务器一样来操作容器。

docker exec 的参数如下。

- -d：分离模式，在后台运行的命令。
- -i：交互模式。
- -t：分配一个 TTY。
- -u：指定用户和用户组，格式为[:]。
- --privileged：这个参数会分配一个特权给 tty 界面，相当于拥有了宿主机的 root 权限，所以要慎用。

举个例子。以上面的 ubuntu 容器为例，先启动容器，然后使用 exec 进入容器：

```
user@ops-admin:~$ whoami
ubuntu
user@ops-admin:~$ docker exec -it ubuntu bash
root@2ec3c5a455e2:/# whoami
root
root@2ec3c5a455e2:/#
```

可以看到使用 exec 进入容器内部就如同进入另一台机器一样，可以灵活操作，并且使用 exit 退出时，不会像 attach 那样导致容器停止，所以非常适合在容器内部操作。此外，每个 docker exec 都会分配一个不同的 tty 给用户，所以不会像 docker attach 那样有阻塞。

3. 导入导出容器

就像镜像可以导出导入一样，容器也可以导出导入，docker save 和 docker load 是镜像导出导入的一对命令，而 docker export 和 docker import 则是容器导出导入的一对命令。

导出容器

导出容器是指把容器导出到一个归档文件中，不管容器处于运行还是停止的状态都可以导出容器。导出容器会把容器的可读可写的文件层也打包进去，但是不会把 Volume 的内容囊括进来。例如：

```
user@ops-admin:~$ docker run -v ~/srv:/srv -d --name test abiosoft/caddy:php
1ee87a4a0be13a143ae1d13bfe5d534dda52b5381e46ec39b4249afb5244ae5d
```

在容器内部创建一个文件 test：

```
user@ops-admin:~$ docker exec -it test sh
/srv # touch test
/srv # exit
```

导出容器：

```
user@ops-admin:~$ docker export test > test.tar
user@ops-admin:~$ ls
```

```
test.tar
```

导入容器

导入容器并非是把容器导入为容器，导入的容器会变成一个镜像，启动这个镜像才可以恢复容器，这一点有点像 docker commit 操作。

在一般情况下，我们直接使用导入 tar 包即可：

```
user@ops-admin:~$ docker import test.tar
user@ops-admin:~$ docker images
REPOSITORY      TAG       IMAGE ID          CREATED           SIZE
<none>         <none>    df05b3fd976e      2 seconds ago     84.89 MB
```

这样导入容器所生成的镜像没有名称与标签，需要手动打标签。如果希望在导入时打标签可以使用管道导入：

```
user@ops-admin:~$ cat test.tar | docker import - username/test:latest
REPOSITORY      TAG       IMAGE ID          CREATED           SIZE
username/test   latest    c41e33ea48d8      3 seconds ago    84.89 MB
```

还可以使用网络地址直接导入：

```
user@ops-admin:~$ docker import https://example.com/container.tar
```

这样就省去了手动下载传输的麻烦，甚至可以从目录导入：

```
user@ops-admin:~$ sudo tar -c . | docker import - /path/Containerdir
```

注意：在这个例子中使用 sudo，是因为在非 root 环境下直接导入一个目录有可能不能保留原有文件的权限属性，所以使用这个命令导入需添加权限。

此外，在导入过程中使用--change 还可以改变 Dockerfile 中的命令，使用--message 可以添加 commit 信息。

```
user@ops-admin:~$ cat test.tar | docker import --message "导入容器并打标签" -
username/test:latest
```

使用--change 参数可以在原有的 Dockerfile 后面追加命令，例如：

```
user@ops-admin:~$ cat test.tar | docker import --change "CMD cat /etc/hosts" -
username/test:latest
sha256:1b146a093665c0d026175c7f4cab99b4479d961abee4cb10d8382d169d695758
user@ops-admin:~$ docker images
REPOSITORY      TAG       IMAGE ID          CREATED           SIZE
username/test   latest    1b146a093665      3 seconds ago     84.89 MB
user@ops-admin:~$ docker run --rm username/test
127.0.0.1       localhost
::1     localhost ip6-localhost ip6-loopback
fe00::0 ip6-localnet
```

```
ff00::0 ip6-mcastprefix
ff02::1 ip6-allnodes
ff02::2 ip6-allrouters
172.17.0.10     683af9e2bd51
```

原本容器是一个 PHP 容器，经过--change 修改之后执行的是 cat /etc/hosts 命令。

上述程序中的 docker import 与 docker load 有些类似，但要注意，既然两者都可以导入文件到本地镜像库，那么区别在哪里呢?

很明显，使用 docker export 导出的容器像快照一样，它会丢失原来镜像的历史记录与元数据，而 docker save 保存的镜像保留了全部信息。

3.4.3 数据卷

到此为止，已经把 Docker 的两大核心——镜像与容器讲完了，本节是容器部分的扩展，着重介绍容器的数据卷管理功能。数据卷在 Docker 容器技术中扮演着非常重要的角色，可以说只要产生数据的 Docker 应用都需要用到数据卷。

1. 数据卷是什么

从前面的学习中，我们知道 Docker 启动之后，容器内的文件和宿主机是隔离开来的，如果不使用 docker commit 操作提交容器为镜像把数据保存下来的话，数据就会因为容器的删除而丢失。而在前面学习构建镜像的过程中，已经明确说明尽量不要使用 docker commit 提交镜像，因为会导致镜像无法通过 Dockerfile 复现，不利于迁移、重新构建等情况。

为了可以保存数据，又不至于破坏镜像的可复现特性，Docker 提出了数据卷的概念。Docker 的卷概念有两种：数据卷和数据卷容器。

数据卷简单来讲就是一个目录，它是由 Docker daemon 挂载到容器中的，因此数据卷并不属于联合文件系统。也就是说，数据卷里面的内容不会因为容器的删除而丢失。一个比较形象的理解就是数据卷就像一个 U 盘，可以连接电脑，即使电脑硬盘坏掉了，只要不影响 U 盘，U 盘里面的数据并不会随着硬盘损坏而丢失。

这一特性也说明，如果挂载了数据卷，使用 `docker commit` 提交时并不会把数据卷里面的内容提交到镜像中。

虽然一开始数据卷概念的提出只是出于数据持久化的考虑，但实际上数据卷的功能远不止于此，比如：可以让两个容器使用同一个数据卷，也就是数据卷共享。

2. 数据卷挂载

在使用 docker run 或者 docker create 命令时，可以指定-v 参数来添加数据卷，这个参数可以使用多次，这样就可以挂载多个数据卷了，同时数据卷还可以使用 Linux 的软链作为数据卷（受制于容器程序与真实目录的文件系统）。

这里以一个 Alpine 镜像为例：

```
user@ops-admin:~$ docker run -d -v /vol --name=volume alpine
```

现在已经为 volume 容器挂载了一个数据卷，位置是/vol。

这样启动挂载的数据卷不容易管理，但可以使用 docker inspect 来查看数据卷位置：

```
user@ops-admin:~$ docker inspect volume
... ... ...
        "Mounts": [
            {
                "Name":
"998918e8a60aff1c619ba7b60781ed38f530193cc01d6166a4c706bf6abf434a",
                "Source":
"/var/lib/docker/volumes/998918e8a60aff1c619ba7b60781ed38f530193cc01d6166a4c706b
f6abf434a/_data",
                "Destination": "/srv",
                "Driver": "local",
                "Mode": "",
                "RW": true,
                "Propagation": ""
            }
        ],
... ... ...
```

现在删除这个容器，然后去看该数据卷的目录（Source 的值），你会发现，数据卷还在！

这本来应该算是件好事，毕竟避免丢失数据，但是这样也让我们很难管理数据卷。一个比较好的方法是向宿主机映射目录，映射目录很简单：

```
user@ops-admin:~$ docker run -d -v /vol:/vol --name=volume alpine
```

现在就不用担心容器删除后数据卷还占用磁盘空间了。目前数据卷保存在宿主机的/vol 目录下。挂载数据卷到本地不仅仅可以保存数据卷内容，在很多时候还有“奇效”，比如：把程序源代码目录挂载到容器，在容器里面编译，编译成功在宿主机就可以找到编译好的项目，保证了宿主机的清洁与稳定。

注意，在使用 Docker 命令操作数据卷时，数据卷的路径必须是绝对路径。另外删除容器时可以通过指定 `docker rm -v <container ID>`参数删除数据卷，但通常建议：映射目录到指定的目录下更容易管理。

3. 挂载数据卷容器

上面挂载本地目录到容器的方法虽然解决了数据持久化的问题，但是在迁移上还是很麻烦的，比如：在多个容器之间共享的数据卷需要迁移时，使用挂载宿主机文件夹的方法迁移起来就会显得很麻烦，因此为了管理数据卷，我们可以启动一个专门用来存放数据的容器：

```
user@ops-admin:~$ docker run -d -v /volume:/var/lib/mysql --name=mysql_volume
mysql /bin/true
```

上面就启动了一个数据卷容器，/bin/true 是为了覆盖原有进程并防止容器退出用的。然后启动其他容器并挂载数据卷容器：

```
user@ops-admin:~$ docker run -d --volume-from mysql_volume --name db1 mysql
user@ops-admin:~$ docker run -d --volume-from mysql_volume --name db2 mysql
```

甚至还可以通过 db1 挂载到后续启动的容器中：

```
user@ops-admin:~$ docker run -d --volume-from db1 --name db3 mysql
```

这样一来，删除上面四个容器中的三个，数据卷也不会丢失。即便四个容器都删除了，数据卷也不会消失，因为数据卷还会保存在/volume/目录下。

- 提示 1：使用-v 参数时还有一个小细节可以定制，例如`-v /vol:/vol:ro`表示容器对/vol 目录只读不可写，而`-v /vol:/vol:rw`表示可读可写，这个小改动不仅适用于目录也适用于单个文件。在一些不希望改变容器配置的场景下可以用到，这个办法可以有效地保护宿主机的文件系统。
- 提示 2：如果删除含有数据卷的容器，在删除容器时没有使用-v 标志，这些数据卷会成为 dangling 状态。

显示所有没有挂载到容器上的数据卷：

```
user@ops-admin:~$ docker volume ls -f dangling=true
```

删除这些 dangling 状态的数据卷（警告：小心操作，请确保不会误删数据卷）：

```
user@ops-admin:~$ docker volume rm <volume name>
```

为了更加清楚地展示数据卷挂载的规律，下面总结出了表 3-3，其中从宿主机文件和容器内文件两个位置是否存在文件为条件，总结出了容器启动后，实际上数据卷的状态。

表 3-3　数据卷使用总结

宿主机文件	容器内文件	启动参数（加粗表示不存在）	容器启动情况
不存在	文件	-v /test.txt:/etc/hosts	启动错误
文件	不存在	-v ~/test.txt:/srv/test.txt	启动正常
文件夹	不存在	~/test:/srv/test	启动正常
文件夹	文件	~/test:/srv/test	启动错误
文件夹	文件夹	-v ~/srv:/srv	启动正常
文件	文件	-v ~/test.txt:/srv/test.txt	启动正常
文件	文件夹	-v ~/test.txt:/test	启动错误

表 3-3 总结为一句话就是：凡是启动正常的容器，容器内部的数据卷目录显示的都是宿主机的内容。也就是说宿主机的目录有着最高的优先级，这里主要是想提醒读者，构建镜像时应保持数据卷路径为空，因为启动后都以宿主机为准，没必要增加镜像体积。

4. 数据卷插件

卷插件机制是在 Docker 1.8 的时候引进来的，Docker 传统的卷管理只能挂载本机目录到容器中，数据的备份、同步、迁移都是个挑战，因此需要第三方的插件来管理容器中的数据。

目前 Docker 社区有不少的卷插件，比较著名的有 Flocker、Convoy、GlusterFS、Keywhiz、REX-Ray 等，它们各自都有自己的特点。

卷插件的详情可查阅网址：https://docs.docker.com/engine/extend/legacy_plugins/#volume-plugins。

这里以 Convoy 为例，Convoy 是一个单节点卷管理插件，它提供创建、删除、备份、还原数据卷等功能。由于 Convoy 是单节点插件，因此对卷的迁移和共享的支持不是很好。下面来看如何安装 Convoy 插件。

安装 Convoy 的方法非常简单：

```
user@ops-admin:~$ wget https://github.com/rancher/convoy/releases/download/v0.5.0/
convoy.tar.gz
user@ops-admin:~$ tar xvf convoy.tar.gz
user@ops-admin:~$ sudo cp convoy/convoy convoy/convoy-pdata_tools /usr/local/bin/
user@ops-admin:~$ sudo mkdir -p /etc/docker/plugins/
user@ops-admin:~$ sudo bash -c 'echo "unix:///var/run/convoy/convoy.sock" >
/etc/docker/plugins/convoy.spec'
```

这样，Convoy 就安装好了，然后启动 Convoy daemon（下面是示例）：

```
user@ops-admin:~$ sudo convoy daemon \
    --drivers devicemapper \
    --driver-opts dm.datadev=/dev/loop5 \
    --driver-opts dm.metadatadev=/dev/loop6
```

Convoy 支持多种存储驱动，包括 Device Mapper、VFS、EBS 等（可以把 NFS 挂载到 VFS 目录下，实现跨主机存储和共享），这里以 VFS 为例启动 Convoy：

```
user@ops-admin:~$ sudo convoy daemon --drivers vfs --driver-opts vfs.path=/vol
```

启动完成后就可以使用 Convoy 了，在 docker run 中加入几个参数即可：

```
user@ops-admin:~$ docker run -it -v vol_test:/vol_test --volume-driver=convoy
alpine sh
```

可以发现：这时候的-v 参数左边并不是一个宿主机目录，而是一个名称 vol_test，这表示卷名称。如果没有，Convoy 会创建一个。Docker 会把这个数据卷挂载到容器中。如果启动失败，请检查 Convoy 的安装是否正确。

Convoy 可以创建、删除、备份、还原数据卷：

```
# 使用 Convoy 创建一个卷的命令如下
user@ops-admin:~$ sudo convoy create volume_name
# 删除一个卷
```

```
user@ops-admin:~$ sudo convoy rm volume_name
# 或者
user@ops-admin:~$ sudo convoy delete volume_name
# 创建卷快照
user@ops-admin:~$ sudo convoy snapshot create vol_name --name vol_name_snap_1
# 备份一个卷
user@ops-admin:~$ sudo convoy backup create vol_name_snap_1 --dest vfs://opt/convoy
# 还原一个卷
user@ops-admin:~$ sudo convoy create res1 --backup vfs://opt/convoy
# 查看卷信息
user@ops-admin:~$ sudo convoy inspect volume_name
```

以上就是 Convoy 的基本用法，源代码由 Rancher 团队维护，网址为：https://github.com/rancher/convoy。

3.5 插件与存储驱动

3.5.1 Docker 插件

目前官方收录的插件并不是很多，可以在下面网页找到所有被收录的插件：https://docs.docker.com/engine/extend/legacy_plugins/#finding-a-plugin。

目前插件一共分为三大类：网络插件、数据卷插件、认证插件。

下面以一个比较简单的 sshfs 插件为例，介绍 Docker 的插件系统。

1. 安装插件

```
user@ops-admin:~$ docker plugin install vieux/sshfs

Plugin "vieux/sshfs" is requesting the following privileges:
- network: [host]
- capabilities: [CAP_SYS_ADMIN]
Do you grant the above permissions? [y/N] y

vieux/sshfs
```

该插件请求两个权限：

- 它需要访问主机网络。
- 它需要 CAP_SYS_ADMIN 权限（内核功能），允许插件运行 mount 命令。

2. 查看插件

```
user@ops-admin:~$ docker plugin ls
ID              NAME        TAG        DESCRIPTION        ENABLED
```

```
69553ca1d789   vieux/sshfs  latest  the `sshfs` plugin    true
```

3. 创建插件实例

现在我们创建一个插件实例（sshfs 插件实际上就是一个镜像）：

```
user@ops-admin:~$ docker volume create \
  -d vieux/sshfs \
  --name sshvolume \
  -o sshcmd=user@1.2.3.4:/remote \
  -o password=$(cat password)
```

上面表示连接远程主机 1.2.3.4，并且把/remote 目录挂载为数据卷，查看数据卷：

```
$ docker volume ls
DRIVER              NAME
vieux/sshfs          sshvolume
```

4. 使用插件

```
user@ops-admin:~$ docker run --rm -v sshvolume:/data alpine ls /data
```

此时，如果一切正常，返回的内容应该是远程主机 1.2.3.4 中/remote 目录的内容。

因为每个插件的用法甚至安装过程都不同，本书实在不可能把每一个插件都介绍一遍，不过官方提供的插件索引列表中，每个插件都指向相应的 Github 页面或者负责团队的网页，读者可以很容易找到相关的技术支持。

3.5.2　存储驱动

Docker 提供了可插拔的存储驱动程序架构。它使我们能够灵活地接入 Docker 存储驱动程序。它完全基于 Linux 文件系统。

Docker 守护程序只能运行一个存储驱动程序，并且必须在 Docker 守护进程的开始时就设置驱动程序，该守护程序实例创建的所有容器都使用相同的存储驱动程序。表 3-4 列出了 Docker 中支持的存储驱动程序：

表 3-4　Docker 支持的存储驱动程序

技　术	存储驱动程序的名称
OverlayFS	overlay1 或 overlay2
AUFS	aufs
Btrfs	btrfs
Device Mapper	devicemapper
VFS	vfs
ZFS	zfs

可以通过 dockerd 命令按指定名称来设置存储驱动程序。启动守护程序并设置新的驱动程序的命令如下。

```
user@ops-admin:~$ dockerd --storage-driver=devicemapper
```

稍后，可以通过以下命令检查 Docker 服务器驱动程序。

```
user@ops-admin:~$ docker info
```

3.6 容器与操作系统

3.6.1 为容器而打造：Container Linux（CoreOS）

CoreOS 是一个基于 Linux 内核的轻量级操作系统，它是为计算机集群的基础设施建设而打造的，专注于自动化、轻松部署、安全、可靠、规模化。与其他通用 Linux 发行版（Ubuntu、Debian、Redhat) 相比，它具有体型小、消耗小、支持滚动更新等特点。

除此之外，作为一个操作系统，CoreOS 提供了在应用容器内部署应用所需要的基础功能环境以及一系列用于服务发现和配置共享的内建工具，内置的分布式系统服务组件给开发者和运维者组建分布式集群、部署分布式服务应用带来了极大便利。

CoreOS 的官网是 https://coreos.com/，目前国内外主流的云平台提供商均提供了 CoreOS 镜像，通过这些服务，你可以一键建立一个 CoreOS 实例，这似乎也是 CoreOS 官方推荐的主流安装方式。CoreOS 当然支持其他方式的安装，比如：支持虚拟机安装（Vagrant + Virtualbox）、PXE（Preboot execute environmen）安装以及 ISO 安装到物理硬盘等方式。

这里我们以使用 Vagrant 安装 CoreOS 为例，因为在云服务器环境中一般不支持自定义操作系统，所以不介绍裸机安装 CoreOS，有兴趣的读者可以在官网找到相关资料。

通过 core-vagrant 安装的直接结果是 CoreOS 被安装到一个 VirtualBox 虚拟机中，之后我们利用 Vagrant 命令来进行 CoreOS 虚拟机的启停。在安装 CoreOS 之前，我们需要确保以下软件已经安装到你的系统中。

- VirtualBox，官网下载地址：https://www.virtualbox.org/wiki/Downloads。
- Vagrant，官网下载地址：http://www.vagrantup.com/downloads.html。
- Git，直接使用包管理工具 install git 安装即可。

在上面的软件全部安装完成之后，我们可以开始部署 CoreOS 了。

```
user@ops-admin:~$ git clone https://github.com/coreos/coreos-vagrant/
user@ops-admin:~$ cd coreos-vagrant
user@ops-admin:~$ vagrant up
user@ops-admin:~$ vagrant ssh
```

执行完毕 vagrant ssh，会自动生成 SSH 的一些信息，使用熟悉的 SSH 终端工具连接即可：

```
Host: 127.0.0.1
Port: 2222
Username: core
Private key: /path/.vagrant.d/insecure_private_key
// 在这个路径下可以找到 ssh 登录的密钥
```

进入 CoreOS 后，我们就可以直接使用 Docker 了，虽然成功地安装了 CoreOS，但在实际应用中，CoreOS 多以 Cluster 形式呈现，也就是说我们要启动多个 CoreOS 实例。接下来我们通过修改配置文件来启动多个 CoreOS 实例。

```
user@ops-admin:~$ mv config.rb.sample config.rb
user@ops-admin:~$ mv user-data.sample user-data
```

修改 config.rb 里面的实例数量：

```
user@ops-admin:~$ num_instances=1
# 如果安装单个 CoreOS 就写 1，如果是集群就写大于 1 的数字
```

该配置文件中的数据会覆盖 Vagrantfile 中的默认配置。三个实例中的 Etcd2 要想组成集群还需要一个配置修改，那就是在 etcd.io 上申请一个 token ：

```
user@ops-admin:~$ curl https://discovery.etcd.io/new
https://discovery.etcd.io/fe79223607223aae273dc5f233eb249a
```

将这个 token 配置到 user-data 中的 Etcd2 下：

```
etcd2:
  #generate a new token for each unique cluster from https://discovery.etcd.io/new
  #discovery: https://discovery.etcd.io/<token>
  discovery: https://discovery.etcd.io/fe79223607223aae273dc5f233eb249a
```

之后的步骤和之前一样，使用 Vagrant 启动。

```
user@ops-admin:~$ vagrant up
Bringing machine 'core-01' up with 'virtualbox' provider…
Bringing machine 'core-02' up with 'virtualbox' provider…
Bringing machine 'core-03' up with 'virtualbox' provider…
==> core-01: Checking if box 'coreos-stable' is up to date…
......省略部分内容......
==> core-03: Running provisioner: shell…
    core-03: Running: inline script
user@ops-admin:~$ vagrant ssh core-02
# 连接其中一个实例
```

虽然现在安装好了，但有关 CoreOS 的各种服务组件的功用、配置，如何与 Docker 配合形成分布式服务系统，如何用 Google Kubernetes 管理容器集群等都是需要进一步学习的内容。

因为国内网络情况较为特殊，本书中的环境为国外服务器，所以如果读者服务器的地理位置在

国内，则需要自行解决网络问题，否则会报错，对于没有办法解决网络问题的读者，我们推荐使用国内的镜像源，比如阿里云镜像、网易镜像都有 CoreOS 的镜像。

3.6.2 定制化容器系统：RancherOS

RancherOS 是 Rancher Labs 的一个开源项目，旨在提供一种在生产环境中大规模运行 Docker 的最简单的方式。它只包含运行 Docker 必需的软件，其二进制下载包的大小只有 20MB 左右。

如图 3-16 所示，在 RancherOS 架构中，一切都是由 Docker 管理容器的。RancherOS 会启动两个 Docker 实例。其中一个称为系统 Docker，是内核启动的第一个进程，即 PID 1。它取代了其他 Linux 发行版本中的初始化系统，如 sysvinit 或 system，负责初始化系统服务，如 udev、DHCP 和控制台，并将所有系统服务作为 Docker 容器进行管理（有点像 LinuxKit 的概念，但是 RancherOS 支持任意镜像运行）。

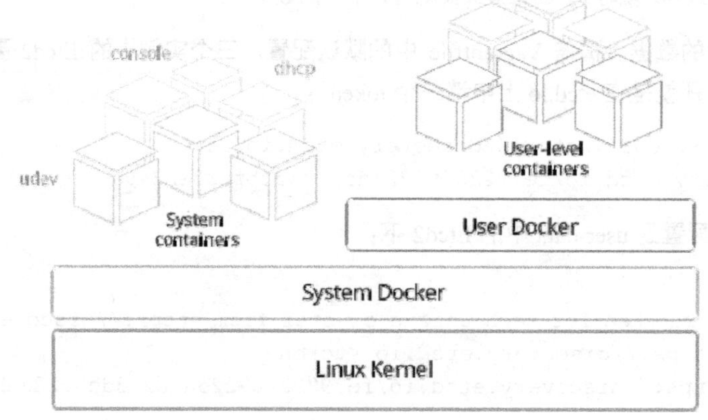

图 3-16 RancherOS 架构

系统 Docker 会创建一个特殊的系统服务容器，即用户 Docker，主要负责创建容器。所有的用户容器都在用户 Docker 容器中运行，因此删除所有的用户容器并不会影响运行 RancherOS 服务的系统容器。

如果你已经安装了 Docker Machine，那么直接执行安装命令即可。

```
user@ops-admin:~$ docker-machine create -d virtualbox \
--virtualbox-boot2docker-url https://releases.rancher.com/os/latest/rancheros.iso
\
<MACHINE-NAME>
```

如果你打算安装到硬盘，那么从 Github 上下载最新版本的 RancherOS：https://github.com/rancher/os/releases ，然后刻录：

```
user@ops-admin:~$ sudo mkfs.ext4 -L RANCHER_STATE /dev/sda
```

重启后，RancherOS 将会从 sda 启动。RancherOS 带有一个简单的安装程序，安装时需要先配置 cloud-config.yml，具体配置方法在官网写得非常清楚：http://docs.rancher.com/os/cloud-config/。

本书以默认的 cloud-config.yml 为例，启动安装程序：

```
user@ops-admin:~$ sudo ros install -c cloud-config.yml -d /dev/sda
INFO[0000] No install type specified...defaulting to generic
Installing from rancher/os:v0.4.5
Continue [y/N]:
```

输入 y 然后回车：

```
Unable to find image 'rancher/os:v0.4.5' locally
v0.4.5: Pulling from rancher/os
... ...
Status: Downloaded newer image for rancher/os:v0.4.5
+ DEVICE=/dev/sda
... ...
+ umount /mnt/new_img
Continue with reboot [y/N]:
```

输入 y 重启之后我们可以使用 SSH 连接到 RancherOS 了，用户名和密码默认都是 rancher。

```
user@ops-admin:~$ ssh -i /path/to/private/key rancher@<ip-address>
```

注意，一定要配置 cloud-config.yml 文件，不然安装完之后自己就登录不上去了。一定要注意安装硬盘的位置，别装错地方。还有 RancherOS 默认的 NS 服务器是 Google 的，在国内环境下需要自己做一些调整，在 cloud-config.yml 里面修改或者修改配置文件/etc/resolv.conf 都可以解决这个问题。

RancherOS 提供了一套管理自身的工具 ros，通过 ros 可以完成对操作系统本身的大部分操作，包括升级、配置、安装。使用-h 参数可以查看具体的用法：

```
user@ops-admin:~$ sudo ros -h
```

因为 RancherOS 项目刚开发不久，又带有比较浓厚的商业背景，故目前 RancherOS 只支持国外数家云服务提供商，国内基本上还没有云服务商支持 RancherOS。

3.7 本章小结

本章作为容器云部分的第一个章节，首先介绍了虚拟化技术与容器技术的历史渊源，进而引出本书的主角——Docker，一个当下最流行的容器引擎。

全章分为镜像、容器、数据卷三大部分讲解，全面而且详细地介绍了 Docker 的使用与原理，为后面几章的容器网络和容器编排打下基础。相信经过本章的学习，你已经能够胜任大部分简单的 Docker 运维工作，结合前面学习的自动化运维知识，现在可以在多台设备上部署 Docker 了。我们在进入 Docker 集群管理部分之前，需要先弄清容器网络，这也是第 4 章的主要内容。

第 4 章

容器网络

可以说网络是激活 Docker 体系的唯一途径，如果 Docker 没有比较出色的容器网络，那么 Docker 根本没有如今的竞争力。

起初，Docker 的网络解决方案并不理想，但经过几年的发展，在 Docker 团队努力之下 Docker 网络基本完善，尽管 Docker 原生网络在性能上还有待提升，但是相比以前 Docker 网络更易用了。更为激动人心的是，为了解决 Docker 大规模的集群部署，许多云计算服务商都参与了进来，大批的 SDN 方案如雨后春笋般地冒了出来。本章将从 Docker 原生网络讲起，然后深入阐述 Docker 网络的配置。

4.1 Docker 网络基础

Docker 目前对单节点的设备提供了将容器端口映射到宿主机和容器互联两个网络服务。在集群部署上由 Swarm 的专用网络支持。本节内容将讲解 Docker 的单节点网络基础。

4.1.1 端口映射

在 Docker 中容器默认是无法与外部通信的，需要在启动命令中加入对应的参数才允许容器与外界通信。

当容器运行一个 Web 服务时，需要把容器内的 Web 服务应用程序端口映射到本地宿主机的端口。这样，用户如果访问宿主机指定端口的话，就相当于访问容器内部的 Web 服务端口。

而这个参数就是-p，在前面我们提到过这个参数，可以通过-P 或者-p 来指定端口映射。

当使用-P 参数时，Docker 会随机映射一个端口至容器内部的开放端口，比如容器内部有两个端口开放，分别是 80 和 443，使用-P 端口启动之后，Docker 会随机地把 80 映射到宿主机的其中一个端口，同样 443 也是如此。

```
user@ops-admin:~$ docker run -d -P --name test nginx:alpine
0c298d65c21a6b301dc1e59cd4f9ae2edcafb824691a2c388a77772df670091d
user@ops-admin:~$ docker port test
443/tcp -> 0.0.0.0:32768
80/tcp -> 0.0.0.0:32769
```

使用 docker port 可以查看端口映射情况。如果使用 docker logs 可以查看 Nginx 的日志：

```
user@ops-admin:~$ curl 0.0.0.0:32769
user@ops-admin:~$ docker logs test
172.17.0.1 - - [17/Jul/2017:06:42:17 +0000] "GET / HTTP/1.1" 200 612 "-" "curl/7.47.0"
"-"
```

使用-P 参数不能自定义宿主机端口很不方便，因此通常都使用-p 参数。-p（小写）可以指定要映射到本地的端口。支持的格式有：

```
Local_Port:Container_Port
Local_IP:Local_Port:Container_Port
Local_IP::Container_Port
```

上面三个格式意义不同，下面通过实验来诠释。

- 格式一（Local_Port:Container_Port　）

```
user@ops-admin:~$ docker run -d -p 8000:80 -p 4430:443 --name test nginx:alpine
6ca392c4abd3295144bb7f11f4f44a417a1a687badad79671db9fd525ed2db24
```

上面启动的是一个 Nginx 服务，在端口映射参数中指定了宿主机的 8000 端口映射到容器内部的

80 端口；同样，宿主机 4430 端口映射到容器的 443 端口，如图 4-1 所示。可以多次使用-p 参数来添加多组映射关系。

图 4-1　端口映射格式一

格式一这种映射关系会映射所有接口地址，也就是说，所有访客都可以通过访问宿主机的端口来访问容器服务。一般我们都使用这种方式来映射端口。

- 格式二（Local_IP:Local_Port:Container_Port）

与格式一不同，格式二可以映射到指定地址的指定端口，比如映射到 127.0.0.1 就会造成这个端口只能通过本机访问，外部无法访问这个容器服务，一般在测试等环境下会用到。同样地，如果指定了一个子网 IP，那么只有在同一个子网内的用户才可以访问，局域网外的用户是无法访问的：

```
user@ops-admin:~$ docker run -d -p 127.0.0.1:8000:80 --name test nginx:alpine
6ca392c4abd3295144bb7f11f4f44a417a1a687badad79671db9fd525ed2db24
```

上面只能通过 127.0.0.1:8000 访问这个 Nginx 服务。

- 格式三（Local_IP::Container_Port）

这种格式有点像格式二与-P 的结合，就是指定了哪些 IP 可以访问，但是宿主机端口却是随机分配映射的。

```
user@ops-admin:~$ docker run -d -p 127.0.0.1::80 --name test nginx:alpine
8b16009b64f8351bc47aa1dcbaba563c279c7ca9e39bd907066f39f9e1b5f059
user@ops-admin:~$ docker port test
80/tcp -> 127.0.0.1:32768
```

- 格式四（指定传输协议）

上面三种格式还可以使用 tcp 或者 udp 标记来指定端口，例如：

```
user@ops-admin:~$ docker run -d -p 80:80/tcp --name test nginx:alpine
user@ops-admin:~$ docker run -d -p 80:80/udp --name test nginx:alpine
```

4.1.2　端口暴露

如果你还记得，我们在第 3 章曾遇到过一个 EXPOSE 命令，当时说这个命令用于暴露端口，很多新手会错误地把端口暴露与端口映射混为一谈。

目前 Docker 有两种方式可以用来暴露端口：要么用 EXPOSE 命令在 Dockerfile 里定义，要么在 docker 运行时指定--expose=1234。这两种方式作用相同，但是，--expose 可以接受端口范围作为参数，比如--expose=2000 ~ 3000。但是，EXPOSE 和--expose 都不依赖于宿主机器。默认状态下，这些规则并不会使这些端口可以通过宿主机来访问。

Dockerfile 的作者一般在包含 EXPOSE 规则时都只提示哪个端口提供哪个服务。使用时，还要依赖于容器的操作人员进一步指定网络规则。

EXPOSE 或者--expose 只是为其他命令提供所需信息的元数据，或者只是告诉容器操作人员有哪些已知选择。通过 EXPOSE 命令文档化端口的方式有助于容器操作人员迅速确定服务启动命令。

在运行时暴露端口和通过 Dockerfile 的指令暴露端口，这两者没什么区别。在这两种方式启动的容器里，通过 docker inspect container_name 查看到的网络配置是一样的：

```
"NetworkSettings": {
    "PortMapping": null,
    "Ports": {
        "1234/tcp": null
    }
},
"Config": {
    "ExposedPorts": {
        "1234/tcp": {}
    }
}
```

可以看到端口被标示成已暴露，但是没有定义任何映射。注意，使用参数--expose 是属于附加的，因此会在 Dockerfile 的 EXPOSE 命令定义的暴露端口之外添加新的端口。

4.1.3　容器互联

容器互联是除了端口映射外另一种可以与容器通信的方式。端口映射的用途是宿主机与容器之间的通信，而容器互联是容器之间的通信。

当前实现容器互联有两种方式，一种是把两个容器放进一个用户自定义的网络中，另一种是使用--link 参数（已经弃用，即将删除的功能）。

为什么要使用一个单独的网络来连接两个容器呢？设想一下这样一个应用，后端容器需要一个数据库，数据库容器和后端服务容器如果使用上文中的暴露端口或者映射端口来通信，势必会把数据库的端口也暴露在外网中，导致数据库容器的安全性大大降低，为了解决这个问题，Docker 允许用户建立一个独立的网络来放置相应的容器，只有在该网络中的容器才能相互通信，外部容器是无法进入这个特定网络中的。

一个容器可以同时加入多个网络，使用不同地址可以访问不同网络中的容器。

1. 用户自定义网络

首先创建两个容器，命名为container1和container2：

```
user@ops-admin:~$ docker run -itd --name=container1 busybox
18c062ef45ac0c026ee48a83afa39d25635ee5f02b58de4abc8f467bcaa28731
user@ops-admin:~$ docker run -itd --name=container2 busybox
498eaaaf328e1018042c04b2de04036fc04719a6e39a097a4f4866043a2c2152
```

接下来创建一个独立的容器网络，这里使用bridge驱动（桥接模式），其他可选的值还有overlay和macvlan，这是后面集群网络需要用的网络驱动，本处不会展开叙述。

```
user@ops-admin:~$ docker network create -d bridge \
       --subnet 172.25.0.0/16 demo_net
cffda139c7756956cb5ae3aafcd436f3dbed6d744e87b18cfa3aec4921d1e1c9
user@ops-admin:~$ docker network ls
NETWORK ID          NAME                DRIVER              SCOPE
457ffc7972dc        bridge              bridge              local
cffda139c775        demo_net            bridge              local
29ae9662e115        host                host                local
9323f87c75f5        none                null                local
```

使用--subnet和--gateway可以指定子网和网关。现在我们把container2连接到这个demo_net中：

```
user@ops-admin:~$ docker network connect demo_net container2
user@ops-admin:~$ docker network inspect demo_net
... ...
        "Containers": {
            "d7354fa9c4c5737230f479e6bb467c19254d188cfa6ed24ce891f2f66703fc29": {
                "Name": "container2",
                "EndpointID":
"4b0faca9e0adfee3ac266fa73b3862591e2ce67d58e5c6ed0700bfd76abfd2f7",
                "MacAddress": "02:42:ac:19:00:02",
                "IPv4Address": "172.25.0.2/16",
                "IPv6Address": ""
            }
        },
... ...
```

使用`docker network inspect`可以查看网络中容器的连接状态。可以看到，容器container2已经在demo_net网络中。注意，现在容器的IP是自动分配的。

下面启动第三个容器：

```
user@ops-admin:~$ docker run --network=demo_net \
       --ip=172.25.3.3 -itd --name=container3 busybox
user@ops-admin:~$ docker network inspect demo_net
... ...
```

```
        "Containers":
{ "d7354fa9c4c5737230f479e6bb467c19254d188cfa6ed24ce891f2f66703fc29": {
              "Name": "container2",
              "EndpointID":
"4b0faca9e0adfee3ac266fa73b3862591e2ce67d58e5c6ed0700bfd76abfd2f7",
              "MacAddress": "02:42:ac:19:00:02",
              "IPv4Address": "172.25.0.2/16",
              "IPv6Address": ""
          },
          "f658bc37886b264b1ab39c99d74d9742b56afbdc9d9b1e39efbfa13056ee4b0d": {
              "Name": "container3",
              "EndpointID":
"70b05816e9771661024260fdd6f1d27c427684d9524ac3577b6ea97e8b3933c0",
              "MacAddress": "02:42:ac:19:03:03",
              "IPv4Address": "172.25.3.3/16",
              "IPv6Address": ""
          }
      },
... ...
```

此时的--ip 参数为容器 container3 指定了一个特定的 IP，并加入到 demo_net 网络中。

此时三个容器的互联状况如图 4-2 所示：

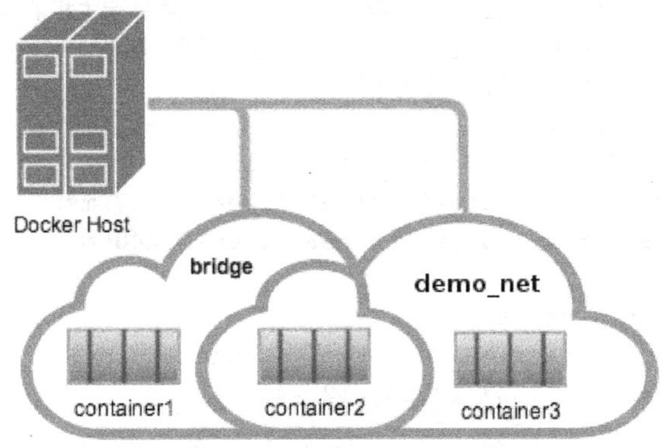

图 4-2 容器互联示意图

下面来看三个容器内部的网络状况：

```
user@ops-admin:~$ docker exec -it container2 ifconfig
eth0      Link encap:Ethernet  HWaddr 02:42:AC:11:00:04
          inet addr:172.17.0.4  Bcast:0.0.0.0  Mask:255.255.0.0
          UP BROADCAST RUNNING MULTICAST  MTU:1500  Metric:1
          RX packets:147 errors:0 dropped:0 overruns:0 frame:0
          TX packets:0 errors:0 dropped:0 overruns:0 carrier:0
          collisions:0 txqueuelen:0
```

```
        RX bytes:19810 (19.3 KiB)  TX bytes:0 (0.0 B)

eth1    Link encap:Ethernet  HWaddr 02:42:AC:19:00:02
        inet addr:172.25.0.2  Bcast:0.0.0.0  Mask:255.255.0.0
        UP BROADCAST RUNNING MULTICAST  MTU:1500  Metric:1
        RX packets:141 errors:0 dropped:0 overruns:0 frame:0
        TX packets:0 errors:0 dropped:0 overruns:0 carrier:0
        collisions:0 txqueuelen:0
        RX bytes:18905 (18.4 KiB)  TX bytes:0 (0.0 B)
... ...
```

注意：两个虚拟网卡的 IP 是不同的，但它们都是连通的，可以测试一下。

```
# 首先使用 container2 ping container3，可以看到处于一个内网中
user@ops-admin:~$ docker exec -it container2 ping container3
PING container3 (172.25.3.3): 56 data bytes
64 bytes from 172.25.3.3: seq=0 ttl=64 time=0.099 ms
64 bytes from 172.25.3.3: seq=1 ttl=64 time=0.167 ms
^C
--- container3 ping statistics ---
2 packets transmitted, 2 packets received, 0% packet loss
round-trip min/avg/max = 0.099/0.133/0.167 ms

# 此时使用 container2 ping container1，会发现 ping 的结果是宿主机的网络地址
# 这就是 Docker 默认 bridge 网络与用户自建 bridge 网络的区别。默认 bridge 网络具更有广泛的通信范
  围，通信默认不走子网（相对的延迟增大，安全性降低）
user@ops-admin:~$ docker exec -it container2 ping container1
PING container1 (211.139.178.49): 56 data bytes
64 bytes from 211.139.178.49: seq=0 ttl=56 time=11.937 ms
64 bytes from 211.139.178.49: seq=1 ttl=56 time=12.240 ms
^C
--- container1 ping statistics ---
2 packets transmitted, 2 packets received, 0% packet loss
round-trip min/avg/max = 11.937/12.088/12.240 ms

# 我们可以通过 ping container1 的 IP，检查 container2 是否真的与 container1 在一个子网中
user@ops-admin:~$ docker exec -it container2 ping 172.17.0.4
PING 172.17.0.4 (172.17.0.4): 56 data bytes
64 bytes from 172.17.0.4: seq=0 ttl=64 time=0.059 ms
64 bytes from 172.17.0.4: seq=1 ttl=64 time=0.093 ms
^C
--- 172.17.0.4 ping statistics ---
2 packets transmitted, 2 packets received, 0% packet loss
round-trip min/avg/max = 0.059/0.076/0.093 ms
```

```
# 再来测试一下 container1 和 container3 的网络状态
user@ops-admin:~$ docker exec -it container1 ping container3
PING container3 (221.179.46.194): 56 data bytes
64 bytes from 221.179.46.194: seq=0 ttl=56 time=11.360 ms
64 bytes from 221.179.46.194: seq=1 ttl=56 time=11.113 ms
^C
--- container3 ping statistics ---
2 packets transmitted, 2 packets received, 0% packet loss
round-trip min/avg/max = 11.113/11.236/11.360 ms
```

下一节还要讲解一个--link 参数的容器连接方式。

2. 使用 link 参数

这个功能即将删除，为什么本节内容还要提它呢？因为有一种情况还需要用到它，那就是容器本身已经在默认的 bridge 网络中，或者新建的容器想和在 bridge 网络中的容器通信，同时不希望暴露端口，那么仅有在此条件下，才建议用户使用--link 参数。

使用这个参数，要求容器必须要有一个名字，也就是--name 指定的值，当然这个值不管用户是否定义都会存在（默认由 Docker 随机生成词组）。为了方便操作与记忆，一般手动设置容器名称：

```
user@ops-admin:~$  docker  run  -itd  --name=container4  --link  container1:c1
nginx:alpine
user@ops-admin:~$ docker exec -it container4 ping container1
PING container1 (172.17.0.3): 56 data bytes
64 bytes from 172.17.0.3: seq=0 ttl=64 time=0.122 ms
64 bytes from 172.17.0.3: seq=1 ttl=64 time=0.223 ms
^C
--- container1 ping statistics ---
2 packets transmitted, 2 packets received, 0% packet loss
round-trip min/avg/max = 0.122/0.172/0.223 ms
```

如果你忘记了设置名字，可以通过 docker rename 来重命名容器。容器的名称是唯一的，如果该名字已经存在，新的同名容器将无法创建。

注意上面的例子，使用--link 连接的应用，在默认 bridge 网络下，我们看到 container1 和 container4 已经处于一个子网中。而在上面一节中，同样在一个子网中的 container1 和 container2 却没有通过子网通信，这就是--link 的用处。

--link 可以让两个处于默认 bridge 网络中的容器使用子网通信，避免因为网络不隔离而产生的隐患。

此外--link 还可以传递环境变量，实现在两个容器之间共享环境变量。例如：

```
# 以默认 bridge 网络为例（用户自定义 bridge 网络一样），启动一个数据库
user@ops-admin:~$ docker run -d -e MYSQL_ROOT_PASSWORD=password \
      --name db mysql
```

```
# 接下来启动一个 PHP 容器
user@ops-admin:~$ docker run -d -p 8000:80 --name php \
      --link db:mysql abiosoft/caddy:php

# 此时进入容器 php 内部，使用 env 命令查看环境变量，发现 php 容器内部有两个容器的环境变量
user@ops-admin:~$ docker exec -it php env
PATH=/usr/local/sbin:/usr/local/bin:/usr/sbin:/usr/bin:/sbin:/bin
HOSTNAME=213d296273c2
TERM=xterm
MYSQL_PORT=tcp://172.17.0.4:3306
MYSQL_PORT_3306_TCP=tcp://172.17.0.4:3306
MYSQL_PORT_3306_TCP_ADDR=172.17.0.4
MYSQL_PORT_3306_TCP_PORT=3306
MYSQL_PORT_3306_TCP_PROTO=tcp
MYSQL_NAME=/php/mysql
MYSQL_ENV_MYSQL_ROOT_PASSWORD=password
MYSQL_ENV_GOSU_VERSION=1.7
MYSQL_ENV_MYSQL_MAJOR=5.7
MYSQL_ENV_MYSQL_VERSION=5.7.18-1debian8
HOME=/root
```

灵活运用 Docker 网络有助于提高容器运行的安全性以及管理上的便捷。下一节将会介绍 Docker 容器的各种网络模式。

4.2 Docker 网络模式

安装 Docker 时，它会自动创建 3 个网络。可以使用 docker network ls 命令列出这些网络。

```
user@ops-admin:~$ docker network ls
NETWORK ID          NAME                DRIVER              SCOPE
457ffc7972dc        bridge              bridge              local
29ae9662e115        host                host                local
9323f87c75f5        none                null                local
```

运行一个容器时，可以使用--network 标志指定你希望在哪个网络上运行该容器。

4.2.1 none 模式

这个模式表示不为容器配置任何网络功能，启用该模式只需要在启动时添加--net=none 即可。使用该命令启动的容器完全失去网络功能，即便设置了网络参数，例如：

```
user@ops-admin:~$ docker run -d -p 8000:80 --name php --net=none
abiosoft/caddy:php
```

此时打开 127.0.0.1:8000 是打不开页面的，而通过 docker exec 可以查看容器内部的网络情况：

```
user@ops-admin:~$ docker exec -it php ifconfig
lo         Link encap:Local Loopback
          inet addr:127.0.0.1  Mask:255.0.0.0
          inet6 addr: ::1%32665/128 Scope:Host
          UP LOOPBACK RUNNING  MTU:65536  Metric:1
          RX packets:0 errors:0 dropped:0 overruns:0 frame:0
          TX packets:0 errors:0 dropped:0 overruns:0 carrier:0
          collisions:0 txqueuelen:1
          RX bytes:0 (0.0 B)  TX bytes:0 (0.0 B)
```

可以看到：容器内部仅有一个 lo 环回接口，虽然容器目前没有网络功能，但是用户仍然可以手动为容器配置网络。

以上面的容器为例，首先为容器创建 net 命名空间：

```
user@ops-admin:~$ PID=$(docker inspect -f '{{.State.Pid}}' mynetwork)
user@ops-admin:~$ sudo mkdir -p /var/run/netns
user@ops-admin:~$ sudo ln -s /proc/$PID/ns/net /var/run/netns/$PID
```

然后创建一对 veth 接口 A 和 B，绑定 A 到自定义的网桥 br0（可以使用 docker network create 创建，或者默认使用 docker0 都可以）：

```
user@ops-admin:~$ sudo ip link add A type veth peer name B
user@ops-admin:~$ sudo brctl addif br0 A
user@ops-admin:~$ sudo ip link set A up
```

最后将 B 放入容器中，命名为 eth0，启动并配置 ip 与默认网关：

```
user@ops-admin:~$ sudo ip link set B netns $PID
user@ops-admin:~$ sudo ip netns exec $PID ip link set dev B name eth0
user@ops-admin:~$ sudo ip netns exec $PID ip link set eth0 up
user@ops-admin:~$ sudo ip netns exec $PID ip addr add 10.10.10.25/24 dev eth0  # ip
与 br0 在同一网段中
user@ops-admin:~$ sudo ip netns exec $PID ip route add default via 10.10.10.10.1
```

现在通过容器的 ifconfig 命令查看，情况如下：

```
user@ops-admin:~$ docker exec -it php ifconfig
eth0     Link encap:Ethernet  Wadded D2:27:3D:9F:E8:AA
         inet addr:10.10.10.25  Bcast:0.0.0.0  Mask:255.255.255.0
         inet6 addr: fe80::d027:3dff:fe9f:e8aa/64 Scope:Link
         UP BROADCAST RUNNING MULTICAST  MTU:1500  Metric:1
         RX packets:8 errors:0 dropped:0 overruns:0 frame:0
         TX packets:8 errors:0 dropped:0 overruns:0 carrier:0
         collisions:0 txqueuelen:1000
         RX bytes:648 (648.0 b)  TX bytes:648 (648.0 b)
```

```
lo        Link encap:Local Loopback
          inet addr:127.0.0.1  Mask:255.0.0.0
          inet6 addr: ::1%32665/128 Scope:Host
          UP LOOPBACK RUNNING  MTU:65536  Metric:1
          RX packets:0 errors:0 dropped:0 overruns:0 frame:0
          TX packets:0 errors:0 dropped:0 overruns:0 carrier:0
          collisions:0 txqueuelen:1
          RX bytes:0 (0.0 B)  TX bytes:0 (0.0 B)
```

4.2.2 container 模式

这个模式表示与另一个运行中的容器共享一个 Network Namespace，共享意味着拥有相同的网络视图。举个例子，以默认网络模式（bridge 模式）启动一个容器，并设置 HostsName 和 DNS 如下：

```
user@ops-admin:~$ docker run -itd --dns 8.8.8.8 -h testhost --name nginx nginx:alpine
8cbf147c3cfc8a67aedb6097c8e1f93087a09e2fa158a74b4bcb4aa1133e2806
user@ops-admin:~$ docker exec -it nginx ifconfig
eth0      Link encap:Ethernet  HWaddr 02:42:AC:11:00:09
          inet addr:172.17.0.9  Bcast:0.0.0.0  Mask:255.255.0.0
          inet6 addr: fe80::42:acff:fe11:9%32757/64 Scope:Link
          UP BROADCAST RUNNING MULTICAST  MTU:1500  Metric:1
          RX packets:38 errors:0 dropped:0 overruns:0 frame:0
          TX packets:8 errors:0 dropped:0 overruns:0 carrier:0
          collisions:0 txqueuelen:0
          RX bytes:4670 (4.5 KiB)  TX bytes:648 (648.0 B)

lo        Link encap:Local Loopback
          inet addr:127.0.0.1  Mask:255.0.0.0
          inet6 addr: ::1%32757/128 Scope:Host
          UP LOOPBACK RUNNING  MTU:65536  Metric:1
          RX packets:0 errors:0 dropped:0 overruns:0 frame:0
          TX packets:0 errors:0 dropped:0 overruns:0 carrier:0
          collisions:0 txqueuelen:1
          RX bytes:0 (0.0 B)  TX bytes:0 (0.0 B)
```

现在再启动一个容器，使用的是上面容器的网络：

```
user@ops-admin:~$ docker run --rm --net=container:nginx -it nginx:alpine sh
/ # ifconfig
eth0      Link encap:Ethernet  HWaddr 02:42:AC:11:00:09
          inet addr:172.17.0.9  Bcast:0.0.0.0  Mask:255.255.0.0
          inet6 addr: fe80::42:acff:fe11:9%32759/64 Scope:Link
          UP BROADCAST RUNNING MULTICAST  MTU:1500  Metric:1
          RX packets:42 errors:0 dropped:0 overruns:0 frame:0
```

```
        TX packets:8 errors:0 dropped:0 overruns:0 carrier:0
        collisions:0 txqueuelen:0
        RX bytes:5522 (5.3 KiB)  TX bytes:648 (648.0 B)

lo        Link encap:Local Loopback
        inet addr:127.0.0.1  Mask:255.0.0.0
        inet6 addr: ::1%32759/128 Scope:Host
        UP LOOPBACK RUNNING  MTU:65536  Metric:1
        RX packets:0 errors:0 dropped:0 overruns:0 frame:0
        TX packets:0 errors:0 dropped:0 overruns:0 carrier:0
        collisions:0 txqueuelen:1
        RX bytes:0 (0.0 B)  TX bytes:0 (0.0 B)
```

对比上面两个容器的 eth0 信息，可以发现网络配置完全相同，因为它们使用的是同一个 Network Namespace。使用 `cat/etc/hosts` 可以看到两个容器的 hosts 文件都拥有同一个 hostname：

```
user@ops-admin:~$ docker run --rm -h testhost --name testname nginx:alpine cat
/etc/hosts
127.0.0.1       localhost
::1     localhost ip6-localhost ip6-loopback
fe00::0 ip6-localnet
ff00::0 ip6-mcastprefix
ff02::1 ip6-allnodes
ff02::2 ip6-allrouters
172.17.0.9      testhost
```

4.2.3 host 模式

对这个网络模式之前有过简单的介绍，它可以与主机共享 Root Network Namespace，容器有完整的权限操纵主机的网络配置，出于安全考虑，不推荐使用这种模式。

但是有时候我们必须使用这个模式，一种比较著名的情形就是 Eclipse 的 Che 项目，这是一个“未来版”的 Eclipse IDE，它基于 Docker 容器技术，为了有更好的使用体验，启动 Eclipse Che 时必须使用 host 模式。

启动 host 模式非常简单，依旧是在 docker run 中加入--net=host 参数即可。

举个例子：

```
user@ops-admin:~$ docker run --rm --net=host -it nginx:alpine sh
/ # ifconfig
br-d1fc542ae048 Link encap:Ethernet  HWaddr 02:42:C7:6B:D1:61
        inet addr:172.18.0.1  Bcast:0.0.0.0  Mask:255.255.0.0
        inet6 addr: fe80::42:c7ff:fe6b:d161%32756/64 Scope:Link
        ... ...
```

```
docker0  Link encap:Ethernet  HWaddr 02:42:67:41:81:6C
         inet addr:172.17.0.1  Bcast:0.0.0.0  Mask:255.255.0.0
         inet6 addr: fe80::42:67ff:fe41:816c%32756/64 Scope:Link
         ... ...

enp3s0    Link encap:Ethernet  HWaddr 24:F5:AA:BE:FF:56
         inet addr:172.16.168.168  Bcast:172.16.168.255  Mask:255.255.255.0
         inet6 addr: fe80::b3c9:63da:7ce4:d1d7%32756/64 Scope:Link
         UP BROADCAST RUNNING MULTICAST  MTU:1500  Metric:1
         ... ...

lo       Link encap:Local Loopback
         inet addr:127.0.0.1  Mask:255.0.0.0
         ... ...
```

这个容器使用了 host 模式，因此可以操作宿主机的网络配置，但这是一件十分危险的事情，请慎用。

4.2.4 bridge 模式

bridge 模式是 Docker 默认的网络模式，属于一种 NAT 网络模型，如图 4-3 所示。Docker daemon 在启动的时候就会建立一个 docker0 网桥（通过-b 参数可以指定，后面会介绍到），每个容器使用 bridge 模式启动时，Docker 都会为容器创建一对虚拟网络接口（veth pair）设备，这对设备一端在容器的 Network Namespace，另一端在 docker0，这样就实现了容器与宿主机之间的通信（就像我们上面手动配置网络的例子一样）。

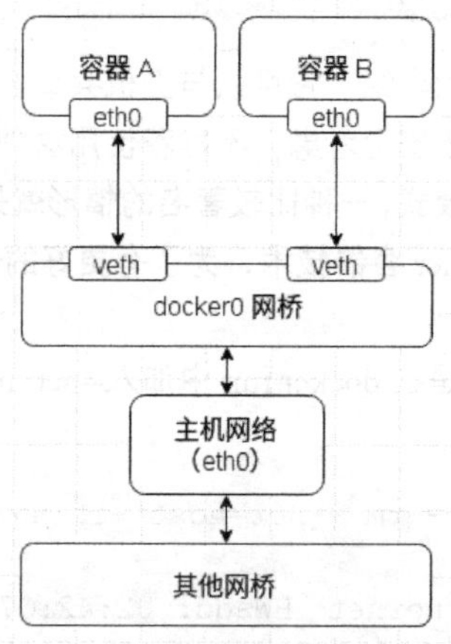

图 4-3　bridge 模式

在 bridge 模式下，Docker 容器与外部网络通信都是通过 iptables 规则控制的，这也是 Docker 网络性能低下的一个重要原因。使用 iptables -vnL -t nat 可以查看 NAT 表，在 Chain DOCKER 中可以看到容器桥接的规则。

使用 bridge 模式运行默认会分配一个子网 IP，例如：

```
user@ops-admin:~$ docker run --rm -it nginx:alpine sh
/ # ifconfig
eth0      Link encap:Ethernet  HWaddr 02:42:AC:11:00:09
          inet addr:172.17.0.9  Bcast:0.0.0.0  Mask:255.255.0.0
          inet6 addr: fe80::42:acff:fe11:9%32622/64 Scope:Link
          ... ...

lo        Link encap:Local Loopback
          inet addr:127.0.0.1  Mask:255.0.0.0
          inet6 addr: ::1%32622/128 Scope:Host
          UP LOOPBACK RUNNING  MTU:65536  Metric:1
          ... ...
```

4.2.5 overlay 模式

这是 Docker 原生的跨主机多子网网络模型，当创建一个新的网络时，Docker 会在主机创建一个 Network Namespace，Network Namespace 内有一个网桥，网桥上有一个 vxlan 接口，每个网络占用一个 vxlan ID，当容器被添加到网络中时，Docker 会分配一对 veth 网卡设备，与 bridge 模式类似，一端在容器里面。另一端在本地的 Network Namespace 中。

如图 4-4 所示，容器 A、B、C 都在主机 A 上面，而容器 D、E 则在主机 B 上面，现在通过 overlay 网络模型可以实现容器 A、B、D 处于同一个子网，而容器 C、E 则处于另一个子网中。

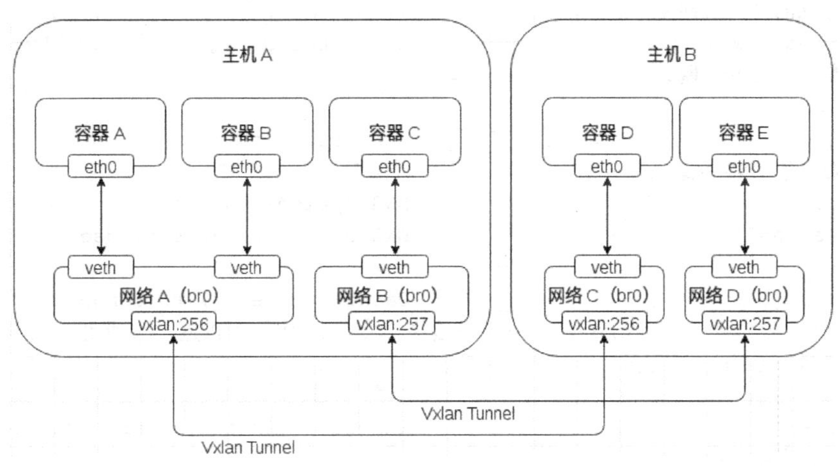

图 4-4 overlay 网络的结构示意

Overlay 中有一个 vxlan ID，它的值范围为 256 ~ 1000，vxlan 隧道会把每一个 ID 相同的网络沙盒连接起来实现一个子网。关于 overlay 网络模式的详细使用会在后面的集群章节中介绍，本节就不予介绍了。

4.3 Docker 网络配置

Docker daemon 在启动时可以设定网络参数，Docker clinet 在启动容器时也可以设定一些基本网络参数。

4.3.1 Daemon 网络参数

Docker Daemon 的命令行工具是 `dockerd`，使用 `sudo dockerd--help` 可以查看帮助信息。

```
Usage: dockerd [OPTIONS]

A self-sufficient runtime for containers.

Options:
......
  -b, --bridge                          Attach containers to a network bridge
# 指定 Docker daemon 启动时默认创建的网桥名称（默认为 docker0）
  --bip                             Specify network bridge IP
# 指定 docker0 的 IP，注意不能与上面的 -b 一起用
......
  --default-gateway                     Container default gateway IPv4 address
# 设置容器默认的 IPv4 网关
  --default-gateway-v6                  Container default gateway IPv6 address
# 设置容器默认的 IPv6 网关
......
  --dns=[]                              DNS server to use
# 设置容器默认的 DNS 地址
  --dns-opt=[]                          DNS options to use
  --dns-search=[]                       DNS search domains to use
......
  -H, --host=[]                         Daemon socket(s) to connect to
# 指定 Docker client 与 Docker daemon 通信的 socket 地址，可以是 tcp 地址，也可以是 unix
  socket 地址，可以同时指定多个
......
  --icc=true                            Enable inter-container communication
# 设置是否允许容器之间通信
......
  --ip=0.0.0.0                          Default IP when binding container ports
```

```
# 容器端口暴露时绑定的主机 IP，一般默认就好了
......
  --iptables=true                          Enable addition of iptables rules
# 设置是否允许向 iptables 添加规则
  --userland-proxy=true                    Use userland proxy for loopback traffic
# 设置是否开启 docker-proxy，建议关掉，默认打开。用于端口映射时启动一个进程帮助数据转发，实际
# 使用过程中这个功能有很多问题，例如长时间占用 CPU 资源，以及占用端口不释放导致容器启动失败等
```

Docker Client 的网络参数主要是 `docker run` 的网络参数，前面已经把基本的网络参数介绍过了。

4.3.2 配置 DNS

在讲解容器的章节中，我们提到一个"初始化层"，这个文件层实际做了些什么呢？其实容器中的主机名和 DNS 配置信息都是通过三个系统配置文件来维护的，这些文件就放在"初始化层"中，分别是：/etc/hosts、/etc/resolv.conf、/etc/hostname。

启动一个容器的时候，在容器中使用 mount 命令可以查看三个文件的挂载信息：

```
user@ops-admin:~$ docker run --rm -it nginx:alpine sh
/ # mount
......
/dev/sda1 on /etc/resolv.conf type ext4 (rw,relatime,data=ordered)
/dev/sda1 on /etc/hostname type ext4 (rw,relatime,data=ordered)
/dev/sda1 on /etc/hosts type ext4 (rw,relatime,data=ordered)
......
```

其中，/etc/resolv.conf 文件在创建容器的时候，会默认与宿主机的/etc/resolv.conf 保持一致，而/etc/hosts 中只会记录一些与容器相关的地址和名称信息，/etc/hostname 中记录的是主机名。需要注意的是，上面三个文件虽然在容器中允许修改，但是当容器重启或者终止后就会丢失，因此在容器中修改 hosts 时，要在容器重启时再执行一次。而且这三个文件的修改不会被 docker commit 提交。

Docker Client 可以通过-h 修改 hostname，--dns 修改 DNS 地址等，这些信息会在容器启动时写到上述三个文件中。

4.4 本章小结

本章内容相对来说比较少，内容也不复杂，但作为 Docker 中最关键的一部分，Docker 容器网络的基础不能忽视，随着 Docker 的完善，原本很多需要第三方插件或者软件来实现的网络功能，现在 Docker 自身也能够实现，这极大地减轻了运维开发人员的压力，通过简单的几个命令就可以实现以前配置复杂的服务网络体系。

在第 5 章中，我们将认识 Docker 的容器编排技术，这又将是一个全新的操作容器的方式。

第 5 章

容器编排

如果使用前面的知识来部署一个网站，我们需要先启动数据库容器，然后再启动应用容器，最后可能还要启动反代理容器，这样才算完整地部署一个 Web 应用。这需要使用三条命令才能部署，操作起来很麻烦，而且不能把三个容器统一起来管理，就连三条命令都要自己动手保存起来，那么有没有什么工具可以统一管理多个互相关联的容器呢？

当然是有的，这就是本章的主角——Docker Compose，Docker Compose 原本是 Docker 社区的一个基于 Python 语言编写的容器编排工具，后来被 Docker 项目组合并，才改名为 Docker Compose，不过这也是陈年往事了。

简单来说，Docker Compose 是一个用来组装、管理多容器应用的工具，它可以根据配置文件自动构建、管理、编排一组容器，极大地方便了用户对多容器应用的操作。

5.1 安装 Docker Compose

Docker Compose 使用 Python 语言编写，因此从一开始它就是全平台支持的，而且 release 文件是一个二进制执行文件，因此可以很轻松地安装到各个平台中。

5.1.1 二进制安装

如果你使用 Docker for Windows 或者 Docker for macOS，那么已经默认安装了 Docker Compose，Linux 发行版的用户可以从 Github 的 release 页面下载安装：

```
root@ops-admin:~# curl -L
https://github.com/docker/compose/releases/download/1.15.0-rc1/docker-compose-
`uname -s`-`uname -m` > /usr/local/bin/docker-compose
root@ops-admin:~# chmod +x /usr/local/bin/docker-compose
```

注意：Docker Compose 对 Docker 的版本有要求，使用最新版本的 Docker 就可以避免版本的困扰了。Compose 配置文件版本与 Docker 引擎版本的要求如表 5-1 所示（这里指的是配置文件版本，而不是 Compose 版本，只有高版本的 Compose 才能执行高版本的配置文件）。

表 5-1　Compose 配置文件要求最低 Docker 引擎版本列表

Compose 配置文件版本	Docker 引擎版本
3.3	17.06.0+
3.0 ~ 3.2	1.13.0+
2.2	1.13.0+
2.1	1.12.0+
2.0	1.10.0+
1.0	1.9.1+

5.1.2 使用 Python pip 安装

先安装 Python（不同的发行版安装方式不一样，以 Debian 系为例）：

```
user@ops-admin:~$ sudo apt-get install python
```

使用 pip 安装需要确保你已经安装 pip 工具，安装 pip：

```
user@ops-admin:~$ curl https://bootstrap.pypa.io/get-pip.py | python
```

如果你已经安装了这些工具，那么可以直接安装 Docker Compose 了：

```
user@ops-admin:~$ sudo pip install -U docker-compose
```

使用 docker-compose -v 查看是否安装成功：

```
user@ops-admin:~$ docker-compose -v
docker-compose version 1.15.0-rc1, build 38af513
```

5.2 Compose 命令基础

学习 Docker Compose 当然不能忽视最基本的启动参数。Docker Compose 命令是 docker-compose，执行--help 就可以查看帮助信息。

Docker Compose 默认解析当前目录的 docker-compose.yml 文件，Docker Compose 的命令有些类似 Docker Client 的子命令，使用 `docker-compose -h` 即可查看。

5.2.1 指定配置文件

Docker Compose 的子命令在稍后介绍，下面先看 Commands 中常用的参数。

这个参数是-f，它是用来指定 Docker Compose 配置文件的。该参数可以使用多次，例如：

```
user@ops-admin:~$ docker-compose -f docker-compose.yml -f docker-compose.admin.yml
run backup_db
```

如果两份配置文件有同名的服务，Docker Compose 只会解析执行后面的配置文件。例如在 docker-compose.yml 中有一个服务叫作 webapp：

```
# docker-compose.yml
webapp:
  image: examples/web
  ports:
    - "8000:8000"
  volumes:
    - "/data"
```

在 docker-compose.admin.yml 也有一个叫作 webapp 的服务：

```
# docker-compose.admin.yml
webapp:
   build: .
   environment:
     - DEBUG=1
```

Docker Compose 会执行后面的 webapp 配置，-f 选项是可选的，如果不使用该选项，默认会解析当前目录下的 docker-compose.yml 文件。

5.2.2 指定项目名称

Docker Compose 启动容器时会默认地把当前的目录名称设置为容器名称的前缀，例如在 web 文件夹下启动容器，配置文件中有两个服务分别是 app 和 db，启动的容器名称默认是 web_db_1 和 web_app_1，如果想要指定容器项目名称（就是 web 这个前缀），可以使用-p 参数：

```
user@ops-admin:~$ docker-compose -p myapp up
myapp_db_1
myapp_app_1
```

当然如果你想完全指定容器名称，可以在配置文件中设置，后面会介绍该内容。

除了上面介绍的一个参数和-p 参数，还有其他参数，但是本章暂时用不到，不作介绍。

5.2.3 Compose 环境变量

在 Docker Compose 中有一个环境配置文件 .env，这是一个隐藏文件，文件中可以设定一些 Docker Compose 的环境变量。

```
COMPOSE_API_VERSION
COMPOSE_FILE
COMPOSE_HTTP_TIMEOUT
COMPOSE_PROJECT_NAME
DOCKER_CERT_PATH
DOCKER_HOST
DOCKER_TLS_VERIFY
```

- COMPOSE_PROJECT_NAME：这个变量用来定义使用 Compose 启动容器时的名称，作用与 –p 参数相同。
- COMPOSE_FILE：指定默认的配置文件名称，默认是 docker-compose.yml，作用类似于-f 参数。
- DOCKER_HOST：指定 Docker client 连接 Docker daemon 的地址，默认是 unix:///var/run/docker.sock。

如果是远程操作，可以使用上面的`--tls*`选项，要确保指令传输过程加密，因为有时候启动命令中会有明文密码。

小技巧：操作 Docker 或者 Compose 时如何避免在 Shell 环境的历史记录中暴露密码呢？可以通过间接输出密码的方式，例如以 `docker run -e PASSWORD=$(cat pass.txt)`这样的方式输入命令，同理，Compose 可以在配置文件中使用这一 Shell 语句的特性，或者像下面这样：

```
user@ops-admin:~$ cat .env
TAG=v1.5
# 直接查看不会置换变量
user@ops-admin:~$ cat docker-compose.yml
version: '3'
services:
```

```
  web:
    image: "webapp:${TAG}"
# 解析执行时会置换 .env 文件的变量
user@ops-admin:~$ docker-compose config
version: '3'
services:
  web:
    image: 'webapp:v1.5'
```

5.2.4 build：构建服务镜像

Docker Compose 提供了与 Docker Client 类似的构建命令，与 Docker Build 不同，docker-compose.yml 不只是一个启动配置，有时还包括构建定义，例如：

```
mysql:
  build: ./db/
  restart: always
  volumes:
    - /data/database:/var/lib/mysql
ui:
  build:
    context: ../
    dockerfile: myapp/ui/Dockerfile
  restart: always
  ports:
    - "9090:80"
```

在上面的 docker-compose.yml 中执行 docker-compose build 命令时会自动构建 mysql 与 ui 两个镜像，默认构建的镜像名称是 myapp_mysql 和 myapp_ui。上面在设置 Dockerfile 路径的同时还可以指定 Dockerfile 的上下文路径，这是 Docker client 做不到的。

在 docker-compose.yml 里面定义构建镜像时要注意一定要把 Dockerfile 写好，因为 Docker Compose 实际上是通过 docker-compose.yml 读取信息解析后发给 Docker Client 执行的。在 docker-compose.yml 中可以使用相对路径。docker-compose.yml 的语法将在下一节介绍。

在 docker-compose.yml 中通常包含了多个容器构建、启动配置，默认情况下使用 docker-compose build 时构建 docker-compose.yml 里面的所有镜像。

但是有时候我们只是想构建其中一个容器的镜像，这时可以指定构建容器的名称，例如：

```
user@ops-admin:~$ docker-compose build ui
```

这个命令适用于重构部分镜像时使用，避免重构全部镜像。使用--help 查看帮助信息会发现，build 命令还有三个选项：

```
user@ops-admin:~$ docker-compose build --help
```

```
Build or rebuild services.

Services are built once and then tagged as `project_service`,
e.g. `composetest_db`. If you change a service's `Dockerfile` or the
contents of its build directory, you can run `docker-compose build` to rebuild it.

Usage: build [options] [SERVICE...]

Options:
    --force-rm  Always remove intermediate containers.
    --no-cache  Do not use cache when building the image.
    --pull  Always attempt to pull a newer version of the image.
```

--force-rm 和--no-cache 都是属于在构建过程中自动清理缓存的选项，我们知道，构建过程实际上是后台运行一个容器在执行 Dockerfile 的命令，这其中会产生中间容器，使用--force-rm 选项会在构建结束时删除这些容器，而如果构建失败的话，则 Docker 会在本地保留上一个临时容器，该容器保存了直至失败那条命令前面的构建内容，也就是我们说的构建缓存，使用--no-cache 会在构建过程中自动删除构建缓存，所以上面这两个选项都不推荐使用。

此外还有一个选项就是--pull 选项，默认情况下 Docker Compose 会在启动容器的时候查看本地是否有该镜像，如果有就直接使用本地已存在的镜像，使用--pull 之后即使本地有该镜像，也会执行该 pull 命令拉取镜像，这样可以确保每次启动的容器都是基于最新的镜像启动的。

5.2.5　bundle：生成 DAB 包

从 docker-compose.yml 文件中生成一个分布式应用程序包（DAB），这个概念涉及分布式应用，本章不会过多介绍，简单来说就会生成一个 .dab 的文件，然后就可以使用 docker deploy 来部署了：

```
user@ops-admin:~$ docker-compose build --help
Usage: bundle [options]

Options:
   --push-images                当指定一个 build 选项时，自动推送镜像到所有服务

   -o, --output PATH            输出 bundle 的路径，默认是 "<project name>.dab"
```

5.2.6　config：检查配置语法

这个命令用来检查 docker-compsoe.yml 文件是否有语法问题，如果有问题会返回错误的原因：

```
user@ops-admin:~$ docker-compose config --help
Validate and view the compose file.
```

```
Usage: config [options]

Options:
  -q, --quiet     只检查配置文件，不打印输出整个配置文件
  --services      分行输出配置中的所有服务名称
```

例如，下面一个简单的应用，有两个服务，直接使用 config 会输出 docker-compose.yml 文件的内容：

```
user@ops-admin:~$ docker-compose config
networks:
 default:
  external:
   name: nginx_default
services:
 app:
  container_name: bbs
  image: abiosoft/caddy:php
  ports:
  - 2015:2015
  restart: always
 nginx:
  container_name: nginx
  image: nginx:alpine
  ports:
  - 80:80
  - 443:443
  restart: always
version: '2.0'
volumes: {}
```

使用-q 选项检查时，不会输出任何信息，除非有语法问题：

```
user@ops-admin:~$ docker-compose config -q
```

使用--service 选项时会输出服务名称：

```
user@ops-admin:~$ docker-compose config --service
acg
bbs
nginx
```

5.2.7 create：创建服务容器

这个命令与 Docker Create 类似，使用 docker-compose create 会创建所有服务需要的容器，但是不会运行。

```
user@ops-admin:~$ docker-compose create --help
Creates containers for a service.

Usage: create [options] [SERVICE...]

Options:
    --force-recreate      Recreate containers even if their configuration and
                          image haven't changed. Incompatible with --no-recreate.
    # 即便容器配置和镜像没有变动也重新创建容器。与 --no-recreate 不兼容
    --no-recreate         If containers already exist, don't recreate them.
                          Incompatible with --force-recreate.
    # 如果容器已经存在，就不再重新创建它们。与 --force-recreate 不兼容
    --no-build            Don't build an image, even if it's missing.
    # 即使镜像不存在也不构建镜像
    --build               Build images before creating containers.
    # 在创建容器之前构建图像
```

这个命令比较简单，只是创建容器，不会占用存储之外的硬件资源。

5.2.8 down：清理项目

这个命令与后面的 up 命令相对应，down 可以停止容器并删除包括容器、网络、数据卷等内容。也就是说，只要是 up 命令创建的东西，使用 down 都可以删除。此外，如果网络、数据卷等资源正在被其他服务使用，down 会跳过这些组件。例如：

```
user@ops-admin:~$ docker-compose down
Stopping myapp_app_1 ... done
Stopping myapp_db_1 ... done
Removing myapp_app_1 ... done
Removing myapp_db_1 ... done
Network nginx_default is external, skipping
```

与 docker rm 命令类似，docker-compose down 也可以通过-v 和--rmi 来指定删除的内容。

```
user@ops-admin:~$ docker-compose down --help
删除由 up 命令创建的所有容器、网络、数据卷以及镜像等。

默认删除的东西如：
配置文件中服务定义的容器；
配置文件中'networks'部分定义的网络；
Compose 默认创建的网络（不指定网络时启动 Compose 会默认创建一个）。

定义为'external'的网络和数据卷不会被删除。

Usage: down [options]
```

```
Options:
   --rmi type        删除镜像
                            'all': 删除服务中的所有因为 up 命令创建的镜像（指那些通过
                                   build 选项构建的镜像）
                            'local': 只删除没有设置"image"字段的自定义标签的镜像
   -v, --volumes            删除在 Compose 文件的"volumes"部分中声明的数据卷和附加到容器
                            的匿名数据卷
   --remove-orphans      删除那些没有在 Compose 文件中定义的服务的容器
```

默认情况下，down 命令只会删除定义的服务运行的容器，以及网络。通过指定-v 参数会删除数据卷，指定--rmi 可以删除与服务相关的镜像，此外，使用--remove-orphans 还可以删除与服务相关、但是没有在配置文件中重定义的容器。

5.2.9 events：查看事件

这个命令实际上就是对 docker events 的整合，通过这个命令可以看到与配置文件定义的服务的相关事件：

```
user@ops-admin:~$ docker-compose events --help
Receive real time events from containers.

Usage: events [options] [SERVICE...]

Options:
   --json     Output events as a stream of json objects
```

关于事件的定义在前面第 4 章中已经讲过，这里不再赘述。可以通过这个命令查看项目中运行容器的实时事件流。使用--json 选项可以格式化输出，更容易阅读：

```
{

   "service": "web",
   "event": "create",
   "container": "213cf75fc39a",
   "image": "alpine:edge",
   "time": "2015-11-20T18:01:03.615550",
}
```

5.2.10 exec：进入服务容器

这个命令与 docker exec 类似，可以进入容器执行命令，不同的是 docker-compose exec 后面是服务名称而不是容器名称。

```
user@ops-admin:~$ docker-compose exec --help
Execute a command in a running container

Usage: exec [options] SERVICE COMMAND [ARGS...]

Options:
    -d              Detached mode: Run command in the background.
    --privileged    Give extended privileges to the process.
    --user USER     Run the command as this user.
    -T              Disable pseudo-tty allocation. By default `docker-compose exec`
                    allocates a TTY.
    --index=index   index of the container if there are multiple
                    instances of a service [default: 1]
```

- 使用-d 参数可以在后台执行命令。
- 使用--privileged 选项可以开启特权模式，获得宿主机的 root 权限。
- --user 可以切换进入容器时的用户身份。
- -T 参数可以禁用 pseudo-tty 分配，默认情况下会分配 tty，类似于自动加上-t 参数的 docker exec，如果不需要可以使用-T 禁用。
- --index 可以指定容器索引值，在一些服务中会启动多个相同容器实例来确保访问正常（myapp_1、myapp_2 ... ...），index 的值有助于负载与高可用，指定之后可以进入相应索引的容器中。

5.2.11 kill：杀死服务容器

使用 kill 命令，默认会杀死项目下所有服务的容器，如果指定服务名称可以杀死指定服务下的容器。不可以杀死指定容器名称：

```
user@ops-admin:~$ docker-compose kill --help
Force stop service containers.

Usage: kill [options] [SERVICE...]

Options:
    -s SIGNAL        SIGNAL to send to the container.
                     Default signal is SIGKILL.
```

使用-s 参数可以改变发送的信号为 SIGNAL，默认为 SIGKILL。

5.2.12 logs：查看服务容器日志

这个命令用于查看项目日志，默认这些日志包含了全部容器的日志，输出时会用不同的颜色标示，指定服务名称可以查看指定服务的日志：

```
user@ops-admin:~$ docker-compose logs --help
View output from containers.

Usage: logs [options] [SERVICE...]

Options:
    --no-color            Produce monochrome output.
    -f, --follow          Follow log output.
    -t, --timestamps      Show timestamps.
    --tail="all"          Number of lines to show from the end of the logs
                          for each container.
```

- 使用--no-color 可以取消颜色标示，一般建议保留。
- -f 可以保持输出不中断，也就是一直显示下去，除非使用快捷键 Ctrl + C 终止。
- -t 可以在每行日志前面显示一个时间戳，这样方便确定日志事件发生的时间。
- --tail 可以设定显示最后几行，参数值的数字表示显示日志最后的几行，默认显示全部。

5.2.13 pause：暂停服务容器

暂停项目服务可以使用这个命令，默认会停止全部的服务容器的进程，类似于使用 docker pause 的效果，如果你需要停止指定的服务，可以在后面指明服务名称。

```
user@ops-admin:~$ docker-compose pause --help
Pause services.

Usage: pause [SERVICE...]
```

使用了该命令的服务就像一个加锁的容器，即使使用 kill 也不能杀死，需要用 unpause 恢复进程才可以继续对容器操作。

5.2.14 port：查看服务容器端口状态

在 Docker Compose 中 port 命令不如 Docker Client 中的 port 命令那么灵活，在 Docker Compose 中使用 port 命令，你不仅需要指定服务名称，还需要指定服务容器暴露的端口才可以查看该端口在宿主机中的映射。

```
user@ops-admin:~$ docker-compose port --help
Print the public port for a port binding.

Usage: port [options] SERVICE PRIVATE_PORT

Options:
    --protocol=proto tcp or udp [default: tcp]
```

```
  --index=index     index of the container if there are multiple
                    instances of a service [default: 1]
```

- --protocol 参数可以指定显示 tcp 端口或者 udp 端口。
- --index 的用途是指定容器索引值，在一些服务中会启动多个相同容器实例来确保访问正常，指定之后可以显示该容器端口的映射情况。

5.2.15 ps/images：查看容器与镜像

该命令的用途与 docker ps 类似，使用 docker-compose ps 可以查看正在运行的服务容器。

```
user@ops-admin:~$ docker-compose ps --help
List containers.

Usage: ps [options] [SERVICE...]

Options:
    -q    Only display IDs
```

该命令只有一个参数，-q 输出容器 ID，在一些脚本中非常有用，如查看项目的服务容器：

```
user@ops-admin:~$ docker-compose ps
Name        Command                State               Ports
-----------------------------------------------------------------------
app1    /usr/bin/caddy --conf /etc ...   Up      0.0.0.0:2333->2015/tcp, 443/tcp,
80/tcp
app2    /usr/bin/caddy --conf /etc ...   Up      0.0.0.0:2015->2015/tcp, 443/tcp,
80/tcp
nginx    nginx -g daemon off;         Up      0.0.0.0:443->443/tcp, 0.0.0.0:80-
>80/tcp
```

查看指定服务容器：

```
user@ops-admin:~$ docker-compose ps nginx
Name          Command               State               Ports
-----------------------------------------------------------------------
nginx    nginx -g daemon off;         Up          0.0.0.0:443->443/tcp,
0.0.0.0:80->80/tcp
```

只显示容器 ID：

```
user@ops-admin:~$ docker-compose ps -q
efbafad9b1aa6f38b985a23b8be2a86d4aed552f814131417ff8d380304e3917
1c52baf20f208b22f4a9f2580c5d5e1ee6116340a1d37256a76d8eec18415d0d
b100008b1841df269fbc04461aecbf2fb0b8c58cd4fec074c11057a03a427342
```

类似地，docker-compose images 用于查看项目中的服务镜像：

```
user@ops-admin:~$ docker-compose images --help
List images used by the created containers.
Usage: images [options] [SERVICE...]

Options:
-q    Only display IDs

user@ops-admin:~$ nginx docker-compose images
Container       Repository        Tag        Image Id       Size
-------------------------------------------------------------
bbs            abiosoft/caddy  php        bfde9e56baa2   79.3 MB
nginx           nginx          alpine     3f06c4918b8b   51.8 MB

user@ops-admin:~$ nginx docker-compose images -q
bfde9e56baa223420d134d0185f5c863a40208e6b759cca65754d7fd78eff76e
3f06c4918b8b7aae7612778f4be50e7332d40bbfc3ccc4ab0ce598777b8ecd98
```

用法与 ps 一致。

5.2.16 pull：拉取项目镜像

使用 docker-compose pull 可以拉取多个镜像，因为在一份 docker-compose.yml 文件中通常有多个服务，每个服务都要有一个镜像作为镜像基础。

在 Docker Compose 所有的子命令中都可以使用-f 这个参数，因此在 pull 操作时也可以指定多个配置文件，如果服务名相同，后来者会覆盖前者，pull 操作只会在拉取后出现服务所需要的镜像：

```
user@ops-admin:~$ docker-compose pull --help
Pulls images for services.

Usage: pull [options] [SERVICE...]

Options:
   --ignore-pull-failures  Pull what it can and ignores images with pull failures.
```

参数--ignore-pull-failures 可以无视拉取失败的提示，继续执行下去，没有这个参数，会在遇到拉取失败时自动终止后面的镜像拉取操作。

5.2.17 push：推送项目镜像

在一些项目中，镜像并不是基于现成的 Docker 镜像运行的，而是在第一次启动的时候自动创建的，因此在项目中有新构建的镜像时，可以使用 push 将项目的服务镜像推送到仓库中：

```
user@ops-admin:~$ docker-compose push --help
Pushes images for services.

Usage: push [options] [SERVICE...]

Options:
    --ignore-push-failures  Push what it can and ignores images with push failures.
```

参数--ignore-push-failures 可以无视推送失败的提示，继续执行下去，没有这个参数会在遇到推送失败时自动终止后面的镜像拉取操作。

5.2.18　restart：重启服务容器

在 Docker Compose 中可以像 Docker Client 一样操作容器，所以当然也包括重启服务容器，restart 默认会重启项目下的全部服务容器。

如果用户指定服务名称，可以重启指定的服务容器。

```
user@ops-admin:~$ docker-compose restart --help
Restart running containers.

Usage: restart [options] [SERVICE...]

Options:
  -t, --timeout TIMEOUT      Specify a shutdown timeout in seconds.
                             (default: 10)
```

-t 参数与之前介绍过的一样，在设定的秒数之内没有响应就会发送 SIGKILL 信号停止容器。

5.2.19　rm：删除项目容器

使用 rm 命令当然可以删除服务容器，Docker Compose 的 rm 实际上就是对配置文件解析后向 Docker Client 发送 rm 的 API 请求，因此 Client 的参数在 Compose 这里也大都适用，例如-v 是删除服务容器的数据卷。

```
user@ops-admin:~$ docker-compose rm --help
Removes stopped service containers.

By default, anonymous volumes attached to containers will not be removed. You
can override this with `-v`. To list all volumes, use `docker volume ls`.

Any data which is not in a volume will be lost.

Usage: rm [options] [SERVICE...]
```

```
Options:
   -f, --force   Don't ask to confirm removal
   -v           Remove any anonymous volumes attached to containers
   -a, --all     Obsolete. Also remove one-off containers created by
                docker-compose run
```

-f 是强制删除服务容器，与 Docker client 不同的是，Compose 不允许强制删除正在运行的容器，因此必须是停止或者杀死容器之后才能执行删除容器的操作。使用 docker-compose rm 操作时默认会提示是否真的删除容器：

```
user@ops-admin:~$ docker-compose rm
No stopped containers
user@ops-admin:~$ docker-compose stop
Stopping web_app_1 ... done
Stopping web_db_1 ... done
user@ops-admin:~$ docker-compose rm
Going to remove web_app_1, web_db_1
Are you sure? [yN]
```

而使用-f 参数之后会直接删除而不会询问。

-a 参数是一个过时的参数，未来会删除这个选项，作用是删除全部容器，就是现在默认的 rm 操作。

5.2.20 run：执行一次性命令

与 Docker client 不同的是，Compose 并没有给 run 命令太多的可选参数。Compose 的 run 命令与 Docker client 的 run 命令不一样。使用 docker-compose run 命令只能对一个服务的容器运行一个一次性的命令。例如，启动一个容器的 bash 的命令：

```
user@ops-admin:~$ docker-compose run app bash
```

使用 run 命令运行容器时，创建的容器不属于项目中的服务，而是作为一个独立的容器，例如下面项目有两个服务，app 和 db，app 依赖 db 服务，现在需要使用 app 的配置来临时执行一条一次性的命令，这时候就需要用 run 命令来运行一个 app 容器了：

```
user@ops-admin:~$ docker-compose run -d app ./script.sh
web_app_run_1
```

可以看到：使用 run 命令执行时创建的容器不属于项目服务的一部分，容器名字表明这是一个使用 run 命令启动的一次性容器。执行删除时也不像上面的 rm 命令一样必须要停止容器才可以删除，而是直接删除的：

```
user@ops-admin:~$ docker-compose rm -f
Going to remove web_app_run_1
Removing web_app_run_1 ... Done
```

如果同时启动多个一次性容器，则会生成多个 run 标志的容器：

```
user@ops-admin:~$ docker-compose run -d app
web_app_run_1
user@ops-admin:~$ docker-compose run -d app
web_app_run_2
```

但是使用 ps 命令查看服务时，是看不到这些容器信息的：

```
user@ops-admin:~$ docker-compose ps

   Name              Command          State     Ports
-----------------------------------------------------------------
------
wekan_db_1   /entrypoint.sh mongod   Up      27017/tcp
```

使用 rm -f 命令时会直接删除所有一次性容器：

```
user@ops-admin:~$ docker-compose rm -f
Going to remove wekan_app_run_2, wekan_app_run_1
Removing wekan_app_run_2 ... done
Removing wekan_app_run_1 ... done
```

这个命令会使用配置文件里面定义的配置来启动容器。这意味着启动容器具有相同的数据卷、链接映射和配置，不过有两点不同。

第一点，run 会覆盖配置文件中的运行命令，例如容器默认 CMD 是 bash，使用 docker-compose run app python 之后 Python 会覆盖 bash 命令。

第二点，run 命令不会解析执行配置文件中的端口映射定义，这可以有效地防止端口占用等问题，如果你需要在 run 命令中执行端口映射，请加上--service-ports 参数，或者手动指定端口映射，和 Docker Client 一样使用-p 参数：

```
user@ops-admin:~$  docker-compose  run  --publish  8080:80  -p  2022:22  -p
127.0.0.1:2021:21 ... ...

user@ops-admin:~$ docker-compose run --help
Run a one-off command on a service.

For example:

    $ docker-compose run web python manage.py shell

By default, linked services will be started, unless they are already
running. If you do not want to start linked services, use
'docker-compose run --no-deps SERVICE COMMAND [ARGS...] '.
```

```
Usage: run [options] [-p PORT...] [-e KEY=VAL...] SERVICE [COMMAND] [ARGS...]

Options:
   -d                    Detached mode: Run container in the background, print
                         new container name.
   # 在后台运行命令可以使用 -d 参数

   --name NAME           Assign a name to the container
   # 指定容器名称

   --entrypoint CMD      Override the entrypoint of the image.
   # 覆盖 Dockerfile 中的 ENTRYPOINT 指令

   -e KEY=VAL            Set an environment variable (can be used multiple times)
   # 设置环境变量

   -u, --user=""         Run as specified username or uid
   # 设置执行命令的用户身份

   --no-deps             Don't start linked services.
   # 取消容器关联，详细见下面解释

   --rm                  Remove container after run. Ignored in detached mode.
   # 执行完命令之后自动删除容器

   -p, --publish=[]      Publish a container's port(s) to the host
   # 手动指定端口映射
   --service-ports       Run command with the service's ports enabled and mapped
                         to the host.
   # 解析执行配置文件中的端口映射定义

   -T                    Disable pseudo-tty allocation. By default `docker-
compose run`             allocates a TTY.
   # 不显示 TTY，默认申请 TTY

   -w, --workdir=""      Working directory inside the container
   # 设置执行命令的目录，覆盖 Dockerfile 的 WORKDIR 指令
```

上面提到一个--no-deps 参数，这是一个取消容器关联的参数，例如有一个项目，项目内有两个服务，其中一个是应用容器（app），另一个是数据库（db），应用容器依赖数据库容器，如果使用 docker-compose run app bash 来运行一个一次性命令，会默认启动数据库容器，如果不需要这种关联就需要添加--no-deps 参数。

到底什么时候需要使用 run 命令呢？一个简单的例子就是备份数据库，我们知道如果将服务写

到配置文件中就会解析执行，因此备份数据库的配置文件通常要独立开来，这个时候就有两个配置文件了，如下面的例子：

在 docker-compose.yml 中定义了 web 和 db 两个服务：

```
web:
  image: example/my_web_app:latest
  links:
    - db

db:
  image: postgres:latest
```

然后在 docker-compose.backup.yml 中定义一个备份服务，内容如下：

```
dbbackup:
  build: database_backup/
  links:
    - db
```

再然后使用 run 命令来运行这次备份任务，这是一个一次性命令，使用-f 加入两个配置文件才可以完成备份任务，这样就把备份配置与运行配置分开来了。

```
user@ops-admin:~$ docker-compose -f docker-compose.yml \
-f docker-compose.backup.yml \
run dbbackup ./db_backup.sh
```

5.2.21　scale：设置服务容器数量

这个命令已经放弃，未来会删除，作为替代，这个命令变成了 up 命令的一个参数，下面会介绍。通常 web 服务为了保证高可用和负载均衡，会在后端启动多个服务，以确保应用不会因为其中一个后端服务崩溃而无法访问。

而 scale 就是一个可以设置服务容器启动个数的命令，使用格式如下：

```
user@ops-admin:~$ docker-compose scale <服务名称>=<启动个数>

user@ops-admin:~$ docker-compose scale --help
Set number of containers to run for a service.

Numbers are specified in the form `service=num` as arguments.
For example:

    $ docker-compose scale web=2 worker=3

Usage: scale [options] [SERVICE=NUM...]
```

```
Options:
  -t, --timeout TIMEOUT      Specify a shutdown timeout in seconds.
                             (default: 10)
-t  设置超时，超时就 shutdown。
```

5.2.22 start：启动服务容器

这是启动服务的命令，可以启动非运行的容器，默认会启动所有的服务容器，指定服务名称可以启动指定的服务：

```
$ docker-compose start --help
Start existing containers.

Usage: start [SERVICE...]
```

但使用的前提是容器已经存在。

5.2.23 stop：停止服务容器

这显然是停止容器的命令，这个命令只会停止容器，不会删除容器。默认会停止全部服务容器，可以指定服务名称来停止相应的服务。

```
$ docker-compose stop --help
Stop running containers without removing them.

They can be started again with `docker-compose start`.

Usage: stop [options] [SERVICE...]

Options:
  -t, --timeout TIMEOUT      Specify a shutdown timeout in seconds.
                             (default: 10)
```

-t 参数与前面的一样，设置响应的等待时间，超时直接杀死容器。

5.2.24 top：查看进程状态

Linux 有一个著名的资源监控命令叫 top，Compose 也使用 top 作为资源查看的命令，它主要用来查看容器内部运行的进程，使用格式如下：

```
Display the running processes
Usage: top [SERVICE...]
```

docker-compose top SERVICE 命令表示后面接的是服务名称而不是容器名称，服务名称可以是多个，如果不写则默认输出全部的服务信息。

如下所示，在一份配置文件中有两个服务，分别是 bbs 和 nginx，使用 top 命令会显示配置中所有服务的容器里面正在运行的进程，而且还会显示哪个是容器的主进程。

```
bbs
 UID      PID    PPID   C   STIME   TTY     TIME                       CMD
-----------------------------------------------------------------------------------------
root     8078   8063   1   01:39   ?     00:00:00   /usr/bin/caddy --conf /etc/Caddyfile --log stdout
root     8264   8078   0   01:39   ?     00:00:00   php-fpm: master process (/etc/php7/php-fpm.conf)
nobody   8267   8264   0   01:39   ?     00:00:00   php-fpm: pool www
nobody   8268   8264   0   01:39   ?     00:00:00   php-fpm: pool www

nginx
  UID       PID    PPID   C   STIME   TTY     TIME                      CMD
-----------------------------------------------------------------------------------------
root       8117   8099   1   01:39   ?     00:00:00   nginx: master process nginx -g daemon off;
systemd+   8226   8117   0   01:39   ?     00:00:00   nginx: worker process
systemd+   8227   8117   0   01:39   ?     00:00:00   nginx: worker process
systemd+   8228   8117   0   01:39   ?     00:00:00   nginx: worker process
systemd+   8229   8117   0   01:39   ?     00:00:00   nginx: worker process
```

top 命令是非交互式的，PID 表示进程在宿主机中的 ID 编号，PPID 是父级进程 ID 编号，C 表示在容器内部的 PID。通常，C 的值为 1 的那个进程是容器的核心进程。

5.2.25 unpause：取消暂停

这个命令在前面已经介绍过，使用 pause 的时候，会锁定容器进程，这时候需要使用 unpause 来取消暂停才可以继续操作容器。

```
$ docker-compose unpause --help
Unpause services.

Usage: unpause [SERVICE...]
```

同样默认是针对项目全部的服务，可以指定服务名称来操作。无论是 pause 还是 unpause 都需要容器处于运行状态才能操作，话得说回来，不运行的容器也用不着暂停。

5.2.26 up：启动项目

最后，up 命令可以说是压轴出场的命令，这个命令与 down 相对应，使用 up 命令的时候会从配置文件读取解析各项定义，然后发给 Docker Client 执行，up 可以创建包括服务容器、数据卷、网络等一系列组件，这也是我们经常使用的 Compose 命令，因此可以说万事从 up 开始。

```
$ docker-compose up --help
Builds, (re)creates, starts, and attaches to containers for a service.

Unless they are already running, this command also starts any linked services.
... ...
```

```
If you want to force Compose to stop and recreate all containers, use the
`--force-recreate` flag.
Usage: up [options] [SERVICE...]

Options:
    # 在后台运行服务
    -d                          Detached mode: Run containers in the background,
                                print new container names.
                                Incompatible with --abort-on-container-exit.

    # 输出时不显示颜色，建议使用颜色区分
    --no-color                  Produce monochrome output.

    # 启动时不建立容器链接
    --no-deps                   Don't start linked services.

    # 即使配置文件和镜像没有变动，也会重新创建容器并启动。与 --no-recreate 参数冲突。默认情况
    # 下，当配置或者镜像发生变动时，会重新创建容器
    --force-recreate            Recreate containers even if their configuration
                                and image haven't changed.
                                Incompatible with --no-recreate.

    # 如果容器存在，那就不会重新创建容器，与 --force-recreate 参数冲突
    --no-recreate               If containers already exist, don't recreate them.
                                Incompatible with --force-recreate.

    # 使用这个参数时，即使镜像不存在也不会从 Dockerfile 中构建
    --no-build                  Don't build an image, even if it's missing.

    # 启动容器之前先构建镜像
    --build                     Build images before starting containers.

    # 如果项目中有一个容器退出了，其他容器也会被停止，这个参数与 -d 冲突
    --abort-on-container-exit Stops all containers if any container was stopped.
                                Incompatible with -d.

    # 设定超时
    -t, --timeout TIMEOUT       Use this timeout in seconds for container shutdown
                                when attached or when containers are already
                                running. (default: 10)

    # 删除与服务相关，但是未在配置文件中定义的容器
    --remove-orphans            Remove containers for services not
                                defined in the Compose file
```

```
    # 返回所选服务容器的退出代码。就是上面--abort-on-container-exit 选项中的容器退出代码

    --exit-code-from SERVICE  Return the exit code of the selected service container.
Implies --abort-on-container-exit.

    # 设置规模，详见下面
    --scale SERVICE=NUM        Scale SERVICE to NUM instances. Overrides the
                               `scale`setting in the Compose file if present.
```

Compose 的 up 命令包括构建、创建（重新创建）、启动和连接服务容器。

直接使用 docker-compose up 命令可以聚合全部的容器信息，每个容器输出的内容会用不同的颜色区分，当按快捷键 Ctrl + C 时，会停止所有容器的输出。

如果想让项目在后台运行就需要添加-d 参数，这样服务就会在后台运行，通过 docker-compose ps 可以查看容器运行状态，logs 可以看到所有容器的日志。

下面（如图 5-1 所示）以一个简单的例子来说明--scale 的应用：

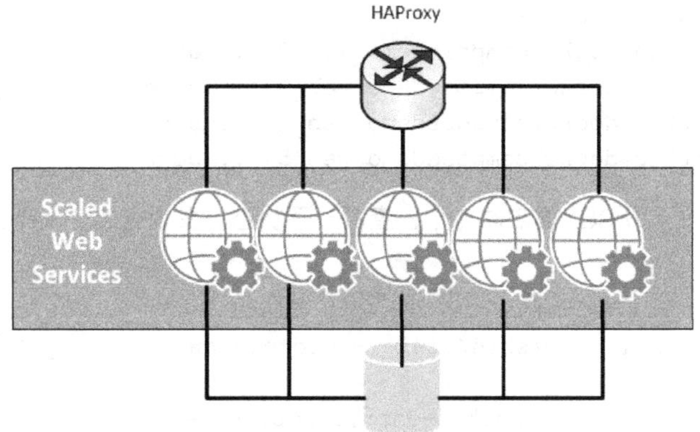

图 5-1 Scale 模型

```
$ git clone https://github.com/vegasbrianc/docker-compose-demo.git
```

克隆演示项目并启动：

```
$ cd docker-compose-demo
$ docker-compose up -d
Starting dockercomposedemo_web_1
Starting dockercomposedemo_redis_1
Starting dockercomposedemo_lb_1
```

查看项目状态：

```
$ docker-compose ps
```

```
   Name                    Command                   State                 Ports
-----------------------------------------------------------------------------------
dockercomposedemo_lb_1      /sbin/tini -- dockercloud- ...   Up      0.0.0.0:8080-
>80/tcp
dockercomposedemo_redis_1  docker-entrypoint.sh redis ...   Up      6379/tcp

dockercomposedemo_web_1    /bin/sh -c php-fpm -d vari ...   Up     80/tcp,
0.0.0.0:32770->8080/tcp
```

可以看到运行正常，通过 curl 获得的信息显示返回的容器名称是 716d38b75d21：

```
$ curl 0.0.0.0:8080
... ...
Hello world!
My hostname is 716d38b75d21
... ...
```

现在我们启动 5 个这样的 web 服务：

```
$ docker-compose up --scale web=5
Creating and starting dockercomposedemo_web_2 ... done
Creating and starting dockercomposedemo_web_3 ... done
Creating and starting dockercomposedemo_web_4 ... done
Creating and starting dockercomposedemo_web_5 ... done
```

因为本来有一个了，所以上面启动 4 个，查看一下状态，发现有 5 个 web 服务了：

```
$ docker-compose ps
Name                        Command                   State              Ports
dockercomposedemo_lb_1      /sbin/tini -- dockercloud- ...    Up
0.0.0.0:8080->80/tcp
dockercomposedemo_redis_1    docker-entrypoint.sh redis ...    Up      6379/tcp

dockercomposedemo_web_1     /bin/sh -c php-fpm -d vari ...    Up
0.0.0.0:32770->8080/tcp
dockercomposedemo_web_2     /bin/sh -c php-fpm -d vari ...    Up
0.0.0.0:32775->8080/tcp
dockercomposedemo_web_3     /bin/sh -c php-fpm -d vari ...    Up
0.0.0.0:32774->8080/tcp
dockercomposedemo_web_4     /bin/sh -c php-fpm -d vari ...    Up
0.0.0.0:32773->8080/tcp
dockercomposedemo_web_5     /bin/sh -c php-fpm -d vari ...    Up
0.0.0.0:32772->8080/tcp
```

现在我们删除 716d38b75d21 这个容器，也就是 dockercomposedemo_web_1 这个容器：

```
$ docker rm -f dockercomposedemo_web_1
```

```
dockercomposedemo_web_1
```

然后使用 curl 查看当前服务：

```
$ curl 0.0.0.0:8080
... ...
Hello world!
My hostname is d57bb9babeb7
... ...
```

可以看到服务并没有崩溃，而是其他容器顶替了上来，返回同样的 Hello World 信息，但是实际上容器已经变了。

5.3 Compose 配置文件

Docker Compose 是使用 YML 文件来定义多个容器关系的，因此掌握 docker-compose.yml 文件的写法才能更好地书写配置文件，以方便管理多容器应用。

Docker Compose 实际上是把 YML 文件解析成原生的 Docker 命令然后执行的，它通过定义解析容器依赖关系来按顺序启动容器。

5.3.1 配置文件基础

Compose 配置文件是一个 YML 格式的文件，它定义了包括服务（容器）、网络、数据卷在内的一系列项目组件。Compose 配置文件的默认路径是./docker-compose.yml。

使用配置文件定义的服务在启动时就像使用 Docker Client 的 docker run 一样，同样的配置文件重定义的网络、数据卷也相当于在 Docker Client 中使用 docker network create 和 docker volume create 一样。实际上，Compose 并不会真正地操作容器，它管理容器的办法就是解析配置文件的定义，然后发送给 Docker Client。

Compose 配置文件中定义的每个服务都必须通过 image 标签指定镜像或 build 标签来执行构建（上下文中存在 Dockerfile）。其实配置文件的写法与 Docker Client 中的命令有异曲同工之妙。就像在 docker run 中一样，使用 Compose 时，Dockerfile 中的命令依然有效，不必在 docker-compose.yml 文件中重新设定。

例如，在 Dockerfile 中定义的变量可以在 docker-compose.yml 文件中使用，就像 Shell 脚本的写法一样，形如${EXTERNAL_PORT} 即可。

Compose 配置文件有多个版本，本书默认以最新的配置文件写法为准。

5.3.2 基本配置

下面看一份简单的 docker-compose.yml 文件：

```
version: "3"
services:
  web:
    image: username/repository:tag
    deploy:
      replicas: 5
      resources:
        limits:
          cpus: "0.1"
          memory: 50M
      restart_policy:
        condition: on-failure
    ports:
      - "80:80"
    networks:
      - webnet
networks:
  webnet:
```

可以看到一份标准配置文件应该包含 version、services、networks 三大部分，其中最关键的就是 services 和 networks 两个部分，下面先来看 services 的书写规则。

1. image

```
services:
  web:
    image: hello-world
```

在 services 标签下的第二级标签是 web，这个名字是用户自己定义的，它就是服务名称。

image 则是指定服务的镜像名称或镜像 ID。如果镜像在本地不存在，Compose 将会尝试拉取这个镜像。

例如下面这些格式都是可以的：

```
image: redis
image: ubuntu:14.04
image: tutum/influxdb
image: example-registry.com:4000/postgresql
image: a4bc65fd
```

2. build

服务除了可以基于指定的镜像，还可以基于一份 Dockerfile，在使用 up 启动之时执行构建任务，这个构建标签就是 build，它可以指定 Dockerfile 所在文件夹的路径。Compose 将会利用它自动构建这个镜像，然后使用这个镜像启动服务容器。

```
build: /path/to/build/dir
```

也可以是相对路径，只要上下文确定就可以读取 Dockerfile。

```
build: ./dir
```

设定上下文根目录，然后以该目录为准指定 Dockerfile。

```
build:

 context: ./dir
 dockerfile: Dockerfile
```

注意：build 是一个目录，如果你要指定 Dockerfile 文件，需要在 build 标签的子级标签中使用 dockerfile 标签指定，如上面的例子。

如果你同时指定了 image 和 build 两个标签，那么 Compose 会构建镜像并且把镜像命名为 image 后面的那个名字。

```
build: ./dir
image: webapp:tag
```

既然可以在 docker-compose.yml 中定义构建任务，那么一定少不了 arg 这个标签，还记得 Dockerfile 中的 ARG 命令吧，它可以在构建过程中指定环境变量，但是在构建成功后取消，在 docker-compose.yml 文件中也支持这样的写法：

```
build:
 context: .
 args:
   buildno: 1
   password: secret
```

下面这种写法也是支持的，一般来说，下面的写法更适合阅读。

```
build:
 context: .
 args:
   - buildno=1
   - password=secret
```

与 ENV 不同的是，ARG 是允许空值的。例如：

```
args:
 - buildno
 - password
```

这样，构建过程可以向它们赋值。

在 v3.2 中，添加了一个新的标签 CACHE_FROM，通过指定构建缓存，类似于 `docker build --cache-from` 命令。

```
build:
  context: .
  cache_from:
    - alpine:latest
```

在 v3.3 版本中，补充了 LABELS 标签，与 Dockerfile 中的 LABEL 命令相同。

```
build:
  context: .
  labels:
    com.example.description: "Accounting webapp"
    com.example.label-with-empty-value: ""
    - "com.example.department=Finance"
```

同时，把以前独立的 capabilities 标签（cap_add 与 cap_drop）移入 build 中，需要注意的是这个配置会在 Swarm 中失效，因为集群调度的权限由 Swarm 控制。

```
cap_add:
  - ALL

cap_drop:
  - NET_ADMIN
  - SYS_ADMIN
```

注意：YAML 的布尔值（true, false, yes, no, on, off）必须要用引号引起来（单引号、双引号均可），否则会当成字符串解析的。

3. command

使用 command 可以覆盖容器启动后默认执行的命令。

```
command: bundle exec thin -p 3000
```

也可以写成类似 Dockerfile 中的格式：

```
command: [bundle, exec, thin, -p, 3000]
```

4. configs

这个命令其实就是 `docker config`，通过设置 config 文件，在集群部署时可以方便地调度配置文件，这是 Swarm 的亮点之一，与之匹配使用的通常还有 `docker secret` 等命令，Docker 通过抽象配置、密钥等文件，把烦琐的文件复制工作变成了可管理的集群资源。

```
version: "3.3"
```

```
services:
  redis:
    image: redis:latest
    deploy:
      replicas: 1
    configs:
      - source: my_config
        target: /redis_config
        uid: '103'
        gid: '103'
        mode: 0440
configs:
  my_config:
    file: ./my_config.txt
  my_other_config:
    external: true
```

配置中的 config 可以是任何形式的配置文件，在上面的配置文件中，我们设置了两个配置文件，其中 my_config 指定了一个值就是 `./my_config.txt`，另一个 my_other_config 则使用了 external 的标签，这表示它引用的是外部的配置文件，这个外部配置文件必须事先通过 `docker config create` 的方式创建，否则这个 docker-compose.yaml 是无法启动的。

- source：Docker 中存在的配置的名称。
- target：容器内部的目标路径。
- uid/gid：指定配置文件存放时的用户归属。
- mode：指定配置文件的权限。

5. cgroup_parent

为容器指定一个可选的父 cgroup：

```
cgroup_parent: m-executor-abcd
```

只有少数情况会用到，并且对 Swarm 集群无效。

6. container_name

前面说过 Compose 的容器名称格式是：

<项目名称><服务名称><序号>

虽然可以自定义项目名称、服务名称，但是如果你想完全控制容器的命名，可以使用这个标签指定：

```
container_name: app
```

这样，容器的名字就指定为 app 了。需要注意的是，在容器编排过程中并不建议使用指定的容器名，因为在伸缩服务规模时，命名是由 Docker 控制的，如果人为设定名称有可能导致命名冲突或者命名不规范而造成管理困难。

当然如果启动服务没有弹性伸缩的打算，自定义容器名称显然更容易管理。

7. deploy

这个命令仅在使用 docker stack 部署到群集时生效，也就是说，docker-compose up 和 docker-compose run 等命令无效。

```
version: '3'
services:
  redis:
    image: redis:alpine
    deploy:
      replicas: 6
      update_config:
        parallelism: 2
        delay: 10s
      restart_policy:
        condition: on-failure
```

子选项解释如下：

MODE 与 REPLICAS

deploy 部署的容器有两种情况，一种是 global，另一种是 replicated，这两种模式是冲突的，只能二选一：

```
version: '3'
services:
  worker:
    image: dockersamples/examplevotingapp_worker
    deploy:
      mode: global
```

或者：

```
version: '3'
services:
  worker:
    image: dockersamples/examplevotingapp_worker
    networks:
      - frontend
      - backend
    deploy:
      mode: replicated # 默认 replicated，所以这行可以省略
      replicas: 6
```

因为 replicated 是默认的，所以可以不写 mode 子选项。

UPDATE_CONFIG

配置服务应如何更新。该子选项常用于配置滚动更新。

- parallelism：每次更新的容器数量。
- delay：更新一组容器时等待的时间。
- failure_action：如果更新失败，后续操作是 continue 或 pause（默认为 pause）。
- monitor：每个任务更新失败后监视的时间间隔（ns | us | ms | s | m | h）（默认为 0）。
- max_failure_ratio：允许更新过程中更新失败的最大容器数量。

```
version: '3'
services:
  vote:
    image: dockersamples/examplevotingapp_vote:before
    depends_on:
      - redis
    deploy:
      replicas: 2
      update_config:
        parallelism: 2
        delay: 10s
```

RESOURCES

配置资源约束，主要是指硬件资源，把以前单独的选项放到 deploy 中有助于在 Swarm 集群中调整容器器硬件资源的利用。主要包括：cpu_shares，cpu_quota，cpuset，mem_limit，memswap_limit，mem_swappiness 等。

```
version: '3'
services:
  redis:
    image: redis:alpine
    deploy:
      resources:
        limits:
          cpus: '0.001'
          memory: 50M
        reservations:
          cpus: '0.0001'
          memory: 20M
```

都是单个值，所以一目了然，用法与 docker run 参数一致。设置 limits 可以有效地避免因为内存不足导致节点失联的情况。

RESTART_POLICY

在重启策略中可以配置在容器退出时如何重新启动容器。

- condition：可选值有 none、on-failure 与 any（默认为 any）。
- delay：在每次尝试重新启动时要等待多长时间，指定一个时间值（默认值为 0）。
- max_attempts：尝试重新启动一个容器最多可以多少次（默认为永不放弃）。
- window：设置容器重新启动之后，等待多长时间才能确定容器启动成功，时间单位是秒（默认为立即判定）。

```
version: "3"
services:
 redis:
   image: redis:alpine
   deploy:
     restart_policy:
       condition: on-failure
       delay: 5s
       max_attempts: 3
       window: 120s
```

总结一下，Deploy 不支持的选项有：build、cgroup_parent、container_name、devices、dns、dns_search、tmpfs、external_links、links、network_mode、security_opt、stop_signal、sysctls、userns_mode。说白了，就是集群不支持的 Deploy 都不支持。

8. devices

设备映射列表，使用与--device 无异。

```
devices:
 - "/dev/ttyUSB0:/dev/ttyUSB0"
```

9. depends_on

在使用 Compose 时，最大的好处就是减少使用烦琐的启动命令，但是一般项目容器启动的顺序是有要求的，如果直接从上到下地启动容器，必然会因为容器依赖问题而启动失败。

例如在没有启动数据库容器的时候启动了应用容器，这时候应用容器会因为找不到数据库而退出，为了避免这种情况，我们需要加入一个标签，就是 depends_on，这个标签解决了容器的依赖和启动先后的问题。

例如下面容器会先启动 redis 和 db 两个服务，最后才启动 web 服务：

```
version: '2'
services:
 web:
   build: .
   depends_on:
     - db
     - redis
 redis:
```

```
  image: redis
db:
  image: postgres
```

需要注意的是，默认情况下使用 docker-compose up web 这样的方式启动 web 服务时，也会启动 redis 和 db 两个服务，因为在配置文件中定义了依赖关系。

10. dns

dns 和--dns 参数有一样的用途，格式如下：

```
dns: 8.8.8.8
```

也可以是一个列表：

```
dns:
- 8.8.8.8
- 9.9.9.9
```

此外 dns_search 的配置也类似，自定义 DNS 搜索域，可以是单个值或列表：

```
dns_search: example.com
dns_search:
- dc1.example.com
- dc2.example.com
```

11. tmpfs

将临时目录挂载到容器内部中，具有类似于 run 的参数一样的效果：

```
tmpfs: /run
tmpfs:
- /run
- /tmp
```

12. entrypoint

在 Dockerfile 中有一个 ENTRYPOINT 命令，用于指定接入点，在第 4 章中已对比过它与 CMD 的区别。

在 docker-compose.yml 中可以定义接入点，覆盖 Dockerfile 中的定义：

```
entrypoint: /code/entrypoint.sh
```

格式和 Docker 类似，不过，还可以写成这样：

```
entrypoint:
  - php
  - -d
  - zend_extension=/usr/local/lib/xdebug.so
  - -d
```

```
  - memory_limit=-1
  - vendor/bin/phpunit
```

13. env_file

还记得前面提到的.env文件吧，这个文件可以设置 Compose 的变量。而在 docker-compose.yml 中可以定义一个专门存放变量的文件。

如果通过 docker-compose -f FILE 指定配置文件，则在 env_file 中路径会使用配置文件路径。

如果有变量名称与 environment 命令冲突，则以后者为准。格式如下：

```
env_file: .env
```

或者根据 docker-compose.yml 设置多个：

```
env_file:
  - ./common.env
  - ./apps/web.env
  - /opt/secrets.env
```

需要注意的是，这里所说的环境变量是对宿主机的 Compose 而言的，如果在配置文件中有 build 操作，这些变量并不会进入构建过程中，如果要在构建中使用变量，还是首选前面讲的 arg 标签。

14. environment

environment 与上面的 env_file 标签完全不同，反而和 arg 有几分类似，这个标签的作用是设置镜像变量，它可以将变量保存到镜像里面，也就是说，启动的容器也会包含这些变量设置，这是与 arg 最大的不同。

一般 arg 标签的变量仅用在构建过程中；而 environment 和 Dockerfile 中的 ENV 命令一样，会把变量一直保存在镜像和容器中，类似于 docker run -e 的效果：

```
environment:
  RACK_ENV: development
  SHOW: 'true'
  SESSION_SECRET:

environment:
  - RACK_ENV=development
  - SHOW=true
  - SESSION_SECRET
```

15. expose

这个标签与 Dockerfile 中的 EXPOSE 命令一样，用于指定暴露的端口，但只是作为一种参考，实际上 docker-compose.yml 的端口映射还得用 ports 这样的标签：

```
expose:
```

```
- "3000"
- "8000"
```

16. external_links

在使用 Docker 过程中，会有许多单独使用 docker run 启动的容器，为了使 Compose 能够连接这些不在 docker-compose.yml 中定义的容器，我们需要一个特殊的标签，就是 external_links，它可以让 Compose 项目里面的容器连接到那些项目配置外部的容器（前提是外部容器中必须至少有一个容器是连接到与项目内服务同一个网络里面的）。

格式如下：

```
external_links:
 - redis_1
 - project_db_1:mysql
 - project_db_1:postgresql
```

17. extra_hosts

添加主机名的标签，就是往/etc/hosts 文件中添加一些记录，与 Docker client 的--add-host 类似：

```
extra_hosts:
  - "somehost:162.242.195.82"
  - "otherhost:50.31.209.229"
```

启动之后，查看容器内部的 hosts：

```
162.242.195.82  somehost
50.31.209.229   otherhost
```

18. healthcheck

healthchecks 前面已经介绍过了——一个用于检查容器运行状态的命令，与在 Compose 选项中用法一样。

```
healthcheck:
  test: ["CMD", "curl", "-f", "http://localhost"]
  interval: 1m30s
  timeout: 10s
  retries: 3
```

interval 指定间隔时间，test 就是一条命令或者某种可以返回心跳信息的工具，三种写法都是可以的：

```
test: ["CMD", "curl", "-f", "http://localhost"]
# 以下两种形式是相同的。
test: ["CMD-SHELL", "curl -f http://localhost && echo 'cool, it works'"]
test: curl -f https://localhost && echo 'cool, it works'
```

如果镜像构建时设置了健康检查，你也可以关闭：

```
healthcheck:
 disable: true
```

19. labels

向容器添加元数据，和 Dockerfile 的 LABEL 命令是一个意思，格式如下：

```
labels:
  com.example.description: "Accounting webapp"
  com.example.department: "Finance"
  com.example.label-with-empty-value: ""
labels:
  - "com.example.description=Accounting webapp"
  - "com.example.department=Finance"
  - "com.example.label-with-empty-value"
```

20. links

还记得上面的 depends_on 吧，那个标签是解决启动顺序的问题，这个标签是解决容器连接的问题，与 Docker client 的—link 有一样的效果，会连接到其他服务的容器中。

格式如下：

```
links:
 - db
 - db:database
 - redis
```

使用的别名将会自动地在服务容器中的/etc/hosts 里创建。例如：

```
172.12.2.186  db
172.12.2.186  database
172.12.2.187  redis
```

相应的环境变量也将被创建。

21. logging

这个标签用于配置日志服务。格式如下：

```
logging:
  driver: syslog
  options:
   syslog-address: "tcp://192.168.0.42:123"
```

默认的 driver 是 json-file。只有 json-file 和 journald 可以通过 docker-compose logs 显示日志，其他方式有其他的日志查看方式，但目前 Compose 不支持。对于可选值可以使用 options 指定。

有关更多这方面的信息可以阅读官方文档：

https://docs.docker.com/engine/admin/logging/overview/。

22. network_mode

网络模式，与 Docker client 的--net 参数类似，只是相对多了一个 service:[service name] 的格式。例如：

```
network_mode: "bridge"
network_mode: "host"
network_mode: "none"
network_mode: "service:[service name]"
network_mode: "container:[container name/id]"
```

可以指定使用服务或者容器的网络。

23. networks

加入网络，这是一个顶级的选项，与服务、版本等选项同级。

```
version: '2'
services:
  web:
    build: ./web
    networks:
      - new
  worker:
    build: ./worker
    networks:
      - legacy
  db:
    image: mysql
    networks:
      new:
        aliases:
          - database
      legacy:
        aliases:
          - mysql
networks:
  new:
  legacy:
```

上面是一个典型的网络配置例子，其中设置了两个网络，一个是新的 new 网络，另一个是旧的 legacy 网络，这种场景常见于服务升级时应用来不及调整或者前后端分离的场合。不同的服务可以位于不同的网络中。同时使用 aliases 选项，可以把同一个服务映射到不同的网络中，而且连接名称不一样。这里的 aliases 与--link 的用法类似。

24. pid

```
pid: "host"
```

将 PID 模式设置为主机 PID 模式，跟主机系统共享进程命名空间。容器使用这个标签将能够访问和操纵其他容器和宿主机的名称空间。

25. ports

映射端口的标签。

使用 HOST:CONTAINER 格式或者只是指定容器的端口，宿主机会随机映射端口。

```
ports:
 - "3000"
 - "3000-3005"
 - "8000:8000"
 - "9090-9091:8080-8081"
 - "49100:22"
 - "127.0.0.1:8001:8001"
 - "127.0.0.1:5000-5010:5000-5010"
 - "6060:6060/udp"
```

注意：当使用 HOST:CONTAINER 格式来映射端口时，如果你使用的容器端口小于 60 你可能会得到错误的结果，因为 YAML 将会解析 xx:yy 这种数字格式为 60 进制。所以建议采用字符串格式。

26. secrets

为每个服务配置独立的 secrets，支持两种不同的语法变体，用法与 config 一致。

```
version: "3.1"
services:
  redis:
    image: redis:latest
    deploy:
      replicas: 1
    secrets:
      - source: my_secret
        target: redis_secret
        uid: '103'
        gid: '103'
        mode: 0440
secrets:
  my_secret:
    file: ./my_secret.txt
  my_other_secret:
    external: true
```

配置与 config 是同一个模板，所以详情可参看上面的 config 章节。

27. security_opt

为每个容器覆盖默认的标签。简单来说，就是管理全部服务的标签，比如设置全部服务的 user 标签值为 USER。

```
security_opt:
  - label:user:USER
  - label:role:ROLE
```

28. stop_signal

设置另一个信号来停止容器。在默认情况下是使用 SIGTERM 停止容器。设置另一个信号可以使用 stop_signal 标签。

```
stop_signal: SIGUSR1
```

29. volumes

挂载一个目录或者一个已存在的数据卷容器，可以直接使用 [HOST:CONTAINER] 这样的格式，或者使用 [HOST:CONTAINER:ro] 这样的格式，后者对于容器来说，数据卷是只读的，这样可以有效地保护宿主机的文件系统。

Compose 的数据卷指定路径可以是相对路径，使用 . 或者 .. 来指定相对目录。数据卷的格式可以是如下的多种形式：

```
volumes:
  // 只是指定一个路径，Docker 会自动再创建一个数据卷（这个路径是容器内部的）
  - /var/lib/mysql

  // 使用绝对路径挂载数据卷
  - /opt/data:/var/lib/mysql

  // 以 Compose 配置文件为中心的相对路径作为数据卷挂载到容器中
  - ./cache:/tmp/cache

  // 使用用户的相对路径（~/ 表示的目录是 /home/<用户目录>/ 或者 /root/）
  - ~/configs:/etc/configs/:ro

  // 已经存在的命名的数据卷
  - datavolume:/var/lib/mysql
   如果你不使用宿主机的路径，你可以指定一个 volume_driver。
   volume_driver: mydriver
```

30. volumes_from

从其他容器或者服务挂载数据卷，可选的参数是 :ro 或者 :rw，前者表示容器只读，后者表示容器对数据卷是可读可写的。默认情况下是可读可写的。

```
volumes_from:
  - service_name
  - service_name:ro
  - container:container_name
  - container:container_name:rw
```

31. extends

这个标签可以扩展另一个服务，扩展内容可以来自当前文件，也可以来自其他文件，在相同服务的情况下，后来者会有选择地覆盖原有配置。

```
extends:
  file: common.yml
  service: webapp
```

用户可以在任何地方使用这个标签，只要标签内容包含 file 和 service 两个值就可以了。file 的值可以是相对或者绝对路径，如果不指定 file 的值，那么 Compose 会读取当前 YML 文件的信息。

32. 其他

还有下列这些标签：cpu_shares, cpu_quota, cpuset, domainname, hostname, ipc, mac_address, mem_limit, memswap_limit, privileged, read_only, restart, shm_size, stdin_open, tty, user, working_dir, credential_ spec。

上面这些都是一个单值的标签，类似于使用 docker run 的效果。

```
cpu_shares: 73
cpu_quota: 50000
cpuset: 0,1

user: postgresql
working_dir: /code

domainname: foo.com
hostname: foo
ipc: host
mac_address: 02:42:ac:11:65:43

mem_limit: 1000000000
memswap_limit: 2000000000
privileged: true

restart: always

read_only: true
```

```
shm_size: 64M
stdin_open: true
tty: true

# 配置托管服务账户的凭据规范（仅限 Windows）。
credential_spec:
  file: c:/WINDOWS/my-credential-spec.txt
credential_spec:
  registry:   HKLM\SOFTWARE\Microsoft\Windows   NT\CurrentVersion\Virtualization\
Containers\CredentialSpecs
```

这些标签的使用方法与 Docker client 一样，这里不再重复。

5.3.3　网络配置

Compose 可以指定自定义网络，而不是使用默认的应用网络，这允许用户创建更复杂的拓扑结构和指定自定义网络的驱动程序和选项。

以下面配置文件为例，proxy 服务位于项目的前端网络，app 属于中间件，位于前端 Proxy 和后端 db 之间，所以 app 需要与前后端两个网络中的容器通信：

```
version: '2'
services:
  proxy:
    build: ./proxy
    networks:
      - front
  app:
    build: ./app
    networks:
      - front
      - back
  db:
    image: postgres
    networks:
      - back

networks:
  front:
    // 使用自定义驱动
    driver: custom-driver-1
  back:
    // 使用自定义驱动以及可选参数
    driver: custom-driver-2
    driver_opts:
```

```
    foo: "1"
    bar: "2"
```

除了配置默认网络之外，还可以使用已经存在的网络，与前面的 networks 标签类似，可以在 service 同级标签中设置 networks 覆盖全部服务容器。例如：

```
service:
  proxy:
build: ./proxy
... ...
  app:
build: ./app
... ...
  db:
image: postgres
... ...
networks:
  default:
    external:
      name: my-pre-existing-network
```

关于 external 的内容在 5.3.4 节会介绍，在没讲到集群内容之前，不会对 overlay 网络模型进行分析，会在后面的网络进阶部分再进行讲解。

5.3.4 配置扩展

在 5.3.2 节的基本配置中，介绍过一个标签 extends，在 5.3.3 节的网络扩展中还介绍了一个 external 标签，这两个都属于 Compose 配置文件的一个扩展部分。

Compsoe 配置扩展有两种方法，第一种方法是使用-f 参数添加多个配置文件，在 5.3.1 节已经介绍过了，第二种方法是使用 extends 标签，在 Compose 配置文件中可以使用该标签来扩展指定的服务。

关于第一种-f 参数，其实 Compose 默认情况下不仅会读取 docker-compose.yml 这个文件，还会读取一个叫作 docker-compose.overrride.yml 的文件（如果存在的话），后者表示默认覆盖前者的配置，两者的名称在 .env 文件中可以定义。

举个例子：

下面是 docker-compose.yml 的内容，在文件中定义了两个服务（默认不填写，version 会按照 Compsoe 版本自动补充），分别是 web 和 db：

```
web:
  image: example/my_web_app:latest
  links:
    - db
    - cache
```

```
db:
  image: postgres:latest

cache:
  image: redis:latest
```

然后，在同目录下的 docker-compose.override.yml 文件中定义了两个服务名称相同的服务，但是服务内的定义并不相同，此时 docker-compose.override.yml 的配置会选择性地覆盖上面配置的定义。

```
web:
  build: .
  volumes:
    - '.:/code'
  ports:
    - 8883:80
  environment:
    DEBUG: 'true'

db:
  command: '-d'
  ports:
    - 5432:5432

cache:
  ports:
    - 6379:6379
```

所谓选择性覆盖配置是指有冲突时以后面的配置为准，无冲突时两者合并。例如上面两份配置文件选择性覆盖合并以后，实际内容是：

```
web:
  build: .
  image: example/my_web_app:latest
  links:
    - db
    - cache
  volumes:
    - '.:/code'
  ports:
    - 8883:80
  environment:
    DEBUG: 'true'

db:
```

```
  image: postgres:latest
  command: '-d'
  ports:
    - 5432:5432

cache:
  image: redis:latest
  ports:
    - 6379:6379
```

如果使用了-f 参数指定多份配置文件，Compose 将不会读取 docker-compose.override.yml 文件。而第二个方法就是使用 extends 标签，这个标签原则上可以放在配置文件的任何地方，但是我们一般把它放到服务定义子级中，例如：

```
web:
  extends:
    file: common-services.yml
    service: webapp
```

启动时 Compose 会从 common-services.yml 文件中读取扩展定义：

```
webapp:
  build: .
  ports:
    - "8000:8000"
  volumes:
    - "/data"
```

这时候启动只需要指定 docker-compose.yml 即可，不必使用-f 再指定 common-services.yml 文件。在同一个配置文件中还可以对同项目的服务做扩展，例如：

```
web:
  extends:
    file: common-services.yml
    service: webapp
  environment:
    - DEBUG=1
  cpu_shares: 5

important_web:
  extends: web
  cpu_shares: 10
```

在上面的配置中，important_web 基于 web 服务扩展，重新设置了 cpu_shares 的值，而 web 服务扩展自 common-services.yml 的 webapp。

最后是关于配置覆盖的注意要点，前面提到过配置是选择覆盖的，例如 command 标签，Compose

会把镜像 Dockerfile 中的定义与默认配置对比，如果不同则用默认配置的值覆盖 Dockerfile 的值，如果有扩展配置文件，那么以扩展配置文件的值为准，例如：

```
# Dockerfile 初始值
command: python app.py

# 本地配置文件的定义
command: python otherapp.py

# 实际执行的结果
command: python otherapp.py
```

这是单值标签的情况，包含此种情况的标签还有 image、mem_limit 等。

但在多值标签中又有不同，以 expose 标签为例：

```
# Dockerfile 初始值
expose:
  - "3000"

# 本地默认配置定义
expose:
  - "4000"
  - "5000"

# 实际运行时是前后两者合并，因为两次定义没有产生冲突
expose:
  - "3000"
  - "4000"
  - "5000"
```

除了 expose，还有一些标签也是这样的，例如 ports、expose、external_links、dns、dns_search、tmpfs 等。

除了合并定义的情况还有产生定义冲突的情况，例如 environment 标签：

```
# Dockerfile 初始值
environment:
  - FOO=original
  - BAR=original

# 本地配置文件定义
environment:
  - BAR=local
  - BAZ=local

# 实际结果
```

```
environment:
  - FOO=original
  - BAR=local
  - BAZ=local
```

可以看到：在合并的基础上，Compose 会把冲突的值处理，以后来定义的值为准。

5.4 Compose 实战

在学习完上面的内容之后，相信你已经掌握了基本的 Compose 操作，下面以三个综合的例子来熟悉 Compose 在实际环境中的运用。

5.4.1 WordPress 博客部署

WordPress 当之无愧是 PHP 语言的杀手级应用，它应用之广泛是其他 CMS 望尘莫及的。相信在读者中也不乏 WordPress 的用户。还记得你第一次手动部署 WordPress 站点时的经历吗？LNMP/LAMP 的安装配置、WordPress 的安装等烦琐工作让不少新手一筹莫展。

现在有了 Docker，一切都变得简单，用户甚至不需要知道镜像里面有什么，没有安装，甚至没有配置，只是一句启动就可以完成全部操作。

要部署一个 WordPress，我们依旧要创建一个空文件夹，在该文件夹里新建 docker-compose.yml，内容如下：

```
version: '3'

services:
   db:
     image: mysql:5.7
     volumes:
       - "./.data/db:/var/lib/mysql"
     restart: always
     environment:
       MYSQL_ROOT_PASSWORD: wordpress
       MYSQL_DATABASE: wordpress
       MYSQL_USER: wordpress
       MYSQL_PASSWORD: wordpress

   wordpress:
     depends_on:
       - db
     image: wordpress:latest
     links:
```

```
    - db
  ports:
    - "8000:80"
  restart: always
  environment:
   WORDPRESS_DB_HOST: db:3306
   WORDPRESS_DB_PASSWORD: wordpress
```

保存，启动：

```
user@ops-admin:~$ docker-compose up -d
```

打开浏览器，输入 http://localhost:8000，你可以看到 WordPress 的安装界面了。上面配置文件中定义了两个服务，一个是 db，另一个是 wordpress，两个服务基于现成的镜像 (数据库使用 mysql:5.7 ，wordpress 在 Docker Hub 有官方镜像)，因此没有构建过程，所以启动速度很快。

数据库使用了一个数据卷来保存数据，宿主机目录是 ./.data/db，数据库文件被保存在这里，environment 标签定义了多个数据库变量。Wordpress 服务连接到数据库中，将容器的 80 端口映射到本地的 8000 端口中。

更详细的 WordPress 镜像使用方法可以看 Docker Hub 的 WordPress 页面：https://hub.docker.com/r/_/wordpress/

5.4.2 Django 框架部署

Django 是一个开放源代码的 web 应用框架，用 Python 语言写成。在 Python 社区乃至整个开源社区都是鼎鼎有名的框架。本节内容将实战 Compose 部署 Django 项目。

首先创建一个空的文件夹，文件名称默认就是项目名称，因此就取为 web 吧，然后在文件夹里面新建一个 Dockerfile 文件，用于构建 Django 应用的镜像。Dockerfile 的内容并不复杂，按照传统开发 Python 的方式，首先需要一个 Python 基础镜像作为基础开发环境，我们这里选择 Python 2.7：

```
FROM python:2.7
ENV PYTHONUNBUFFERED 1
RUN mkdir /code
COPY requirements.txt /code/
WORKDIR /code
RUN pip install -r requirements.txt
ADD . /code/
```

保存 Dockerfile 之后，我们需要根据依赖编写 requirements.txt 文件，依赖不多，就两个：

```
cat <<EOF > requirements.txt
Django
psycopg2
EOF
```

保存 requirements.txt 文件，然后一个 Django 镜像的基本材料就到齐了。

但是现在还缺一份 docker-compose.yml 来编排整个过程，因此新建一个 docker-compose.yml 文件，定义两个服务，一个是数据库（db），另一个是 Django 应用（app），数据库选择 postgres，应用基于上面的 Dockerfile 构建：

```
version: '3'
services:
  db:
    image: postgres
  app:
    build: .
    command: python manage.py runserver 0.0.0.0:8000
    volumes:
      - .:/code
    ports:
      - "8000:8000"
    depends_on:
      - db
```

保存 docker-compose.yml 文件，现在我们已经完成了关于 Compose 的定义工作，接下来就是利用 Compose 生成一个 Django 项目：

```
user@ops-admin:~$ docker-compose run app django-admin.py startproject
compose_example .
```

还记得 run 命令的一次性特点吧，这里使用配置文件的 app 服务的定义，构建了一个 Django 镜像，使用 django-admin.py startproject compose_example 会创建一个 Django 项目。

执行之后查看项目文件夹，可以看到基本项目已经创建完成。

```
user@ops-admin:~$ ls -l
drwxr-xr-x 2 root   root   compose_example
-rw-rw-r-- 1 user   user   docker-compose.yml
-rw-rw-r-- 1 user   user   Dockerfile
-rwxr-xr-x 1 root   root   manage.py
-rw-rw-r-- 1 user   user   requirements.txt
```

不过，因为上面的 Dockerfile 中没有切换用户来执行创建项目的动作，默认使用容器的 root 用户来创建，所以现在我们看到的 compose_example 项目是属于 root 用户的，如果你想把项目目录的属性切换为你的用户所有，可以使用 chown 切换（仅限 Linux 平台，其他平台没有这个步骤）：

```
user@ops-admin:~$ sudo chown -R $USER:$USER .
```

现在项目已经创建，就需要配置数据库了，打开 compose_example/settings.py 文件，修改 `DATABASES=...`的内容如下：

```
DATABASES = {
    'default': {
        'ENGINE': 'django.db.backends.postgresql',
        'NAME': 'postgres',
        'USER': 'postgres',
        'HOST': 'db',
        'PORT': 5432,
    }
}
```

完成以上的步骤，你就已经完成运行前的全部工作了。接着启动这个项目，Compose 会启动两个容器并连接它们：

```
user@ops-admin:~$ docker-compose up
Starting web_db_1...
Starting web_app_1...
Attaching to web_db_1, web_app_1
... ...
db_1  | PostgreSQL init process complete; ready for start up.
... ...
db_1  | LOG:  database system is ready to accept connections
db_1  | LOG:  autovacuum launcher started
... ...
web_1 | Django version 1.8.4, using settings 'compose_example.settings'
web_1 | Starting development server at http://0.0.0.0:8000/
web_1 | Quit the server with CONTROL-C.
```

打开浏览器，输入地址 http://0.0.0.0:8000/ ，不出意外的话，可以看到成功部署的页面。在这个例子中，我们以 Django 为例部署了一个与数据库连接的 web 项目，把原本需要几个复杂的 docker run 命令才能部署的项目简化为一句 docker-compose up 命令。

5.5 本章小结

本章围绕 Docker Compose 这个常用的编排工具进行详细的讲解与实战。包括对 Docker Compose 的命令解释与应用，另外还详细解释了 docker-compose.yml 文件的编写规则，在后面的章节会大量使用到这些知识。

最后以两个著名的应用与框架作为实战的例子，使用 Docker Compose 快速部署，体验 Docker Compose 在操作管理容器方面的方便之处。

第 6 章

Docker 集群管理

第 5 章已经介绍了基本的 Docker 知识，相信读者已经对 Docker 相关的配置有了一定的了解。本章将通过与 Swarm 结合，介绍跨主机多子网等复杂的网络配置方案，认识基于容器引擎的集群管理模式。此外，还会介绍一些著名的容器网络管理工具以及常用的监控手段，并面向 Swarm 集群提出一些高效实用的高可用部署案例。

本章的主要内容有：

- 认识 Swarm 集群；
- 掌握跨主机容器网络的配置；
- 认识容器网络管理工具；
- 掌握 Docker 集群部署；
- 掌握容器云集群监控的几种手段。

6.1 Swarm 基础

Swarm 在 Docker 1.12 版本之前属于一个独立的项目，在 Docker 1.12 版本发布之后，该项目合并到了 Docker 中，成为 Docker 的一个子命令，即 Swarm 集群模式。目前，Swarm 是 Docker 社区提供的唯一的一个原生支持 Docker 集群管理的工具。它可以把多个 Docker 主机组成的系统转换为单一的虚拟 Docker 主机，使得容器可以组成跨主机的子网网络。

在 Docker 1.12 版本之前，Docker 在集群管理上一直依靠第三方工具。以前的 Docker 服务自身只能在单台主机上进行操作，官方并没有真正意义上的集群管理方案。直到 Docker 1.12 版的发布，Docker 引擎在多主机、多容器的集群管理上才有了进一步的改进和完善，该版本的 Docker 内嵌了 Swarm mode 集群管理模式。从 Docker 1.13 版开始，Docker Swarm 又有了更丰富的功能，比如正式支持 Docker Stack 等。

6.1.1 Docker Swarm 命令

在了解 Docker Swarm 命令之前，我们需要认识 Swarm 相关的命令以及概念。用户可以使用--help 参数查看帮助信息。

```
docker swarm --help
```

Swarm 命令说明如表 6-1 所示，最新版本的 Docker 1.13 在 Swarm 命令中一共包含七个子命令。

表 6-1　Swarm 命令说明

命　令	说　明
docker swarm init	初始化一个 Swarm 集群
docker swarm join	加入一个集群，包括普通节点和管理节点
docker swarm join-token	管理加入集群的口令（tokens）
docker swarm leave	离开当前集群
docker swarm unlock	解锁集群
docker swarm unlock-key	管理解锁集群的密钥
docker swarm update	更新集群

我们常说的 Swarm 模式，并不是指 Docker Swarm 命令，它还包括诸如 Docker Node、Docker Service、Docker Stack、Docker Deploy，甚至包括 Docker Network 等命令在内一套完整的集群部署管理体系，Swarm 模式是融于 Docker 中的集群管理方案。

1. Swarm 初始化

先来看集群初始化的子命令：`docker swarm init`，表 6-2 将做一个简单的说明，并在稍后给出详细的例子。

表 6-2　Swarm 初始化选项说明

选 项 名 称	默 认 值	说　明
--advertise-addr		指定广播地址，在一些多网卡设备中需要指定对应网卡的 IP，格式为：[:port]
--autolock	false	管理节点开启自动锁定（需要使用密钥启动管理节点）
--availability	active	节点的可用性，可选值有：active/pause/drain
--cert-expiry	2160h0m0s	指定节点证书有效期（ns|us|ms|s|m|h）
--dispatcher-heartbeat	5s	调整心跳周期（ns|us|ms|s|m|h）
--external-ca		规范一个或者多个证书签署端点
--force-new-cluster	false	强制从当前状态创建一个新的集群
--listen-addr	0.0.0.0:2377	监听地址，格式为：[:port]
--max-snapshots	0	设置保存快照数量的最大值
--snapshot-interval	10000	指定快照生成的时间间隔
--task-history-limit	5	任务历史记录保留限制

如表 6-2 所示，Swarm 的初始化过程并不复杂，Shell 中的选项实际上是 Docker 通过 Swarm API 进行操作的。

2. 加入集群

接下来是加入集群的子命令：`docker swarm join`，它包含四个选项，说明如表 6-3 所示。

表 6-3　加入 Swarm 集群选项说明

选 项 名 称	默 认 值	说　明
--advertise-addr		指定广播地址，在一些多网卡设备中需要指定对应网卡的 IP，格式为：[:port]
--availability	active	节点的可用性，可选值有：active/pause/drain
--listen-addr	0.0.0.0:2377	监听地址，格式为：[:port]
--token		加入集群的口令

加入集群的命令与初始化命令颇为相似，但是较为简单，因为口令只在初始化时出现一次，所以如果要查看口令就需要使用下面的子命令。

3. 管理添加节点的口令

Swarm 添加节点时需要管理节点生成一个口令，待添加的子节点需要凭借这个口令才能加入集群，这个子命令（`docker swarm join-token`）更加简单，主要用于管理集群口令，该子命令只能用于管理节点。

选项解释如下。

- `--quiet,-q`：只显示口令（默认为 false）。
- `--rotate`：持续输出口令（默认为 false）。

4. 离开集群

这个子命令（docker swarm leave）用于退出当前集群，只有一个-f 选项，意为强制离开，无视警告。

8. 解锁集群

解锁集群的命令（docker swarm unlock）没有选项可用，这个功能是由于最新的 Docker 1.13 版才加入的新功能，用于解除锁定的 Swarm 集群。

6. 管理解锁密钥

管理解锁密钥的子命令（docker swarm unlock-key），其选项与管理口令的命令一样。

7. 更新集群

更新集群命令（docker swarm update）用于更新节点中的服务，更新集群选项的说明如表 6-4 所示。

表 6-4 更新集群选项说明

选项名称	默认值	说　明
--autolock	false	改变管理节点的自动锁定设置 (true|false)
--cert-expiry	2160h0m0s	设置节点证书有效期 (ns|us|ms|s|m|h)
--dispatcher-heartbeat	5s	调整心跳周期 (ns|us|ms|s|m|h)
--external-ca		规范一个或者多个证书签署端点
--max-snapshots	0	设置保存快照数量的最大值
--snapshot-interval	10000	指定快照生成的时间间隔
--task-history-limit	5	任务历史记录保留限制

6.1.2 Docker Node 命令

上面的 Docker Swarm 命令只能从宏观的角度调度节点，并不能针对节点做一些操作，而本节的 Docker Node 就是对集群节点管理的命令。

```
docker node --help
```

集群节点管理命令的说明如表 6-5 所示。

表 6-5　集群节点管理命令说明

命　　令	说　　明
docker node demote	将一个或者多个管理节点降级为普通节点
docker node inspect	显示节点的详细信息
docker node ls	查看集群的所有节点
docker node promote	将普通节点提升为管理节点
docker node ps	显示一个或多个节点的正在运行的任务列 Shell，默认为当前节点
docker node rm	移除一个或者多个节点
docker node update	更新节点

1. 节点降级

用法：`docker node demote NODE [NODE...]`

2. 查看节点信息

用法：`docker node inspect [OPTIONS] self|NODE [NODE...]`

选项有两个，类似于第 5 章的 Docker Inspect 命令。

- `--format, -f`：使用 Go template 格式化输出信息。
- `--pretty`：用适合人们阅读的格式输出信息（默认为 `false`）。

3. 集群节点列 shell

用法：`docker node ls [OPTIONS]`

选项说明如下。

- `--filter, -f`：用过滤器输出指定信息。
- `--quiet, -q`：只显示节点 ID（默认为 `false`）。

关于过滤器的详细用法见第 5 章，而-q 选项通常用在自动化脚本中。

4. 提升节点权限

用法：`docker node promote NODE [NODE...]`

提升和降级都是只能在管理节点才能执行的命令。

5. 查看任务

用法：`docker node ps [OPTIONS] [NODE...]`

选项解释如下。

- `--filter,-f`：使用过滤器获取特定信息。
- `--no-resolve`：不把 ID 映射到名称上（默认为 `false`）。
- `--no-trunc`：不截断输出 ID（默认为 `false`）。

这三个选项与第 5 章的 `docker ps` 命令类似，详细用法可以见第 5 章。

6. 删除节点

用法：docker node rm [OPTIONS] NODE [NODE...]

这个命令只有一个选项，就是-f 强制删除节点，这个命令与上面的 docker swarm leave 类似，不同的是这个命令只能在管理节点中执行，而 swarm leave 是在对应节点中执行的。

7. 更新节点

用法：docker node update [OPTIONS] NODE

更新节点选项说明见表 6-6。

表 6-6　更新节点选项说明

命　　令	默认值	说　　明
--availability		设置节点可用性（active/pause/drain）
--label-add		更新节点标签信息（key=value）
--label-rm		删除已存在的标签信息
--role		设置节点的角色（worker/manager）

此处的 --role 与上面的提权、降权操作有相同的效果，丝毫没有区别。

6.1.3　Docker Stack 命令

上面介绍了集群、节点操作命令，还有一个管理 Docker 栈的命令，这个命令是由于最新的 Docker 1.13 版才加入的功能。它一共包含五个子命令，它们的说明如表 6-7 所示。

```
user@ops-admin:~$ docker stack --help
```

表 6-7　Docker Stack 子命令解释

命　　令	说　　明
docker stack deploy	部署一个新的 Docker 栈或更新现有的 Docker 栈
docker stack ls	显示所有的 Docker 栈
docker stack ps	显示指定栈的任务
docker stack rm	删除指定的 Docker 栈
docker stack services	显示指定栈的服务列 Shell

1. 部署 Docker 栈

用法：docker stack deploy [OPTIONS] STACK

选项解释如下。

- --bundle-file：指定一个分布式应用程序包的文件路径。
- --compose-file，-c：指定一个 Compose 文件路径。
- --with-registry-auth：将镜像仓库的认证信息发送给 Swarm 代理程序，用于自动部署时可以从私有仓库拉取镜像（默认为 false）。

2. 查看所有栈

用法：docker stack ls

只有一句话，没有选项，查看 Docker 栈只能在管理节点执行。

3. 查看栈内任务

用法：docker stack ps [OPTIONS] STACK

选项解释如下。

- --filter, -f：使用过滤器获取指定信息。
- --no-resolve：不把 ID 映射到名称上（默认为 false）。
- --no-trunc：不截断输出 ID（默认为 false）。

查看栈内任务实际上就是查看栈内的容器服务。

4. 删除栈

用法：docker stack rm STACK

指定栈的名称或者 ID，即可删除。

5. 查看栈内的服务

用法：docker stack services [OPTIONS] STACK

选项解释如下。

- --filter, -f：使用过滤器获取指定信息。
- --format：使用 Go template 格式化输出信息。
- --quiet, -q：只输出服务 ID（默认为 false）。

在 Docker 1.13 版之前，Docker Swarm 只能使用 service 功能，没有 stack 功能（实验版本才有），随着 Swarm 的成熟，stack 也加入了 Swarm 模式之中，相信在下一个正式版本中，我们还能看到像 deploy 这样的子命令也加入 Swarm 模式中。

6.1.4 Docker 集群网络

在了解了上面的基本概念与命令之后，本节将以 Swarm 为核心搭建一个 Docker 集群网络，带领读者体验 Docker 集群部署的便捷。

为了方便演示跨主机网络，我们需要用到一个工具——Docker Machine，这个工具与 Docker Compose、Docker Swarm 一起称为 Docker 三剑客，下面我们来看看如何安装 Docker Machine。

```
user@ops-admin:~$ curl -L
https://github.com/docker/machine/releases/download/v0.12.2/docker-machine-`uname
-s`-`uname -m` >/tmp/docker-machine &&
   chmod +x /tmp/docker-machine &&
```

```
sudo cp /tmp/docker-machine /usr/local/bin/docker-machine
```

安装过程和 Docker Compose 非常类似。现在 Docker 三剑客已经全部到齐，实战可以开始了。

1. 建立跨主机网络

首先使用 Docker Machine 创建一个虚拟机作为 manger 的节点：

```
user@ops-admin:~$ docker-machine create --driver virtualbox manager1
Running pre-create checks...
(manager1) Unable to get the latest Boot2Docker ISO release version:  Get
https://api.github.com/repos/boot2docker/boot2docker/releases/latest: dial tcp:
lookup api.github.com on [::1]:53: server misbehaving
Creating machine...
(manager1) Unable to get the latest Boot2Docker ISO release version:  Get
https://api.github.com/repos/boot2docker/boot2docker/releases/latest: dial tcp:
lookup api.github.com on [::1]:53: server misbehaving
(manager1) Copying /home/zuolan/.docker/machine/cache/boot2docker.iso to
/home/zuolan/.docker/machine/machines/manager1/boot2docker.iso...
(manager1) Creating VirtualBox VM...
(manager1) Creating SSH key...
(manager1) Starting the VM...
(manager1) Check network to re-create if needed...
(manager1) Found a new host-only adapter: "vboxnet0"
(manager1) Waiting for an IP...
Waiting for machine to be running, this may take a few minutes...
Detecting operating system of created instance...
Waiting for SSH to be available...
Detecting the provisioner...
Provisioning with boot2docker...
Copying certs to the local machine directory...
Copying certs to the remote machine...
Setting Docker configuration on the remote daemon...
Checking connection to Docker...
Docker is up and running!
To see how to connect your Docker Client to the Docker Engine running on this
virtual machine, run: docker-machine env manager1
```

查看虚拟机的环境变量等信息，包括虚拟机的 IP 地址：

```
user@ops-admin:~$ docker-machine env manager1
export DOCKER_TLS_VERIFY="1"
export DOCKER_HOST="tcp://192.168.99.100:2376"
export DOCKER_CERT_PATH="/home/zuolan/.docker/machine/machines/manager1"
export DOCKER_MACHINE_NAME="manager1"
# Run this command to configure your shell:
# eval $(docker-machine env manager1)
```

然后再创建一个节点作为 work 节点：

```
user@ops-admin:~$ docker-machine create --driver virtualbox worker1
```

现在我们有了两个虚拟主机，使用 Machine 的命令可以查看（删改部分无关列）：

```
user@ops-admin:~$ docker-machine ls
NAME    ACTIVE  DRIVER      STATE     URL                          SWARM  DOCKER
manager1  -     virtualbox  Running  tcp://192.168.99.100:2376           v1.12.3
worker1   -     virtualbox  Running  tcp://192.168.99.101:2376           v1.12.3
```

但是目前这两台虚拟主机并没有什么联系，为了把它们联系起来，我们需要 Swarm 登场了。

因为我们使用的是 Docker Machine 创建的虚拟机，所以可以使用 docker-machine ssh 命令来操作虚拟机，在实际生产环境中，并不需要像下面那样操作，只需要执行 Docker Swarm 即可。

把 manager1 加入集群：

```
user@ops-admin:~$ docker-machine ssh manager1 docker swarm init --listen-addr
192.168.99.100:2377 --advertise-addr 192.168.99.100
Swarm initialized: current node (23lkbq7uovqsg550qfzup59t6) is now a manager.

 To add a worker to this swarm, run the following command:

    docker swarm join \
   --token SWMTKN-1-3z5rzoey0u6onkvvm58f7vgkser5d7z8sfshlu7s4oz2gztlvj-
c036gwrakjejql06klrfc585r \
   192.168.99.100:2377

 To add a manager to this swarm, run 'docker swarm join-token manager' and follow
the instructions.
```

用--listen-addr 指定监听的 IP 与端口，实际的 Swarm 命令格式如下，本例只是使用 Docker Machine 来连接虚拟机而已：

```
user@ops-admin:~$ docker swarm init --listen-addr <MANAGER-IP>:<PORT>
```

接下来，再把 work1 加入集群中：

```
user@ops-admin:~$ docker-machine ssh worker1 docker swarm join --token \
   SWMTKN-1-3z5rzoey0u6onkvvm58f7vgkser5d7z8sfshlu7s4oz2gztlvj-
c036gwrakjejql06klrfc585r \
   192.168.99.100:2377
This node joined a swarm as a worker.
```

上面在 join 命令中可以添加--listen-addr $WORKER1_IP:2377 作为监听设备，因为有时候可能会遇到把一个 work 节点提升为 manger 节点的可能，当然本例子没有这个打算就不添加这个参数了。

注意：如果你在新建集群时遇到双网卡情况，可以指定使用哪一个 IP 地址，例如上面的例子：

```
user@ops-admin:~$ docker-machine ssh manager1 docker swarm init --listen-addr
$MANAGER1_IP:2377
Error response from daemon: could not choose an IP address to advertise since this
system has multiple addresses on different interfaces (10.0.2.15 on eth0 and
192.168.99.100 on eth1) - specify one with --advertise-addr
exit status 1
```

发生错误的原因是因为有两个 IP 地址，而 Swarm 不知道用户想使用哪个 IP 地址，因此要指定 IP 地址。

```
user@ops-admin:~$ docker-machine ssh manager1 docker swarm init --advertise-addr
192.168.99.100 --listen-addr 192.168.99.100:2377
Swarm initialized: current node (ahvwxicunjd0z8g0eeosjztjx) is now a manager.

 To add a worker to this swarm, run the following command:

    docker swarm join \
   --token SWMTKN-1-3z5rzoey0u6onkvvm58f7vgkser5d7z8sfshlu7s4oz2gztlvj-
c036gwrakjejql06klrfc585r \
   192.168.99.100:2377

 To add a manager to this swarm, run 'docker swarm join-token manager' and follow
the instructions.
```

集群初始化成功。

现在我们新建了一个有两个节点的“集群”，进入其中一个管理节点，使用 Docker Node 命令来查看节点信息：

```
user@ops-admin:~$ docker-machine ssh manager1 docker node ls
ID                           HOSTNAME  STATUS  AVAILABILITY  MANAGER STATUS
23lkbq7uovqsg550qfzup59t6 *  manager1   Ready     Active     Leader
dqb3fim8zvcob8sycri3hy98a    worker1    Ready     Active
```

现在每个节点都归属于 Swarm，并都处在待机状态。Manager1 是领导者，work1 是工人。

我们继续新建虚拟机 manger2、worker2、worker3，现在已经有 5 个虚拟机了，使用 docker-machine ls 来查看虚拟机（部分输出列）：

```
user@ops-admin:~$ docker-machine ls
NAME     ACTIVE   DRIVER       STATE     URL                          SWARM  DOCKER
manager1   -     virtualbox   Running   tcp://192.168.99.100:2376          v1.12.3
manager2   -     virtualbox   Running   tcp://192.168.99.105:2376          v1.12.3
worker1    -     virtualbox   Running   tcp://192.168.99.102:2376          v1.12.3
worker2    -     virtualbox   Running   tcp://192.168.99.103:2376          v1.12.3
worker3    -     virtualbox   Running   tcp://192.168.99.104:2376          v1.12.3
```

然后我们把剩余的虚拟机也加到集群中。

- 将 worker2 添加到集群中。

```
user@ops-admin:~$ docker-machine ssh worker2 docker swarm join \
   --token SWMTKN-1-3z5rzoey0u6onkvvm58f7vgkser5d7z8sfshlu7s4oz2gztlvj-
c036gwrakjejql06klrfc585r \
   192.168.99.100:2377
This node joined a swarm as a worker.
```

- 将 worker3 添加到集群中。

```
user@ops-admin:~$ docker-machine ssh worker3 docker swarm join \
   --token SWMTKN-1-3z5rzoey0u6onkvvm58f7vgkser5d7z8sfshlu7s4oz2gztlvj-
c036gwrakjejql06klrfc585r \
   192.168.99.100:2377
This node joined a swarm as a worker.
```

- 将 manager2 添加到集群中。

先从 Manager1 中获取 manager 的 token。

```
user@ops-admin:~$ docker-machine ssh manager1 docker swarm join-token manager
To add a manager to this swarm, run the following command:

    docker swarm join \
   --token SWMTKN-1-3z5rzoey0u6onkvvm58f7vgkser5d7z8sfshlu7s4oz2gztlvj-
8tn855hkjdb6usrblo9iu700o \
192.168.99.100:2377
```

然后将 manager2 添加到集群中。

```
user@ops-admin:~$ docker-machine ssh manager2 docker swarm join \
   --token SWMTKN-1-3z5rzoey0u6onkvvm58f7vgkser5d7z8sfshlu7s4oz2gztlvj-
8tn855hkjdb6usrblo9iu700o \
   192.168.99.100:2377
This node joined a swarm as a manager.
```

现在再来查看集群信息。

```
user@ops-admin:~$ docker-machine ssh manager2 docker node ls
ID                           HOSTNAME  STATUS   AVAILABILITY MANAGER STATUS
16w80jnqy2k30yez4wbbaz1l8    worker1    Ready    Active
2gkwhzakejj72n5xoxruet71z    worker2    Ready    Active
35kutfyn1ratch55fn7j3fs4x    worker3    Ready    Active
a9r21g5iq1u6h31myprfwl8ln *  manager2   Ready    Active        Reachable
dpo7snxbz2a0dxvx6mf19p35z    manager1   Ready    Active        Leader
```

为了演示得更清晰，下面我们把宿主机也加入到集群之中，这样我们使用 Docker 命令操作会清晰很多。

直接在本地执行加入集群命令：

```
user@ops-admin:~$ docker swarm join \
   --token SWMTKN-1-3z5rzoey0u6onkvvm58f7vgkser5d7z8sfshlu7s4oz2gztlvj-
8tn855hkjdb6usrblo9iu700o \
   192.168.99.100:2377
This node joined a swarm as a manager.
```

现在我们有三台 manager，三台 worker。其中一台是宿主机，五台是虚拟机。

```
user@ops-admin:~$ docker node ls
ID                            HOSTNAME   STATUS    AVAILABILITY  MANAGER STATUS
6z2rpk1t4xucffzlr2rpqb8u3     worker3     Ready    Active
7qbr0xd747qena4awx8bx101s *   user-pc     Ready    Active         Reachable
9v93sav79jqrg0c7051rcxxev     manager2    Ready    Active         Reachable
a1ner3zxj3ubsiw4l3p28wrkj     worker1     Ready    Active
a5w7h8j83i11qqi4vlu948mad     worker2     Ready    Active
d4h7vuekklpd6189fcudpfy18     manager1    Ready    Active         Leader
```

查看网络状态：

```
user@ops-admin:~$ docker network ls
NETWORK ID          NAME                DRIVER              SCOPE
764ff31881e5        bridge              bridge              local
fbd9a977aa03        host                host                local
6p6xlousvsy2        ingress             overlay             swarm
e81af24d643d        none                null                local
```

可以看到：在 Swarm 上默认已有一个名为 ingress 的 overlay 网络，默认在 Swarm 里使用，本例子中会创建一个新的 overlay 网络。

```
user@ops-admin:~$ docker network create --driver overlay swarm_test
4dm8cy9y5delvs5vd0ghdd89s
user@ops-admin:~$ docker network ls
NETWORK ID          NAME                DRIVER              SCOPE
764ff31881e5        bridge              bridge              local
fbd9a977aa03        host                host                local
6p6xlousvsy2        ingress             overlay             swarm
e81af24d643d        none                null                local
4dm8cy9y5del        swarm_test          overlay             swarm
```

这样，一个跨主机网络就搭建好了，但是现在这个网络只处于待机状态，下一小节我们会在这个网络上部署应用。

2. 在跨主机网络上部署应用

需要说明的是：我们上面创建的节点都是没有镜像的，因此我们要逐一 pull 镜像到节点中，这里我们使用前面搭建的私有仓库。

```
user@ops-admin:~$ docker-machine ssh manager1 docker pull
reg.example.com/library/nginx:alpine
alpine: Pulling from library/nginx
e110a4a17941: Pulling fs layer
... ...
7648f5d87006: Pull complete
Digest: sha256:65063cb82bf508fd5a731318e795b2abbfb0c22222f02ff5c6b30df7f23292fe
Status: Downloaded newer image for reg.example.com/library/nginx:alpine
user@ops-admin:~$ docker-machine ssh manager2 docker pull
reg.example.com/library/nginx:alpine
alpine: Pulling from library/nginx
e110a4a17941: Pulling fs layer
... ...
7648f5d87006: Pull complete
Digest: sha256:65063cb82bf508fd5a731318e795b2abbfb0c22222f02ff5c6b30df7f23292fe
Status: Downloaded newer image for reg.example.com/library/nginx:alpine
user@ops-admin:~$ docker-machine ssh worker1 docker pull
reg.example.com/library/nginx:alpine
alpine: Pulling from library/nginx
e110a4a17941: Pulling fs layer
... ...
7648f5d87006: Pull complete
Digest: sha256:65063cb82bf508fd5a731318e795b2abbfb0c22222f02ff5c6b30df7f23292fe
Status: Downloaded newer image for reg.example.com/library/nginx:alpine
user@ops-admin:~$ docker-machine ssh worker2 docker pull
reg.example.com/library/nginx:alpine
alpine: Pulling from library/nginx
e110a4a17941: Pulling fs layer
... ...
7648f5d87006: Pull complete
Digest: sha256:65063cb82bf508fd5a731318e795b2abbfb0c22222f02ff5c6b30df7f23292fe
Status: Downloaded newer image for reg.example.com/library/nginx:alpine
user@ops-admin:~$ docker-machine ssh worker3 docker pull
reg.example.com/library/nginx:alpine
alpine: Pulling from library/nginx
e110a4a17941: Pulling fs layer
... ...
7648f5d87006: Pull complete
Digest: sha256:65063cb82bf508fd5a731318e795b2abbfb0c22222f02ff5c6b30df7f23292fe
Status: Downloaded newer image for reg.example.com/library/nginx:alpine
```

上面使用 docker pull 分别在五个虚拟机节点拉取 nginx:alpine 镜像。接下来我们要在五个节点部署一组 Nginx 服务。

部署的服务使用 swarm_test 跨主机网络。

```
user@ops-admin:~$ docker service create --replicas 2 --name helloworld
--network=swarm_test nginx:alpine
5gz0h2s5agh2d2libvzq6bhgs
```

查看服务状态：

```
user@ops-admin:~$ docker service ls
ID            NAME        REPLICAS  IMAGE        COMMAND
5gz0h2s5agh2  helloworld  0/2       nginx:alpine
```

查看 helloworld 服务详情（为了方便阅读，已调整输出内容）：

```
user@ops-admin:~$ docker service ps helloworld
ID           NAME          IMAGE        NODE      DESIRED STATE  CURRENT STATE
ay081uome3  helloworld.1  nginx:alpine manager1  Running        Preparing 2sec ago
16cvore0c96 helloworld.2  nginx:alpine worker2   Running        Preparing 2sec ago
```

可以看到：两个实例分别运行在两个节点上。

进入两个节点，查看服务状态（为了方便阅读，已调整输出内容）：

```
user@ops-admin:~$ docker-machine ssh manager1 docker ps -a
CONTAINER ID  IMAGE  COMMAND     CREATED     STATUS     PORTS            NAMES
119f787622c2  nginx  "nginx..."  4 min ago  Up 4 min  80/tcp,443/tcp  hello ...
user@ops-admin:~$ docker-machine ssh worker2 docker ps -a
CONTAINER ID  IMAGE  COMMAND     CREATED     STATUS     PORTS            NAMES
5db707401a06  nginx  "nginx..." 4 min ago  Up 4 min  80/tcp,443/tcp  hello ...
```

上面的输出做了调整，实际的 NAMES 值为：

```
helloworld.1.ay081uome3eejeg4mspa8pdlx
helloworld.2.16cvore0c96rby1vp0sny3mvt
```

请记住上面这两个实例的名称。现在我们来看这两个跨主机的容器是否能够互通。

首先使用 Machine 进入 manager1 节点，然后使用 docker exec -i 命令进入 helloworld.1 容器中，ping 运行在 worker2 节点的 helloworld.2 容器中。

```
user@ops-admin:~$ docker-machine ssh manager1 docker exec -i
helloworld.1.ay081uome3eejeg4mspa8pdlx \
   ping helloworld.2.16cvore0c96rby1vp0sny3mvt
PING helloworld.2.16cvore0c96rby1vp0sny3mvt (10.0.0.4): 56 data bytes
64 bytes from 10.0.0.4: seq=0 ttl=64 time=0.591 ms
64 bytes from 10.0.0.4: seq=1 ttl=64 time=0.594 ms
64 bytes from 10.0.0.4: seq=2 ttl=64 time=0.624 ms
```

```
64 bytes from 10.0.0.4: seq=3 ttl=64 time=0.612 ms
^C
```

然后使用 Machine 进入 worker2 节点，再然后使用 docker exec -i 命令进入 helloworld.2 容器中，ping 运行在 manager1 节点的 helloworld.1 容器中。

```
user@ops-admin:~$ docker-machine ssh worker2 docker exec -i
helloworld.2.16cvore0c96rby1vp0sny3mvt \
    ping helloworld.1.ay081uome3eejeg4mspa8pdlx
PING helloworld.1.ay081uome3eejeg4mspa8pdlx (10.0.0.3): 56 data bytes
64 bytes from 10.0.0.3: seq=0 ttl=64 time=0.466 ms
64 bytes from 10.0.0.3: seq=1 ttl=64 time=0.465 ms
64 bytes from 10.0.0.3: seq=2 ttl=64 time=0.548 ms
64 bytes from 10.0.0.3: seq=3 ttl=64 time=0.689 ms
^C
```

可以看到，这两个跨主机的服务集群里各个容器是可以互相连接的。

为了体现 Swarm 集群的优势，我们可以使用虚拟机的 ping 命令来测试对方虚拟机内的容器。

```
user@ops-admin:~$ docker-machine ssh worker2 ping
helloworld.1.ay081uome3eejeg4mspa8pdlx
PING helloworld.1.ay081uome3eejeg4mspa8pdlx (221.179.46.190): 56 data bytes
64 bytes from 221.179.46.190: seq=0 ttl=63 time=48.651 ms
64 bytes from 221.179.46.190: seq=1 ttl=63 time=63.239 ms
64 bytes from 221.179.46.190: seq=2 ttl=63 time=47.686 ms
64 bytes from 221.179.46.190: seq=3 ttl=63 time=61.232 ms
^C
user@ops-admin:~$ docker-machine ssh manager1 ping
helloworld.2.16cvore0c96rby1vp0sny3mvt
PING helloworld.2.16cvore0c96rby1vp0sny3mvt (221.179.46.194): 56 data bytes
64 bytes from 221.179.46.194: seq=0 ttl=63 time=30.150 ms
64 bytes from 221.179.46.194: seq=1 ttl=63 time=54.455 ms
64 bytes from 221.179.46.194: seq=2 ttl=63 time=73.862 ms
64 bytes from 221.179.46.194: seq=3 ttl=63 time=53.171 ms
^C
```

上面我们使用了虚拟机内部的 ping 去测试容器的延迟，可以看到：延迟明显比集群内部的 ping 值要高。

为什么会产生这种现象呢？在前面网络基础中，我们讲过 overlay 网络模型，从网络模型结构图中可以看到，容器之间互 ping 属于同一个子网的操作，因此 ping 值不高；而使用虚拟机内部的 ping 命令去测试时相当于去另一个网络的访问，延迟就高了很多，尽管它们的物理地址都是同一个地点。

Docker Network 的 overlay 网络模型结构如图 6-1 所示。

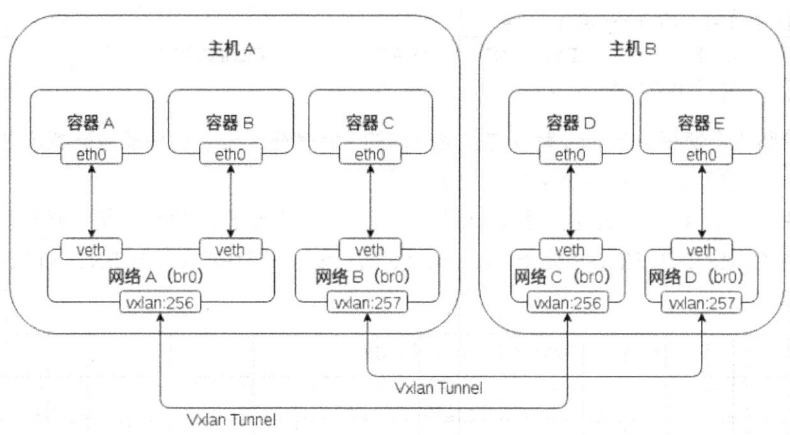

图 6-1 overlay 网络模型的结构示意

在图 6-1 中，跨主机的两个容器 C 和 E 实际上处于一个网络中。关于 Docker Swarm 的网络原理在后续的章节中会继续讲解。

6.2 集群进阶

上一节讲的集群网络搭建只是一个很基础的例子，实际上如 Stack 这一类的功能还都没有用上，但前面的例子更容易使新手理解 Swarm 集群的概念与架构。本节将在上一节的基础上继续深入扩展 Swarm 的实战案例。

6.2.1 Swarm：高可用的 Docker 集群管理工具

上面我们已经学会了 Swarm 集群的部署方法，现在来搭建一个可访问的 Nginx 集群，体验最新版的 Swarm 所提供的自动服务发现与集群负载功能。

首先删掉上一节我们启动的 helloworld 服务。

```
user@ops-admin:~$ docker service rm helloworld
helloworld
```

然后再新建一个服务，提供端口映射参数，使外界可以访问这些 Nginx 服务。

```
user@ops-admin:~$ docker service create --replicas 2 --name helloworld -p 7080:80
--network=swarm_test nginx:alpine
9gfziifbii7a6zdqt56kocyun
```

查看服务运行状态：

```
user@ops-admin:~$ docker service ls
ID            NAME        REPLICAS    IMAGE        COMMAND
9gfziifbii7a  helloworld    2/2       nginx:alpine
```

注意，虽然我们使用--replicas 参数的值是一样的，但是在上一节中获取服务状态时，REPLICAS 返回的是 0/2，而现在的 REPLICAS 返回的是 2/2。

同样使用 docker service ps 查看服务详细状态时（下面输出已经手动调整为更易读的格式），可以看到实例的 CURRENT STATE 处于 Running 状态，而上一节中的 CURRENT STATE 则全部处于 Preparing 状态。

```
user@ops-admin:~$ docker service ps helloworld
ID            NAME          IMAGE  NODE      DESIRED STATE  CURRENT STATE
9ikr3agyi...  helloworld.1  nginx  user-pc   Running        Running 13 sec ago
7acmhj0u...  helloworld.2  nginx   worker2  Running        Running 6 sec ago
```

这就涉及 Swarm 内置的发现机制了，目前 Docker 1.13 版中的 Swarm 已经内置了服务发现工具，我们不再需要像以前那样使用 Etcd 或者 Consul 这些工具来配置服务发现了。对于一个容器来说，如果没有外部通信但又处于运行中的状态，那么就会被服务发现工具认为处于 Preparing 状态，而本小节例子中因为映射了端口，所以有了 Running 状态。

现在来看 Swarm 另一个有趣的功能，当我们杀死其中的一个节点时，会发生什么。

首先使用 kill 命令杀死 worker2 的实例。

```
user@ops-admin:~$ docker-machine ssh worker2 docker kill
helloworld.2.7acmhj0udzusv1d7lu2tbuhu4
helloworld.2.7acmhj0udzusv1d7lu2tbuhu4
```

稍等几秒后，再来看服务状态：

```
user@ops-admin:~$ docker service ps helloworld
ID            NAME          IMAGE  NODE       DESIRED STATE  CURRENT STATE
9ikr3agyi...  helloworld.1  nginx   zuolan-pc  Running        Running 19 min ago
8f866igpl...  helloworld.2  nginx   manager1  Running        Running 4 sec ago
7acmhj0u...  helloworld.2  nginx   worker2   Shutdown       Failed 11 sec ago
user@ops-admin:~$ docker service ls
ID           NAME       REPLICAS  IMAGE       COMMAND
9gfziifbii7a  helloworld  2/2      nginx:alpine
```

可以看到：即使我们 kill 掉其中一个实例，Swarm 也会迅速地把停止的容器撤下来，同时在节点中启动一个新的实例顶上来。这样，服务依旧还是两个实例在运行。

此时如果你想添加更多实例，可以使用 scale 命令。

```
user@ops-admin:~$ docker service scale helloworld=3
helloworld scaled to 3
```

查看服务详情，可以看到有三个实例启动了：

```
user@ops-admin:~$ docker service ps helloworld
ID            NAME          IMAGE  NODE      DESIRED STATE  CURRENT STATE
9ikr3agyi...  helloworld.1  nginx  user-pc   Running        Running 30 min ago
8f866igpl...  helloworld.2  nginx  manager1  Running        Running 11 min ago
7acmhj0u...   helloworld.2  nginx  worker2   Shutdown       Failed 11 min ago
1vexr1jm...   helloworld.3  nginx  worker2   Running        Running 4 sec ago
```

现在如果想减少实例数量，一样可以使用 scale 命令。

```
user@ops-admin:~$ docker service scale helloworld=2
helloworld scaled to 2
```

本小节介绍的关于集群网络的负载功能就讲到这里，在实际应用中还有更复杂的情况，在后面的章节中我们会使用 Kubernetes 等工具搭建更为复杂的集群架构。

6.2.2 Shipyard：集群管理面板

到目前为止，我们看到的 Swarm 都是在终端上执行的操作，而随着 Docker 的流行，也涌现出了一大批优秀的 Docker 前端工具，虽然这大部分都是闭源的商业软件，但开源社区依旧不乏出色的开源 Docker 前端工具。

Shipyard 是一个基于 Web 的 Docker 管理工具，支持多主机，可以把多个 Docker 主机上的容器进行统一管理、可以查看镜像、甚至构建镜像，并提供 RESTful API 等。如果 Shipyard 要管理和控制 Docker 主机的话，那么需要先修改 Docker 主机上的默认配置，使其支持远程管理。

1. 安装

下载自动部署 Shell 脚本。

```
user@ops-admin:~$ curl -sSL https://shipyard-project.com/deploy | bash -s
```

自动部署脚本中，包括以下这些参数。

- ACTION：表示可以使用的命令，包括以下选项。
  — deploy，默认值，表示自动安装部署 Shipyard 管理工具及相关应用;。
  — upgrade，更新已存在的实例（你要保持相同的系统环境和变量来部署同样的配置）。
  — node，部署 Swarm 的一个新节点。
  — remove，已存在的 Shipyard 实例。
- DISCOVERY：集群系统采用 Swarm 进行采集和管理（只对 ACTION=node 有效)。
- IMAGE：镜像，默认使用 Shipyard 的镜像。
- PREFIX：容器名字的前缀。
- SHIPYARD_ARGS：控制器附加参数，详见 https://shipyard-project.com/docs/usage/controller/。
- TLS_CERT_PATH：TLS 证书路径。
- PORT：主程序监听端口（默认端口为 8080）。

- PROXY_PORT：代理端口（默认为 2375）。

一些部署例子如下。

```
# PREFIX
user@ops-admin:~$ curl -sSL https://shipyard-project.com/deploy | PREFIX=shipyard-test bash -s

# 使用测试版本
user@ops-admin:~$ curl -sSL https://shipyard-project.com/deploy |
IMAGE=shipyard/shipyard:test bash -s
```

注意：这将暴露 Docker Engine 的管理端口 2375。Docker v1.13 之前的 Swarm 集群会直接暴露这个端口，相当于开放 Docker 权限，这将是一个很严重的安全问题，建议使用 TLS 加密传输，或者使用最新版本的 Docker。

2. 使用 TLS 证书

为了规范使用 Swarm 集群，安全是必不可少的，应准备以下的证书文件。

- ca.pem：安全认证证书。
- server.pem：服务器证书。
- server-key.pem：服务器私有证书。
- cert.pem：客户端证书。
- key.pem：客户端证书的 key。

然后指定证书位置。

```
user@ops-admin:~$ curl -sSL https://shipyard-project.com/deploy |
TLS_CERT_PATH=$(pwd)/certs bash -s
```

3. 增加 Swarm 节点

Shipyard 管理的 Swarm 节点部署脚本将自动地安装 key/value 存储系统（etcd 系统），用于进行服务发现。要增加一个节点到 Swarm 集群，可以通过以下的节点部署脚本。

```
curl -sSL https://shipyard-project.com/deploy | ACTION=node
DISCOVERY=etcd://10.0.1.10:4001 bash -s
```

其中 `10.0.1.10` 为部署 Ectd 系统所在主机的 IP 地址。

如果你要删除 Shipyard 部署的容器，可以使用以下脚本进行删除。

```
curl -sSL https://shipyard-project.com/deploy | ACTION=remove bash -s
```

完成集群部署之后，你可以通过可视化界面管理集群了，不需要使用命令行操作，如图 6-2 和图 6-3 所示。

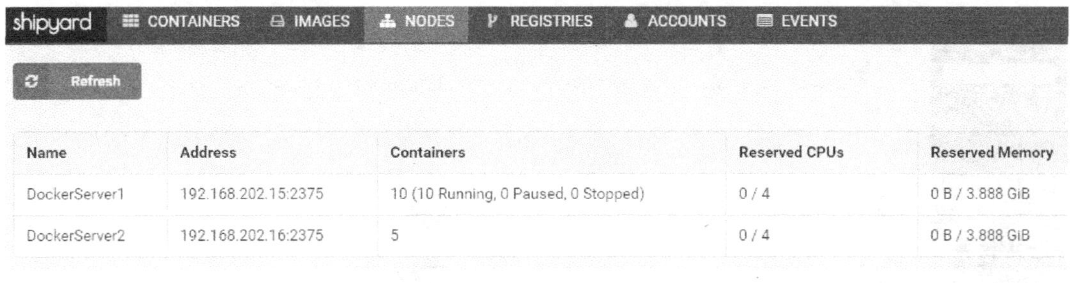

图 6-2 可视化集群管理界面 1

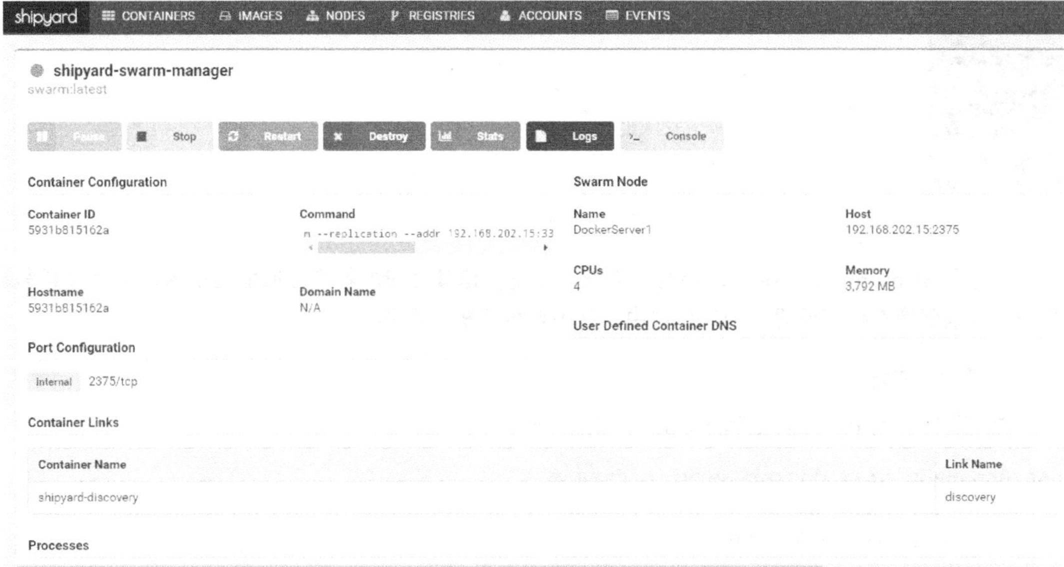

图 6-3 可视化集群管理界面 2

6.2.3 Portainer：容器管理面板

Portainer 是一个全面的 Docker UI 监控管理工具，很重要的一点是它极其轻量——只有 4MB 大小，Portainer 可以作为 Docker 引擎或 Swarm 群集上的轻量级 Docker 容器运行。因此，部署 Portainer 只需要在 Docker 机器上运行一个命令。

1. 安装

```
user@ops-admin:~$ docker run -d -p 9000:9000 -v
/var/run/docker.sock:/var/run/docker.sock portainer/portainer
```

现在访问 9000 端口即可看到 Portainer 的界面，如图 6-4 所示。

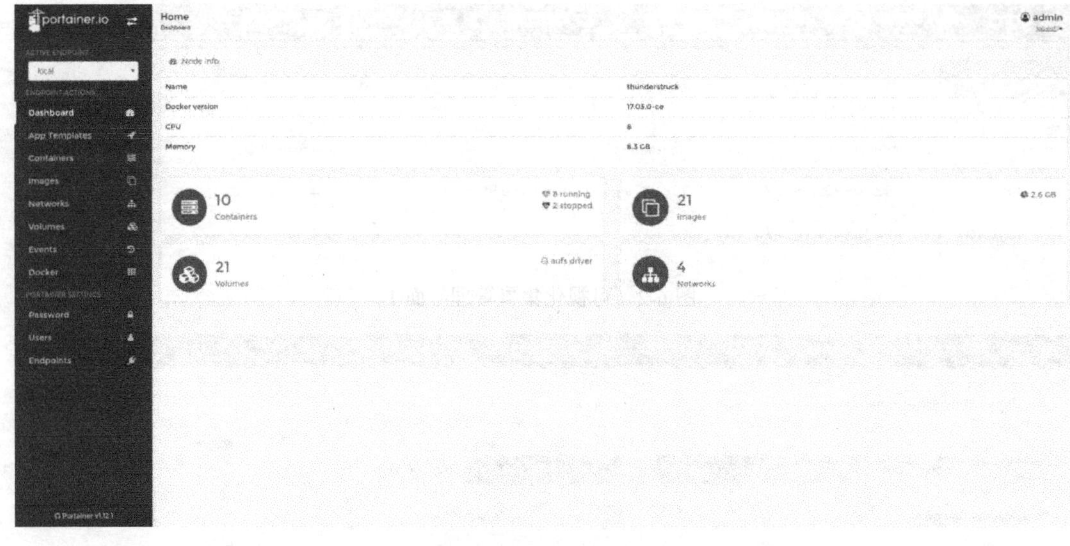

图 6-4　Portainer 界面

相比于 Shipyard，Portainer 功能有所欠缺，但是凭借其轻量的特性依旧能在很多领域大放异彩。比如：可以部署在树莓派等小内存机器中，作为监控面板使用等。

2. 集群管理

你也可以使用 Portainer 管理 Swarm，如图 6-5 所示。

```
user@ops-admin:~$ docker service create \
      --name portainer \
      --publish 9000:9000 \
      --constraint 'node.role == manager' \
      --mount type=bind,src=//var/run/docker.sock,dst=/var/run/docker.sock \
      portainer/portainer \
      -H unix:///var/run/docker.sock
```

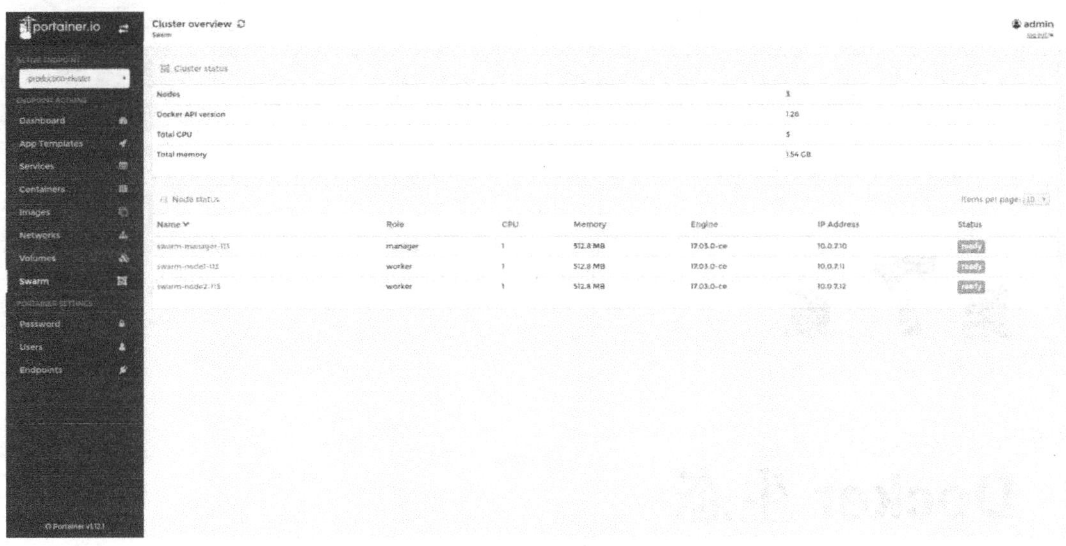

图 6-5 Portainer 集群管理界面

更多内容可以查看文档：https://portainer.readthedocs.io/en/stable/。

6.3 本章小结

本章主要讲解了 Swarm 集群网络的创建与部署。介绍了 Swarm 的常规应用，包括 Swarm 的服务发现、负载均衡等，然后使用 Swarm 来配置跨主机容器网络，并在上面部署应用。在后面还介绍了各种易用的集群管理工具。关于如何监控 Swarm 集群和如何收集集群日志等内容将在第 7 章中进行讲解。

第 7 章

Docker 生态

Docker 作为时下最流行的容器化软件，围绕 Docker 容器的生态系统也在不断完善，本章将从容器化、服务发现、全局配置存储、网络工具、调度、集群管理、编排、安全等几部分内容出发，配以清晰易懂的例子进行讲解说明。

Docker 生态圈已非常宽泛，所以本章只能选取有代表性的部分软件进行介绍。

7.1 宿主管理工具：Machine

Docker Machine 是 Docker 官方提供的一个工具，它可以帮助我们在远程的机器上安装 Docker，或者在虚拟机上直接安装虚拟机并在虚拟机中运行 Docker。我们还可以通过 docker-machine 命令来管理这些虚拟机和 Docker 集群。

7.1.1 Machine 的安装

在安装 Docker Machine 前请先在本地安装 Docker。

Docker Machine 的安装十分简单，在 Ubuntu 中直接把可执行文件下载到本地就可以了。

```
user@ops-admin:~$ curl -L
https://github.com/docker/machine/releases/download/v0.12.2/docker-machine-`uname-
s`-`uname -m` >/tmp/docker-machine && \
    chmod +x /tmp/docker-machine && \
    sudo cp /tmp/docker-machine /usr/local/bin/docker-machine
```

当前，v0.12.2 是最新的版本。Docker Machine 也是个开源项目，你可以选择安装不同的版本，或者是自行编译。

7.1.2 宿主环境管理

1. 远程管理机器

如果你已经有多台服务器，但是还没有安装 Docker，可以使用 Docker Machine 远程控制安装 Docker，方便快捷。

准备工作，首先把 ssh public key 放到远程服务器中，以便 Machine 登录时不需要输入密码，同时允许登录用户直接使用 docker 命令，例如 docker 用户组或者 root 用户组都可以。

```
docker-machine create -d generic \
    --generic-ip-address=node3.example.com \
    --generic-ssh-user=root \
    --generic-ssh-key ~/.ssh/id_rsa ops-node3
```

在上面的命令中，-d 表示用什么驱动程序来创建目标主机，它是--driver 的简写。驱动有很多，具体支持列表可以在 https://docs.docker.com/machine/drivers/中查看。本例子中使用的是 generic 驱动，下面的--generic-ip-address 表示要连接的主机 IP 地址，也可以填写域名；--generic-ssh-user 的值必须是一个可以免密码操作 Docker 的用户，在 Docker 安装之后有一个提示，你可以选择是否把当前用户加入 Docker 用户组；--generic-ssh-key 是一个本地的 ssh 私钥，公钥需要事先放上去才能免密码登录。

安装成功之后执行 `eval $(docker-machine env ops-node3)` 即可把远程主机的环境变量输出到当前 shell 会话中（临时），然后本地使用 docker 命令就可以直接操作远程的 Docker 机器了。

```
user@ops-admin:~$ docker version
Client:
 Version:        17.06.0-ce
 API version:    1.29 (downgraded from 1.30)
 Go version:     go1.8.3
 Git commit:     02c1d87
 Built:          Fri Jun 23 21:17:22 2017
 OS/Arch:        linux/amd64

Server:
 Version:        17.05.0-ce
 API version:    1.29 (minimum version 1.12)
 Go version:     go1.7.5
 Git commit:     89658be
 Built:          Thu May  4 22:04:27 2017
 OS/Arch:        linux/amd64
 Experimental:   false
```

查看版本，可以看到 Docker 的 Client 和 Server 不一样，这是因为 Server 是来自远程主机的 Docker 进程，而 Client 是本地的一个命令客户端。

2. 本地模拟 Docker 集群

这种用法是 Docker Machine 中最常见的，因为在学习 Docker 过程中，在本地操作模拟集群的成本最低。通过使用 Docker Machine 可以快速部署一个基于本地的虚拟机建立的 Docker 集群环境。

直接执行以下程序：

```
user@ops-admin:~$ docker-machine create --driver virtualbox default
Running pre-create checks...
  Creating machine...
  (staging) Copying /Users/ripley/.docker/machine/cache/boot2docker.iso to
/Users/ripley/.docker/machine/machines/default/boot2docker.iso...
  (staging) Creating VirtualBox VM...
  (staging) Creating SSH key...
  (staging) Starting the VM...
  (staging) Waiting for an IP...
  Waiting for machine to be running, this may take a few minutes...
  Machine is running, waiting for SSH to be available...
  Detecting operating system of created instance...
  Detecting the provisioner...
  Provisioning with boot2docker...
```

```
Copying certs to the local machine directory...
Copying certs to the remote machine...
Setting Docker configuration on the remote daemon...
Checking connection to Docker...
Docker is up and running!
To see how to connect Docker to this machine, run: docker-machine env default
```

上面使用 virtualbox 这个驱动程序，是因为宿主机安装了 Virtualbox 虚拟机。如果你使用 Vmware，可以替换--driver 参数值为 vmwarefusion，default 表示虚拟机的名称。

使用 `docker-machine ls` 查看虚拟机列表。使用 `docker-machine ip` 可以查看创建的虚拟机 IP 地址。甚至可以灵活运用这一特性，例如查看主机的端口可以直接使用以下命令：

```
user@ops-admin:~$ curl $(docker-machine ip default):8000
```

这样直接获取指定虚拟机的端口可以不必关心虚拟机 IP 的变化。在本地模拟环境中可以避免写入宿主机的 hosts 文件，更加方便管理虚拟机。

更多用法请查阅 Machine 官方文档：https://docs.docker.com/machine。

7.2 容器编排调度

Docker 集群容器环境有一个必备的组件就是调度器。调度器负责在相关的 Docker 主机上加载容器、启动容器、停止容器和管理这个进程的生命周期。流行的调度器有很多，例如 CoreOS 门下的 Fleet（不再开发）、Apache 门下的 Marathon+Mesos（大规模集群首选）、Docker 门下的 Swarm+Compose（发展迅速）、Google 门下的 Kubernetes（功能强大）等。这些编排调度工具各有千秋，不分高下。

7.2.1 Rancher：集群管理面板

Rancher 是一个开放源码的软件平台，可以在生产中调度、编排和管理容器（使用 Docker 和 Kubernetes）。使用 Rancher 提供完善的开箱即用的管理平台，不再需要运维开发使用不同的开源技术从头开始构建容器服务平台。Rancher 提供了管理生产中所需的整个软件堆栈。

1. 安装 Rancher

安装 Rancher 只需要执行一句命令：

```
user@ops-admin:~$ docker run -d --restart=unless-stopped -p 8080:8080 rancher/server
```

这句命令会下载一个不小的镜像，稍等片刻，可以访问本地 8080 端口，看到一个后台管理界面，Rancher 提供了强大的 UI 操作界面（命令行也有），几乎所有的操作都可以通过这个界面完成。

因为 Rancher 使用 MySQL 驱动（内置 MySQL），所以上面的命令只是启动一个容器，并不具备生产环境要求，要实现数据持久化则需要保证数据库的数据保留下来，不随容器生命周期的结束而消失。有两种方式保存 Rancher 的数据，一种是连接已经存在的数据库：

```
user@ops-admin:~$ docker run -d --restart=unless-stopped \
   -p 8080:8080 rancher/server \
   --db-host myhost.example.com --db-port 3306 --db-user username --db-pass
password --db-name cattle
# --db-host                  MySQL 服务器的 IP 地址/域名地址
# --db-port                  MySQL 端口（默认为 3306）
# --db-user                  MySQL 登录用户名（默认用户名为 cattle）
# --db-pass                  MySQL 登录密码（默认密码为 cattle）
# --db-name                  MySQL 数据库名称（默认库名为 cattle）
```

另一种是把数据库文件保存在数据卷中：

```
user@ops-admin:~$ docker run -d -v <host_vol>:/var/lib/mysql --restart=unless-
stopped -p 8080:8080 rancher/server
```

Rancher 界面如图 7-1 所示，Rancher 软件自带简体中文，可本地化完善。

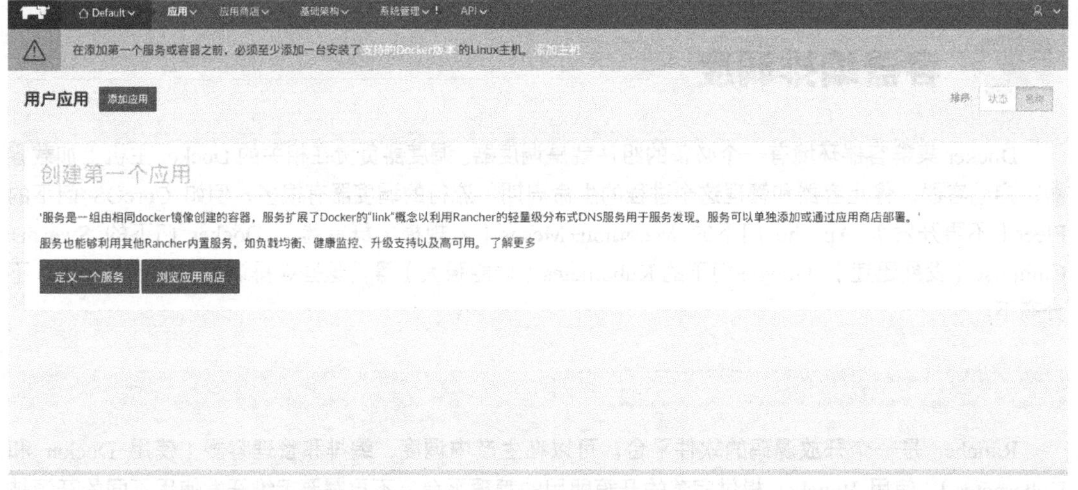

图 7-1　Rancher 界面

2. 添加主机

单击“添加主机”按钮，进入主机添加界面；添加宿主机为一个节点，只需要执行下面给出的 agent 容器运行命令：

```
user@ops-admin:~$ sudo docker run --rm --privileged \
      -e CATTLE_AGENT_IP="192.168.1.102"  \
      -v /var/run/docker.sock:/var/run/docker.sock \
      -v /var/lib/rancher:/var/lib/rancher rancher/agent:v1.2.5 \

http://127.0.0.1:8080/v1/scripts/03E03A9C82BBC173C1FE:1483142400000:TNBb9hlp9lB0kqi
```

```
snytvk1v8KeE
```

这是一个运行结束之后自动删除的容器，它通过申请--privileged 权限把 agent 留在了/var/lib/rancher 目录中。

CATTLE_AGENT_IP 用于指定注册这台主机的公网 IP。如果留空，则 Rancher 会自动检测 IP 注册（通常在主机有唯一公网 IP）。如果主机位于防火墙或者 NAT 设备之后，或者主机同时也是运行 rancher/server 容器的主机时，则必须设置此 IP。另外，agent 程序要请求 500 和 4500 两个端口。

Rancher 开源在 Github：https://github.com/rancher/rancher。

7.2.2 Nomad：行业领先的调度系统

Nomad 是一个分布式、高可用的数据中心感知型（跨域多数据中心）调度平台，使用它可以轻松地部署任何规模的应用程序。Nomad 可以在 5 分钟内部署 100 万个容器到 5000 台主机上，其强大的调度能力和跨域感知能力是其最大的特色。而且 Nomad 对驱动程序支持广泛，它可以在各种环境下运行，包括容器化、虚拟化或者作为独立应用运行，支持 Linux、Windows、BSD、macOS 等操作系统。运行时，Nomad 可以轻松地调度 Docker 容器、虚拟机或 Java 等应用程序。

1. 安装

下面从源码构建 Nomad，这需要读者先安装 Go 语言环境。

```
user@ops-admin:~$ go get github.com/hashicorp/nomad
user@ops-admin:~$ cd $GOPATH/src/github.com/hashicorp/nomad
user@ops-admin:~$ make bin
```

完成之后，可以在/bin 文件夹中找到 Nomad 的二进制文件，或者进入页面下载：https://www.nomadproject.io/downloads.html。

解压后只有一个文件。直接执行./nomad init 会生成一个 example.nomad 文件，一个 redis 的演示配置如下：

```
config {
      image = "redis:3.2"
      port_map {
        db = 6379
      }
}
```

执行这个演示文件：

```
user@ops-admin:~$ ./nomad run example.nomad
==> Monitoring evaluation "4602470b-a7e0-8a33-0e77-10654b103e58"
   Evaluation triggered by job "example"
   Allocation "327bedb4-32c9-b671-2b1d-66332debe6d2" created: node "ec84f514-9ce6-046f-bc1b-6b04d9a8c83b", group "cache"
```

```
    Evaluation status changed: "pending" -> "complete"
==> Evaluation "4602470b-a7e0-8a33-0e77-10654b103e58" finished with status "complete"
```

稍等片刻，就可以使用 `docker ps -a` 看到正在运行的 Redis 容器。

2. 集群部署

Nomad 集群部署也非常简单，根据上面那份详细的演示配置中的注释文档，我们依葫芦画瓢写一份 Master 端的配置文件，命名为 server.conf：

```
# 日志等级
log_level = "INFO"

# 数据目录
data_dir = "/data"

# 开启服务端功能
server {
    enabled = true
    # 启动数量
    bootstrap_expect = 3
}
```

再写一份 Node 端的配置文件，命名为 client.conf：

```
# 日志等级
log_level = "INFO"

# 数据目录
data_dir = "/data"

# 客户端开启
client {
    enabled = true
}
```

现在作为集群的一个管理中心（Master 节点）在一台主机中执行下面的命令：

```
user@ops-admin:~$ ./nomad agent -config=/config/server.conf \
        -bind=<server_ip>
```

然后在任意数量的主机（Node 节点）中执行如下的命令：

```
user@ops-admin:~$ ./nomad server-join \
        -address http://<node_ip>:4646 <server_ip>:4648
```

或者你可以使用 HTTP API 连接：

```
user@ops-admin:~$ ./nomad agent -config=/config/client.conf \
      -bind=<your_binding_ip_address> -servers http://<node1_ip>:4647
```

现在你可以任意调度这些节点的容器了，例如依旧是 example.nomad 文件：

```
user@ops-admin:~$ ./nomad run -address=http://<node_ip>:4646 example.nomad
```

其中的 node_ip 就是节点的 IP 地址，你可以轻松循环所有节点，在所有节点部署这份演示文件。

Nomad 是开源的，Github 的地址：https://github.com/hashicorp/nomad。

7.2.3　DC/OS：一切皆可调度

DC/OS 是一个数据中心操作系统，它是一个基于 Apache Mesos 分布式系统内核开发并开源的分布式操作系统。DC/OS 可以让用户在一个界面中管理云上的多台机器。它同样支持调度容器、分布式服务、传统应用等程序到节点机器中，并提供集群网络、服务发现和资源管理等功能以保障业务正常运行。DC/OS 出自 Mesosphere 门下，对于 Mesos 想必在容器时代开始之前便已是久负盛名，容器时代的降临更是给 Mesosphere 一个大展身手的机会。DC/OS 由 Mesosphere 公司倾数年之力打造，并由数十家大小合作伙伴共同参与开发。

1. 安装 DC/OS

安装这个软件有三种方法，分别是自动部署、云服务部署和手动部署。本节的内容旨在展示 DC/OS 的容器调度特色，所以选择自动部署来安装。

DC/OS 的体积非常大（700MB 左右），所以本节通过 Vagrant 和 VirtualBox 在本地机器上创建一个演示集群。首先安装 Git、Vagrant、Virtualbox 三个工具。

然后安装 Vagrant 主机管理工具：

```
user@ops-admin:~$ vagrant plugin install vagrant-hostmanager
```

接下来克隆 DC/OS 自动部署项目，并进行部署（当提示输入密码时，输入执行 sudo 时的用户密码，因为要修改/etc/hosts 文件）：

```
user@ops-admin:~$ git clone https://github.com/dcos/dcos-vagrant
user@ops-admin:~$ cd dcos-vagrant
user@ops-admin:~$ cp VagrantConfig-1m-1a-1p.yaml VagrantConfig.yaml
user@ops-admin:~$ vagrant up
```

安装结束后可以访问后台管理界面：http://m1.dcos/。

现在你还可以安装 DC/OS CLI 程序，用于命令行控制整个系统：

```
user@ops-admin:~$ ci/dcos-install-cli.sh
```

2. 部署服务

这里以部署 oinker 程序（迷你版本 Twitter）为例，使用命令登录：

```
user@ops-admin:~$ dcos auth login
```

然后安装 Cassandra：

```
user@ops-admin:~$ dcos package install --options=examples/oinker/pkg-cassandra.json
cassandra --yes
```

等待 Cassandra 服务运行正常之后访问 http://m1.dcos/#/services/。Cassandra 服务会部署一个调度器任务和一个 Cassandra 节点任务到 DC/OS 集群的 private 节点中。

接下来安装 Marathon-LB：

```
user@ops-admin:~$ dcos package install --options=examples/oinker/pkg-marathon-lb.json
marathon-lb --yes
```

Marathon-LB 会部署一个任务到 public 节点中，通过访问 http://m1.dcos/#/services/可以查看。

现在可以部署 oinker 应用了：

```
user@ops-admin:~$ dcos marathon app add examples/oinker/oinker.json
user@ops-admin:~$ dcos marathon app show oinker | jq -r '"\(.tasksHealthy)/\
(.tasksRunning)/\(.instances)"'
```

Marathon 会部署 3 个应用实例，可以通过上面的第二句命令查看服务运行状态。更多用法可访问官方文档：https://dcos.io/。

7.2.4 服务发现

服务发现无论在哪一种调度平台上都是其策略的一个重要组成部分。在容器集群中，服务发现可以让容器在没有管理员干预的情况下了解运行状态，可以自行发现并注册各种组件的运行状态，一旦注册成功便可以在服务发现系统上找到连接该组件的方法，以便各组件之间的交互通畅顺利。服务发现通常是全局分布式配置存储服务，可以存储基础设施中任意的服务配置信息。

服务发现通常在分布式环境中用基本的键值对来分布存储，通过提供一个 HTTP API 接口来存储和获取值。有一些服务发现提供了更加安全的机制，如加密条目或者访问控制机制等。

一些流行的服务发现项目如下。

- etcd：etcd 是一个服务发现项目，提供全局分布式键值对存储项目，它来自 CoreOS 团队。
- consul：是一个服务发现项目，提供全局分布式键值对存储项目，它来自 HashiCorp 公司。
- zookeeper：是一个服务发现项目，提供全局分布式键值对存储项目。
- crypt：是一个围绕 etcd 开发的，能够加密 etcd 条目的项目。
- confd：是一个观测键值，对存储变更和新值的触发器进行重新配置服务。

关于 etcd 和 zookeeper 我们在后续章节中还会使用，到时再进行介绍。

7.3 私有镜像仓库

到目前为止，经过几章的容器云学习，相信在你的本地已经拉取了不少镜像，在学习过程中想必你也动手构建了许多自己的镜像，这些镜像保存在本地管理起来很不方便，还占用硬盘空间，而推送到 Docker Hub 是个不错的做法。但是 Docker Hub 免费版本只提供一个隐私镜像，其他镜像都是公开的，有时候我们不方便公开自己的镜像，又不想托管到第三方社区，只是希望在当前局域网的用户之间进行分享。

在这种情况下就需要部署一个自己的私有仓库了，在前面章节中曾介绍过如何在本地搭建一个 Registry 镜像，但那个 Registry 镜像是远远不符合安全性要求的，而且只适合个人使用。在本节中，将实战搭建一个企业级的 Docker Registry，将有效利用局域网宽带，还节省本地硬盘空间。

7.3.1 私有仓库的部署

Registry(v1)在前期是一个基于 Python 的开源项目，后来使用 Go 重写了 Registry(v2)，代码托管在 https://github.com/docker/distribution 上，官方也在 Docker Hub 上提供了 Docker 镜像，用户可以通过如下命令拉取一键部署。

```
user@ops-admin:~$ docker run -d -p 5000:5000 \
    -v [your/path/registry-conf/]:/registry-conf \
    -e DOCKER_REGISTRY_CONFIG=/registry-conf/config.yml \
    --restart=always --name registry registry:2
```

- -v：挂载配置文件目录。
- -e：指定配置目录路径。

还可以通过指定镜像存储位置并挂载，确保镜像资源不会丢失：

```
-v [your/path/registry]:/var/lib/registry
```

1. 私有仓库的 push 与 pull

在上面搭建了一个本地的镜像仓库之后，我们可以向其推送镜像了，推送之前要先打标签，推送 `nginx:alpie` 镜像到本地仓库的程序如下：

```
user@ops-admin:~$ docker tag nginx:alpine localhost:5050/library/nginx:alpine
user@ops-admin:~$ docker push localhost:5050/library/nginx:alpine
```

这样，一个本地镜像就推送到了本地镜像仓库中，现在可以使用 pull 来拉取这个镜像了。

因为本地已经存在 `localhost:5050/library/nginx:alpine` 这个镜像，所以先删除本地的镜像：

```
user@ops-admin:~$ docker rmi localhost:5050/library/nginx:alpine
```

```
Untagged: localhost:5050/library/nginx:alpine
Untagged:
localhost:5050/library/nginx@sha256:65063cb82bf508fd5a731318e795b2abbfb0c22222f0
2ff5c6b30df7f23292fe
```

然后，使用 pull 来拉取本地仓库的镜像：

```
user@ops-admin:~$ docker pull localhost:5050/library/nginx:alpine
alpine: Pulling from library/nginx
Digest: sha256:65063cb82bf508fd5a731318e795b2abbfb0c22222f02ff5c6b30df7f23292fe
Status: Downloaded newer image for localhost:5050/library/nginx:alpine
```

2. 配置 Registry

Registry 的配置文件也是一个 YAML 文件，在配置文件中定义的配置和在启动 Registry 时设置环境变量的效果是一样的，例如在配置文件中这样定义：

```
storage:
  filesystem:
    rootdirectory: /path/registry
```

上面定义了 Registry 的 root 目录，而使用 `docker run` 设置这个变量一样可以达到相同效果：

```
user@ops-admin:~$  docker  run  -e  REGISTRY_STORAGE_FILESYSTEM_ROOTDIRECTORY=
/path/registry\
    -p 5000:5000 -d registry
```

这个变量指定的是镜像文件的存储位置，默认值是/var/lib/registry，上面两种方式都可以重新定义该目录。

为了方便管理操作，一般使用挂载配置文件的方式配置 Registry：

```
user@ops-admin:~$ docker run -d -p 5000:5000 --restart=always --name registry \
     -v 'pwd'/config.yml:/etc/docker/registry/config.yml\
     registry:2
```

配置文件的写法，我们在下面展开叙述。

```
# 首先是配置文件的版本，这一句必须要有，而且放在第一行
version: 0.1

# 设置 Registry 的日志
# level 可以设置日志级别，可选的值为：error, warn, info, debug，非必须项
# formatter 选择日志的输出格式。可选值为：text, json, logstash。默认为 text，非必须项
# fields 设置日志输出时带有设定的标识，用于在与其他服务混合输出日志时便于阅读，非必须项
log:
  level: debug
  formatter: text
  fields:
```

```
    service: registry
environment: staging

# 设置日志的 hooks 行为，例如日志中出现 error 事件时发送邮件通知管理员
  hooks:
    - type: mail
      disabled: true
      levels:
        - panic
      options:
        smtp:
        ... ...
        from: sender@example.com
        to:
          - errors@example.com

# 设置文件存储
storage:
  # 设置保存到本地的指定目录下
  filesystem:
    rootdirectory: /var/lib/registry
    maxthreads: 100
  # 保存到 Azure 的容器服务中
  azure:
    accountname: accountname
    accountkey: base64encodedaccountkey
    ... ...
  # 保存到 Google 的 GCS 中
  gcs:
    bucket: bucketname
    keyfile: /path/to/keyfile
    ... ...
  # 保存到亚马逊的 S3 中
  s3:
    accesskey: awsaccesskey
    secretkey: awssecretkey
    ... ...
  # 使用 Swift 保存
  swift:
    username: username
    password: password
    ... ...
  # 使用阿里云的对象存储
  oss:
```

```
    accesskeyid: accesskeyid
    accesskeysecret: accesskeysecret
    ... ...
  # 上面的设置根据自己需要增删
  # 完整配置在
  # https://github.com/docker/distribution/blob/master/docs/configuration.md

  # 下面这个参数表示使用内存作为存储，没有参数可以设置，仅作测试用，非测试务必删除
  inmemory:  # 在生产环境中要记得删除这个定义

  # 设置 Registry 镜像是否允许删除
  delete:
enabled: false
  # 设置是否允许重定向
  redirect:
disable: false
  # 设置高速缓存驱动（缓存 Layer 元数据），可选的有 redis 与 inmemory
  cache:
blobdescriptor: redis

  # 启用维护状态（这个项目下面的参数全部为必须）
  # 下面的单位可以使用 45m, 2h10m, 168h (1 week) 这些格式
  maintenance:
    uploadpurging:
      enabled: true        # 设置是否允许上传
      age: 168h            # 超过这个时间的镜像会被删除
      interval: 24h        # 每多长时间清空仓库
      dryrun: false        # 设置为 true 可以获知哪些目录会被删除
    readonly:              # 可以设置为只读模式
      enabled: false

# 设置 Registry 的访问认证
# 下面认证设置其中一种即可
auth:
  # silly 只检查存在的授权，在 HTTP 请求 header，没有考虑 header 的值（不推荐）
  silly:
    realm: silly-realm
service: silly-service
  # Docker Hub 采用此种方式
（https://docs.docker.com/registry/spec/auth/token/#/requesting-a-token）
  token:
    realm: token-realm
    service: token-service
    issuer: registry-token-issuer
```

```
rootcertbundle: /root/certs/bundle
  # htpasswd 认证允许使用 Apache htpasswd 配置基本认证文件，配置简单（只支持 bcrypt 格式密码）
  htpasswd:
    realm: basic-realm
path: /path/to/htpasswd

# 中间件设置
middleware:
  registry:
  ... ...
  repository:
  ... ...
  storage:
  ... ...
  storage:
  ... ...

# 错误报告是可选的，配置错误报告工具和指标
# 目前只支持两个服务：New Relic 和 Bugsnag，配置可以同时包含两个服务
reporting:
  bugsnag:
    apikey: bugsnagapikey
    releasestage: bugsnagreleasestage
    endpoint: bugsnagendpoint
  newrelic:
    licensekey: newreliclicensekey
    name: newrelicname
verbose: true

# 配置 http 细节
http:
  addr: localhost:5000                    # 设置 Registry 地址
  prefix: /my/nested/registry/
  host: https://myregistryaddress.org:5000  # 设置 Registry 主机名称
  secret: asecretforlocaldevelopment       # 一个随机的数据。防止篡改存储在客户端的签名状态
  # 对于生产环境应该生成一个随机的数据
  # secret 这个配置参数可以省略，在这种情况下 Registry 将自动生成一个并发送
  relativeurls: false
  # 配置 TLS
  tls:
    certificate: /path/to/x509/public
key: /path/to/x509/private
# 自签名或者企业证书
    clientcas:
```

```
      - /path/to/ca.pem
      - /path/to/another/ca.pem
    # 使用 letsencrypt 签发的证书
    letsencrypt:
      cachefile: /path/to/cache-file
      email: emailused@letsencrypt.com

  # 设置 Debug 的地址
  debug:
    addr: localhost:5001
  headers:
X-Content-Type-Options: [nosniff]
# 配置通知

notifications:
  endpoints:
    - name: alistener
      disabled: false
      url: https://my.listener.com/event
      headers: <http.Header>
      timeout: 500
      threshold: 5
      backoff: 1000

# 配置 Redis
redis:
  addr: localhost:6379
  password: asecret
  db: 0
  dialtimeout: 10ms
  readtimeout: 10ms
  writetimeout: 10ms
  pool:
    maxidle: 16
    maxactive: 64
idletimeout: 300s

# 健康检查
health:
  storagedriver:
    enabled: true
    interval: 10s
    threshold: 3
  file:
```

```
  ... ...
  http:
  ... ...
  tcp:
  ... ...

# 设置代理
# 这个功能就是我们下一小节要讲的内容，搭建 Docker Hub Mirror
proxy:
  remoteurl: https://registry-1.docker.io
  username: [username]
  password: [password]
compatibility:
  schema1:
    signingkeyfile: /etc/registry/key.json
```

上面粗略介绍了全部配置定义，实际上一份配置文件中没用到的就不用写出来，因此真正的一份配置文件没那么长，例如：

```
version: 0.1
log:
  level: debug
storage:
    filesystem:
        rootdirectory: /var/lib/registry
http:
    addr: localhost:5000
    secret: asecretforlocaldevelopment
    debug:
        addr: localhost:5001
```

上面就定义了存储路径和 http 一些细节。这样一份配置文件完全可以让 Registry 运行起来。目前我们启动的 Registry 只能够拉取上传的镜像，下面我们将添加“镜像仓库的镜像”功能。

3. 仓库 Mirror

上面我们搭建的私有 Registry 只是一个本地的仓库，只能拉取自己推送上去的镜像，为了让本地 Registry 发挥更大作用，我们可以在配置文件中设置 Docker Hub Mirror，也就是说，我们可以通过私有 Registry 来拉取 Docker Hub 的镜像，如果私有 Registry 中没有 Ubuntu 镜像，但是依旧可以使用 docker pull 从私有 Registry 拉取 Ubuntu 镜像，因为私有仓库没有的镜像会从 Docker Hub 拉取，这就是 Mirror 的特点，利用这个功能，我们可以搭建一个自己用的镜像加速器，先来看看如何配置 Mirror：

```
proxy:
  remoteurl: https://registry-1.docker.io
```

```
  username: [username]
  password: [password]
```

上面的 username 和 password 的值不是必需的，但是如果你要访问 Docker Hub 上的私有镜像就必须要设置用户账号密码。

我们使用 Docker Compsoe 启动一个带有 Docker Hub Mirror 功能的私有 Registry。

docker-compose.yml：

```
server:
   image: registry:2.1.1
   ports:
       - "5000:5000"
   volumes:
       - ./config-mirror.yml:/etc/docker/registry/config-mirror.yml
       - ./data:/var/lib/registry
   command:
       - /etc/docker/registry/config-mirror.yml
```

config-mirror.yml：

```
version: 0.1
log:
  fields:
   service: registry
storage:
   cache:
      layerinfo: inmemory
   filesystem:
      rootdirectory: /var/lib/registry
http:
   addr: :5000
proxy:
   remoteurl: https://registry-1.docker.io
```

现在启动 Registry，然后在 Docker daemon 启动时加上对应的 `dockerd --registry-mirror` 就可以了，或者像之前基础部分讲到的那样设置 Mirror 地址。

```
user@ops-admin:~$ docker --registry-mirror=https://<my-docker-mirror-host> daemon
```

现在使用 docker pull 操作就可以通过私有 Registry 拉取 Docker Hub 的镜像了。

4. 认证与前端

截至上面的私有 Registry 都是可以直接访问推送镜像的，没有认证与权限管理。本节将带领大家完善这个私有 Registry。

设置反代理

首先，使用 IP 来拉取镜像显得很不舒服，不容易记忆。通常我们都会加一层反代理设置 Registry 的地址为一个域名，例如 reg.examole.com 之类的形式。

Nginx 的反代理在前面已经学习过相关内容。不过在这个例子中我们不使用 Nginx，而是使用一个名为 Caddy 的 Web 服务器，因为 Caddy 可以在启动时自动获取证书方便演示。

因为 Registry 强制使用 SSL 来保证数据传输安全，所以我们启用了域名之后如果没有 SSL 配置，Registry 是无法正常运行的（可以指定参数来取消 SSL 限制，但是不推荐这么做）。所以如果采用 Nginx 做反代理就必须要申请 SSL 证书，本节为了快速演示，跳过这一步骤，但在下一节企业级 Registry 部署中会详细介绍它。

为了快速地使用 HTTPS，我们可以使用 Caddy 服务器，新建一个 Caddyfile：

```
reg.example.com {
 proxy / <Regsitry IP>:5000 {
     proxy_header Host {host}
     proxy_header X-Real-IP {remote}
     proxy_header X-Forwarded-Proto {scheme}
 }
 log /var/log/caddy.log
 gzip
}
```

保存后启动 Caddy：

```
user@ops-admin:~$ docker run -v ~/caddy/Caddyfile:/etc/Caddyfile \
-v ~/.caddy:/root/.caddy \
-p 80:80 -p 443:443 \
--name=caddy -d abiosoft/caddy
```

现在你可以更方便地拉取镜像了：

```
user@ops-admin:~$ docker pull reg.example.com/library/ubuntu
```

添加认证服务

现在，完成了 Docker Hub Mirror、绑定域名并且设置反代理两个功能，但是还没有访问认证，添加访问认证有两种方法，一种是使用 Registry 自带的认证功能，在前面配置文件中已粗略介绍过了，另一种是使用 Nginx 配置认证。

第一种方法，使用原生认证，首先要新建一个 htpasswd 文件：

```
user@ops-admin:~$ mkdir auth
user@ops-admin:~$ docker run --entrypoint htpasswd registry:2 -Bbn testuser
testpassword > auth/htpasswd
```

然后启动一个 Registry（请停止之前的仓库）：

```
user@ops-admin:~$ docker run -d -p 5000:5000 --restart=always --name registry \
  -v `pwd`/auth:/auth \
  -e "REGISTRY_AUTH=htpasswd" \
  -e "REGISTRY_AUTH_HTPASSWD_REALM=Registry Realm" \
  -e REGISTRY_AUTH_HTPASSWD_PATH=/auth/htpasswd \
  -v `pwd`/certs:/certs \
  -e REGISTRY_HTTP_TLS_CERTIFICATE=/certs/domain.crt \
  -e REGISTRY_HTTP_TLS_KEY=/certs/domain.key \
  registry:2
```

现在你需要登录才能访问 Registry：

```
user@ops-admin:~$ docker login myregistrydomain.com:5000
```

上面的启动命令使用 Docker Compsoe 来管理会比较方便：

```
registry:
 restart: always
 image: registry:2
 ports:
   - 5000:5000
 environment:
   REGISTRY_HTTP_TLS_CERTIFICATE: /certs/domain.crt
   REGISTRY_HTTP_TLS_KEY: /certs/domain.key
   REGISTRY_AUTH: htpasswd
   REGISTRY_AUTH_HTPASSWD_PATH: /auth/htpasswd
   REGISTRY_AUTH_HTPASSWD_REALM: Registry Realm
 volumes:
   - /path/data:/var/lib/registry
   - /path/certs:/certs
   - /path/auth:/auth
```

使用 docker-compose up -d 启动。

第二种方法是使用 Nginx 的认证(或者 Caddy)，但这一方法的前提是你已经获得 SSL 证书(下一节有介绍)。

```
user@ops-admin:~$ mkdir -p auth
user@ops-admin:~$ mkdir -p data
```

在 Nginx 配置文件的相应 server 中添加下面的内容：

```
location /v2/ {
    if (\$http_user_agent ~ "^(docker\/1\.(3|4|5(?!\.[0-9]-dev))|Go ).*\$" ) {
      return 404;
    }

    auth_basic "Registry realm";
```

```
    auth_basic_user_file /etc/nginx/conf.d/nginx.htpasswd;

    add_header 'Docker-Distribution-Api-Version' \$docker_distribution_api_version
always;

    proxy_pass                          http://docker-registry;
    proxy_set_header  Host              \$http_host;
    proxy_set_header  X-Real-IP         \$remote_addr;
    proxy_set_header  X-Forwarded-For   \$proxy_add_x_forwarded_for;
    proxy_set_header  X-Forwarded-Proto \$scheme;
    proxy_read_timeout                   900;
  }
```

上面配置组成了一个简单的访问验证。现在使用同样的方法生成 htpasswd：

```
user@ops-admin:~$ docker run --rm --entrypoint htpasswd registry:2 -bn testuser
testpassword > auth/nginx.htpasswd
```

将证书复制到 auth 目录中：

```
user@ops-admin:~$ cp domain.crt auth
user@ops-admin:~$ cp domain.key auth
```

最后创建 docker-compose.yml：

```
docker-compose.yml
nginx:
 image: "nginx:1.9"
 ports:
   - 5043:443
 links:
   - registry:registry
 volumes:
   - ./auth:/etc/nginx/conf.d
   - ./auth/nginx.conf:/etc/nginx/nginx.conf:ro

registry:
 image: registry:2
 ports:
   - 127.0.0.1:5000:5000
 volumes:
   - `pwd`./data:/var/lib/registry
```

使用 docker-compose up -d 启动即可。若此时访问私有 Registry，则需要登录：

```
user@ops-admin:~$ docker login \
   -u=testuser \
```

```
    -p=testpassword \
    -e=root@example.ch myregistrydomain.com:5043
user@ops-admin:~$ docker tag ubuntu myregistrydomain.com:5043/test
user@ops-admin:~$ docker push myregistrydomain.com:5043/test
user@ops-admin:~$ docker pull myregistrydomain.com:5043/test
```

添加前端界面

到了这里，我们的 Registry 已经有了 Mirror、反代、认证等功能，还启用了 HTTPS 访问，现在还缺一个可视化的界面，用于管理镜像。Github 上有不少这类项目，我们选择了其中一个作为演示，Github 地址：https://github.com/mkuchin/docker-registry-web。

这里我们使用前面已经搭建好的 Registry。

```
user@ops-admin:~$ docker run -it -p 8080:8080 \
    --name registry-web \
    --link <Your Registry Container Name> \
    -e REGISTRY_URL=http://registry-srv:5000/v2 \
    -e REGISTRY_NAME=localhost:5000 \
    hyper/docker-registry-web
```

如果你用的是原生认证方案，那么可以使用下面的方式启动：

```
user@ops-admin:~$ docker run -it -p 8080:8080 --name registry-web \
    --link registry-srv \
    -e REGISTRY_URL=https://registry-srv:5000/v2 \
    -e REGISTRY_TRUST_ANY_SSL=true \
    -e REGISTRY_BASIC_AUTH="YWRtaW46Y2hhbmdlbWU=" \
    -e REGISTRY_NAME=localhost:5000 hyper/docker-registry-web
```

完成上面的步骤之后，在浏览器 http://localhost:8080 中就可以看到你的 Registry 界面了。

7.3.2 VMware Harbor：企业私有仓库

上面的 Registry 配置、部署是不是很烦琐？其实我们可以选择更轻松的方式部署私有 Registry。而 Harbor 就是这样一个一键搞定企业级 Registry 仓库部署的应用。

Harbor 是一个由 VMware 公司开发的，用于存储和分发 Docker 镜像的企业级 Registry 开源服务器，通过添加一些企业必需的功能特性，例如安全、标识和管理等，扩展了开源的 Docker Distribution。作为一个企业级私有 Registry 服务器，Harbor 提供了更好的性能和安全，以提升用户使用 Registry 构建和运行环境传输镜像的效率。

Harbor 支持安装在多个 Registry 节点的镜像资源复制，镜像全部保存在私有 Registry 中，确保数据和知识产权在公司内部网络中管控。另外，Harbor 也提供了高级的安全特性，诸如用户管理、访问控制和活动审计等。

1. Harbor 配置详解

本节内容以离线安装为例，首先从 https://github.com/vmware/harbor/releases 这个页面获取最新版本的离线安装包，大小大概 400MB 左右，里面包括了所有需要用到的镜像，不需要再从网络中下载镜像。

本示例中，在/home/user/harbor 目录下下载文件、解压，计划把所有数据存储在 Harbor 目录的 data 文件夹中。现在，打开编辑器编辑 harbor.cfg 文件，根据里面的要求填写信息：

```
## Configuration file of Harbor

# 下面输入你的仓库网址，比如"reg.example.com"
# 不要使用 localhost 或者 127.0.0.1 作为 hostname
# 否则别人无法访问这个仓库
hostname = reg.example.com

# 用于访问 UI 和令牌/通知服务的协议，默认情况下是 http
# 这里改为 https
ui_url_protocol = https

# 数据库密码（启动时会创建数据库）
db_password = 49294929

# 最大的工作 workers 数量
max_job_workers = 3

# 是否自定义证书，off 表示不使用，不使用自定义证书表示 Harbor 会自己创建一个自签名证书
# 这里改为 on
customize_crt = on

# 上面设置了 https 协议，这里填写证书位置，相对路径或者绝对路径都可以
# 相对于 docker-compose.yml 这个文件而言的相对路径
# 这里使用绝对路径是因为后面会使用 Letsencrypt 生成证书
ssl_cert = /etc/letsencrypt/live/example.com/cert.pem
ssl_cert_key = /etc/letsencrypt/live/example.com/privkey.pem

# Harbor 密钥存储位置
secretkey_path = /home/user/harbor/data

# Admiral（VMware 的一款容器管理平台）的 URL，保持为空（NA）
admiral_url = NA

# 设置邮箱，找回密码时会用到，可以为空（如果为空，则找回密码功能无效）
email_identity =
```

```
email_server = smtp.mydomain.com
email_server_port = 25
email_username = sample_admin@mydomain.com
email_password = abc
email_from = admin <sample_admin@mydomain.com>
email_ssl = false

# Harbor 启动时创建一个名为 admin 的管理员，这里是为管理员设置一个密码
harbor_admin_password = 234cvr5tyu23c45v67

# 设置认证方式，这里选择数据库验证
auth_mode = db_auth

# 没用到 LDAP，跳过
ldap_url =
ldap_basedn =
ldap_uid = uid
ldap_scope = 3
ldap_timeout = 5

# 是否开放注册权限
self_registration = on

# 口令有效期（单位为分钟）
token_expiration = 30

# 什么人可以创建一个项目，默认是所有注册用户
project_creation_restriction = everyone

# 校验证书
verify_remote_cert = on
```

现在已经完成全部 Harbor 配置工作。到这里其实你可以直接运行了，但是不建议这么做，因为你会收到一个 Registry 没有加密传输的错误。下面讲解配置 SSL 证书。

2. 配置 SSL 证书

如果要使用域名绑定私有仓库，则必须开启 SSL。除了上面官方自动生成的自签名证书外，你还可以使用更加正规的 SSL 证书，因为自签名证书在其他人的浏览器里会收到警告，尽管不影响使用。

下面使用 Letsencrypt 获取证书：

```
docker run -it --rm \
    -v /etc/letsencrypt:/etc/letsencrypt \
    -p 80:80 -p 443:443 \
```

```
    xataz/letsencrypt \
        certonly --standalone \
        --agree-tos \
        -m i@example.com \
        -d reg.example.com
```

此处应该保证你的 80 和 443 端口没有被占用，稍等片刻，会提示证书生成成功，并保存在 /etc/letsencrypt 目录下。

生成下面的文字即为成功：

```
IMPORTANT NOTES:
 - Congratulations! Your certificate and chain have been saved at
.........
.........
 - If you like Let's Encrypt, please consider supporting our work by:
   Donating to ISRG / Let's Encrypt:   https://letsencrypt.org/donate
   Donating to EFF:  https://eff.org/donate-le
```

现在把 common/templates/nginx 目录里面的 nginx.https.conf 文件覆盖掉 common/config/nginx 目录下的 nginx.conf 文件。

检查一遍各个配置，没什么问题就可以部署了。

3. 启动 Harbor

现在万事俱备，我们只需要使用 Compose 启动 Harbor 就可以部署这个 Registry 了。

为了方便管理整个仓库的数据，需要修改整个 Compose 的数据卷位置（Compose 文件太长，只贴一个作为例子，其他都一样）：

```
volumes:
    - ./data/registry:/storage:z
    - ./common/config/registry/:/etc/registry/:z
```

如上面所示，把仓库的存储放到自定义的 data 目录中。

现在，可以启动了。

```
user@ops-admin:~$ sudo ./install.sh
[Step 0]: checking installation environment ...
Note: docker version: 17.06.0
Note: docker-compose version: 1.15.0
[Step 1]: loading Harbor images ...
Loaded image: vmware/harbor-jobservice:v1.1.2
... ...
Loaded image: vmware/harbor-notary-db:mariadb-10.1.10
[Step 2]: preparing environment ...
Clearing the configuration file: ./common/config/adminserver/env
... ...
```

```
[Step 3]: checking existing instance of Harbor ...
... ...
[Step 4]: starting Harbor ...
WARNING: The Docker Engine you're using is running in swarm mode.
Compose does not use swarm mode to deploy services to multiple nodes in a swarm.
 All containers will be scheduled on the current node.
To deploy your application across the swarm, use `docker stack deploy`.
Creating network "harbor_harbor" with the default driver
... ...
✔ ----Harbor has been installed and started successfully.----
Now you should be able to visit the admin portal at http://reg.sise.me.
For more details, please visit https://github.com/vmware/harbor .
```

按下回车键之后，去喝一杯茶吧。没有问题的话已经运行起来了。域名绑定生效后，现在你可以通过域名 pull 镜像了：

```
user@ops-admin:~$ docker login reg.example.com
user@ops-admin:~$ docker pull ubuntu
user@ops-admin:~$ docker tag ubuntu reg.example.com/ubuntu
user@ops-admin:~$ docker push reg.example.com/ubuntu
user@ops-admin:~$ docker pull reg.example.com/ubuntu
```

Harbor 管理界面如图 7-2 所示，现在你可以使用 Harbor 界面管理镜像了（用户名为 admin，在密码一格上设置密码）。

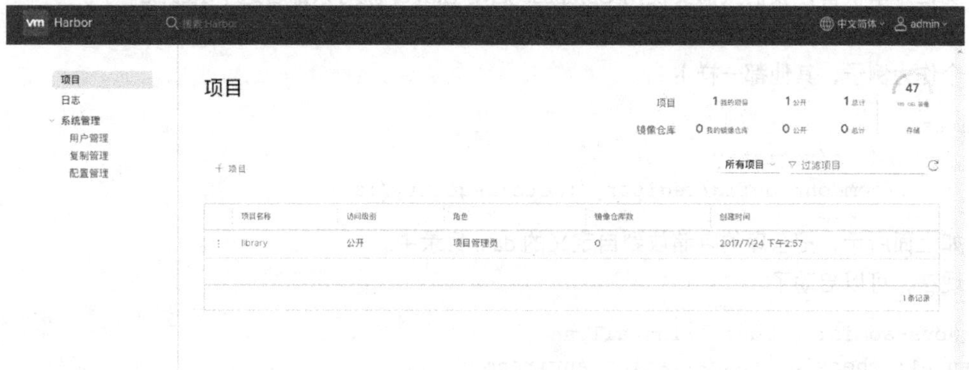

图 7-2　Harbor 管理界面

7.3.3　SUSE Portus：镜像仓库前端分布认证

Portus 是由 SUSE 团队开发的，用于 Docker RegistryAPI（v2）的开源前端和授权工具，提供了更细粒度的权限控制、用户认证等功能。Portus 最低要求 Registry 的版本是 2.1。它可以作为授权服务器和用户界面，用于 Docker Registry。

1. 一键部署 Portus

Portus 提供了非常人性化的脚本来一键部署整个系统，前提是你需要一台内存不低于 1 GB 的机器，否则 Portus 会因为内存不足而停止。

```
user@ops-admin:~$ git clone https://github.com/SUSE/Portus.git ~/portus
user@ops-admin:~$ cd examples/compose
user@ops-admin:~$ docker-compose up -d
```

2. 配置 Registry

以下内容为可选，根据需要修改。

和 Harbor 一样，我们依旧需要申请 SSL 证书，参考 Harbor 中的步骤即可，这里不再赘述。接下来修改 Registry 的配置文件，里面指定刚才的证书和 token 方式的认证。

```
# config.yml
version: 0.1
loglevel: debug
storage:
    cache:
        blobdescriptor: inmemory
    filesystem:
        rootdirectory: /var/lib/registry
    delete:
        enabled: true
http:
    addr: :5000
    headers:
        X-Content-Type-Options: [nosniff]
    tls:
        certificate: /certs/server-crt.pem
        key: /certs/server-key.pem

# 修改这里的 IP 地址为 Registry 容器宿主机的 IP 地址
auth:
    token:
        realm: https://<Host IP>/v2/token
        service: <Host IP>:5000
        issuer: <Host IP>
        rootcertbundle: /certs/server-crt.pem
notifications:
    endpoints:
      - name: portus
        url: https://<Host IP>/v2/webhooks/events
        timeout: 500ms
        threshold: 5
```

```
      backoff: 1s
```

有了这三种部署 Registry 的方式，相信读者已经能够搭建起自己的私有 Registry 服务了。在生产环境中，还有更复杂的情况，例如分布式的 Registry 部署、多点容灾等的实现方案，这些内容道不完说不尽，总之学无止境，本节的内容只是一个稍微复杂的部署教程，在后面还有机会深入了解容器服务的高可用等。

我们之所以部署私有仓库是因为 Docker Hub 只提供了一个私有镜像的存储量，不能满足广大开发运维的需求。而部署私有仓库也需要一定的维护成本，如果条件允许（价钱），其实还可以使用一些 Docker 竞争对手出品的商用私有仓库，例如 Quay.io 就是 CoreOS 门下的得力大将，当然收费不菲。

国内一些 Docker 镜像仓库也提供了私有镜像的存储，可以体验一下。

7.4 Docker 插件

Docker 插件尽管很年轻，但是发展迅速，它的插件生态也在逐渐起步，虽然目前可用的插件还比较少，但是已经有一些出色的插件被开发出来了。

7.4.1 授权插件

1. Casbin AuthZ Plugin

基于 Casbin（一个高效开源访问控制库，支持基于各种访问控制模型实施授权）的授权插件，支持 ACL、RBAC、ABAC 等访问控制模型。访问控制模型可以定制，该策略可以持久存入文件或数据库。

源码地址：https://github.com/casbin/casbin-authz-plugin。

2. HBM plugin

HBM plugin 是一个授权插件，它可以阻止执行具有某些参数的命令，例如 Docker 用户组中需要更加细分权限，如不想让 A 用户使用`--privileged`参数启动容器，那么使用这个插件就可以做到阻止 A 用户启动 privileged 容器。

源码地址：https://github.com/kassisol/hbm。

3. Twistlock AuthZ Broker

Twistlock AuthZ Broker 是一个简单的可扩展 Docker 授权插件，直接在主机上或容器内运行。使用--tlsverify 标志（用户名从证书通用名称中提取）启动 Docker 守护程序时，将提供基本授权。

源码地址：https://github.com/twistlock/authz。

7.4.2 Flocker 存储插件

容器除了使用宿主机本地目录，还有一些 Docker volume plugins 支持使用诸如 iSCSI、NFS 等方式的共享存储。使用网络共享数据卷的好处在于它是独立于宿主机之外的。只要容器可以访问共享存储的后端并已安装相关插件（volume plugin），就可以跨宿主机访问数据。

本节以比较成熟的开源 volume 驱动插件——Flocker 为例，首先安装 Flocker：

```
user@ops-admin:~$ sudo apt-get update
user@ops-admin:~$ sudo apt-get -y install apt-transport-https software-
properties-common
user@ops-admin:~$ sudo add-apt-repository -y "deb https://clusterhq-
archive.s3.amazonaws.com/ubuntu/$(lsb_release --release --short)/\$(ARCH) /"
user@ops-admin:~$ cat <<EOF > /tmp/apt-pref
Package: *
Pin: origin clusterhq-archive.s3.amazonaws.com
Pin-Priority: 700
EOF
user@ops-admin:~$ sudo mv /tmp/apt-pref /etc/apt/preferences.d/buildbot-700
user@ops-admin:~$ sudo apt-get update
user@ops-admin:~$ sudo apt-get -y install --force-yes clusterhq-flocker-cli
```

安装全部套件，包括 Flocker 的容器套件之后，用户可以使用 Flocker 来管理数据卷了。创建一个 volume driver 类型为 flocker、名为 volume_test 的数据卷。

```
user@ops-admin:~$ docker volume create -d flocker --name volume_test -o size=20GB
```

然后启动一个容器使用这个数据卷：

```
user@ops-admin:~$ docker run -d -P \
     -v volume_test:/srv \
     --name web abiosoft/caddy
```

本例子中没有 Swarm 相关的内容，所以不涉及子节点的 Flocker 安装，具体情况可以访问官方网站的文档。

7.4.3 网络驱动插件

1. Contiv Networking

Contiv Networking 又名 Netplugin，是一个开源网络插件，专门为多用户的微服务部署提供网络安全策略，旨在处理集群多主机系统中的联网问题。

源码地址：https://github.com/contiv/netplugin。

快速安装插件（已安装 Go 语言并设置$GOPATH）：

在 https://github.com/contiv/netplugin/releases/ 下载最新版本、解压，并把解压后的文件夹移至

$GOPATH/src/github.com/contiv/路径下。

使用 netctl 创建网络：

```
user@ops-admin:~$ netctl net create contiv-net --subnet=20.1.1.0/24
# 或者
user@ops-admin:~$ netctl net create contiv-net --subnet=20.1.1.0/24 --
subnetv6=2001::/100
```

使用刚才创建的网络：

```
user@ops-admin:~$ docker run -itd --name=web \
      --net=contiv-net alpine /bin/sh
user@ops-admin:~$ docker run -itd --name=db \
      --net=contiv-net alpine /bin/sh
# 进入容器
user@ops-admin:~$ docker exec -it web /bin/sh
root@f90e7fd409c4:/# ping db
PING db (20.1.1.3) 56(84) bytes of data.
64 bytes from db (20.1.1.3): icmp_seq=1 ttl=64 time=0.658 ms
64 bytes from db (20.1.1.3): icmp_seq=2 ttl=64 time=0.103 ms
```

从延迟和IP地址可以看出两个容器使用的是同一个集群网络。

2. Kuryr Network Plugin

这个插件作为OpenStack Kuryr项目的一部分，通过使用OpenStack的网络服务Neutron来实现Docker网络（libnetwork）远程驱动程序API。它还包括一个IPAM驱动程序。

安装Kuryr非常简单：docker plugin enable kuryr/libnetwork2。

使用也很简单：

```
user@ops-admin:~$   docker   network   create   --driver=kuryr/libnetwork2:latest
--ipam-driver=kuryr/libnetwork2:latest ...
```

3. Weave Network Plugin

这大概是Docker下最著名的网络插件，早在Swarm还未问世时，Weave就承担了一部分Swarm的工作。Weave可以创建一个虚拟网络连接Docker容器——即使是跨主机网络，Weave实现了应用程序的自动发现。Weave网络具有可伸缩、分区容错性等特点。

安装Weave：

```
user@ops-admin:~$ sudo curl -L git.io/weave -o /usr/local/bin/weave
user@ops-admin:~$ sudo chmod a+x /usr/local/bin/weave
```

建议通过systemd管理Weave，新建编辑文件/etc/systemd/system/weave.service如下：

```
[Unit]
Description=Weave Network
```

```
Documentation=http://docs.weave.works/weave/latest_release/
Requires=docker.service
After=docker.service
[Service]
EnvironmentFile=-/etc/sysconfig/weave
ExecStartPre=/usr/local/bin/weave launch --no-restart $PEERS
ExecStart=/usr/bin/docker attach weave
ExecStop=/usr/local/bin/weave stop
[Install]
WantedBy=multi-user.target
```

指定需要加入网络的其他 Weave 主机的地址或名称，使用以下格式创建 /etc/sysconfig/weave 环境文件：

```
PEERS="HOST1 HOST2 .. HOSTn"
```

当然也可以使用 weave connect 命令，动态添加参与的主机。

启动 Weave：

```
user@ops-admin:~$ sudo systemctl start weave
user@ops-admin:~$ sudo systemctl enable weave
```

用法与其他网络插件一样，使用 weave help 查看帮助信息。

7.5 Docker 安全

Docker 的安全问题最初比较突出，随着 Docker 的流行，Docker 安全方面虽然已经逐步完善，但依旧不能对容器安全问题掉以轻心。Docker 发展史上就曾发生过一次比较严重的容器逃逸事件，影响 1.0 版本之前的 Docker。该项目 http://stealth. open. wall. net/xSports/Schocker.C 可以逃出容器资源限制遍历宿主机文件系统，而现在的 Docker 在 API 通信方面已经近乎完善，容器隔离也提高了安全性。

本章将围绕容器安全、镜像安全、仓库安全以及 Docker daemon 安全四方面来展开，介绍容器的资源限制等安全策略、镜像的校验传输加密、仓库的认证体系完善以及 Docker daemon 的权限控制和 socket、UNIX 传输安全。

7.5.1 Docker 安全机制

在了解如何解决问题之前，我们先来了解 Docker 是如何保证安全的，以及在哪些方面还存在需要注意的问题。

1. Daemon 安全

我们知道，Docker Daemon 实际上是一个守护态的程序（dockerd），用户操作都是通过 Docker Client 或者 REST API 发送给 Docker Daemon 的，在这个过程中，用户与 Docker Daemon 的连接必须是可信的。例如用户使用 `docker run -e PASSWORD ****`这样的方式启动容器时，密码就暴露在 bash 等环境中，而且传输过程中密码也有可能被截获。

Docker Daemon 是默认使用 UNIX 域套接字的方式与用户通信的，这个过程相对来说是安全的，因为只有进入 Daemon 宿主机并且获得授权才可以操作 Docker。因此，使用 TCP 方式与外界通信的过程就显得不是那么安全的，因为可以访问 Docker Daemon 的机器都可能成为潜在的攻击者。攻击的方式可能是截获传输内容，也可能是通过 TCP 连接操作 Docker Daemon，甚至是获取宿主机 root 权限。

例如使用 `dockerd -H` 参数可以发布一个 socket 地址，以供远程管理容器，但是也给黑客敞开了控制宿主机的大门，例如创建一个容器挂载到`.ssh` 目录，从而实现免密码登录（旧版的 Swarm 默认没有开启 TLS 产生过不少安全问题，而现在 Swarm 集群初始化时可自动使用自签名 TLS 证书）。

为了提高使用 TCP 通信方式的安全性，Docker 为用户提供了 TLS 加密传输的方法，在 Docker Daemon 中有如下四个参数。

- --tlsverify：安全传输检验。
- --tlscacert=ca.pem：信任的证书。
- --tlscert=server-cert.pem：服务证书。
- --tlskey=server-key.pem：服务器或客户端密钥。

例如使用下面的方式启动 Docker Daemon 就是比较安全的：

```
user@ops-admin:~$ docker daemon \
    --tlsverify \
    --tlscacert=ca.pem \
    --tlscert=server-cert.pem \
    --tlskey=server-key.pem \
    -H=0.0.0.0:2376
```

当然别忘了，在客户端中要使用同样的方式发送命令（$HOST 表示客户端所在网络中运行 Daemon 的主机名）：

```
user@ops-admin:~$ docker --tlsverify \
    --tlscacert=ca.pem \
    --tlscert=cert.pem \
    --tlskey=key.pem \
    -H=$HOST:2376 version
```

至于如何获得这些证书，前面私有仓库章节有介绍，如果你想知道更详细的配置过程可以访问官方文档：https://docs.docker.com/engine/security/https/。

此外，Docker Daemon 以 root 权限运行，这意味着如下一些问题需要格外小心。

- 当 Docker 允许与非 root 用户创建的容器的目录共享而不限制其访问权限时，Docker Daemon 的控制权应该只给授权用户。也就是我们在安装完 Docker 时提示的那句话，仅授权特定用户免 sudo 操作执行 Docker 命令。
- REST API 支持 UNIX sockets，从而防止了 cross-site-scripting 攻击。但是 REST API 的 HTTP 接口应该在可信网络或者 VPN 下使用。

2. 容器与镜像安全

我们前面提到容器技术的原理是通过 cgroup 和 namespace 这两大特性来达到容器资源隔离的，而容器与宿主机是公用内核的，所以容器技术的攻击面比其他虚拟化技术要大。

此外，如果宿主机内核崩溃，那么在机器上的全部容器都会崩溃。而虚拟机一般不会因为宿主机内核问题而停止工作。

目前 namespace 在隔离上不算完善，比如 user namespace 还比较年轻，除此之外，对于未隔离的内核资源（比如 procfs 与 syslog 等信息）也会影响到容器安全。

关于 Docker 镜像的安全，在 Docker 1.8 版之后提供了一个 Docker TUF（可信镜像及升级框架）功能。这个功能使得我们可以校验镜像的发布者。

当镜像 push 到仓库时，Docker 会使用密钥对镜像进行签名，用户拉镜像到本地时，Docker 会使用公钥来校验镜像是否与发布者的公钥一致。

在 docker run 中提供了容器内核功能配置接口，可以在创建容器时使用。借助 Linux 功能，你可以分离 root 权限，形成更小的特权群组。

目前，在默认情况下，Docker 容器只拥有以下特权（新版可能有变化）。

```
CHOWN, DAC_OVERRIDE, FSETID, FOWNER, MKNOD, NET_RAW,
SETGID, SETUID, SETFCAP, SETPCAP, NET_BIND_SERVICE,
SYS_CHROOT, KILL, AUDIT_WRITE
```

7.5.2 Docker 资源控制

由于 Docker 中安全问题最突出的是在容器方面，因此在 Docker 社区中讨论最多的安全问题就是容器安全，也因此积累了很多的经验。本节将对业界的经验进行总结，虽然不全，但应该够用。

1. 限制 CPU

我们早就知道 cgroup 可以限制 CPU 与内存等资源的使用，但是我们没有实际应用过它来限制容器资源，本小节就 CPU 限制做一简单演示。

在 Docker 基础那个章节中我们曾解释过 docker run 的一些参数，其中就有 CPU 限制的参数。

```
--cpu-percent int       CPU percent (Windows only)
--cpu-period int        Limit CPU CFS (Completely Fair Scheduler) period
--cpu-quota int         Limit CPU CFS (Completely Fair Scheduler) quota
-c, --cpu-shares int    CPU shares (relative weight)
```

```
--cpuset-cpus string    CPUs in which to allow execution (0-3, 0,1)
--cpuset-mems string    MEMs in which to allow execution (0-3, 0,1)
```

- --cpu-percent 设置 CPU 使用率的百分比，只有在 Windows 下才能起作用。
- --cpu-period 用来指定容器对 CPU 的使用要在多长时间内做一次重新分配。
- --cpu-quota 用来指定在这个周期内，最多可以有多少时间用来跑这个容器。
- --cpu-shares 用来设置容器对 CPU 使用的权重，默认情况下所有容器的 share（理解为权重）是相同的，也就是说所有容器有相同的权重，在所有容器一起竞争资源时，最终得到的资源是相同的。这个 share 是一个相对的值，比如 A 和 B 两个容器，A 配置的是 1024MB，B 配置的是 512MB，那么 A 最大可以使用的 CPU 资源是 B 的两倍。还有一点要注意的是，这种配置是有弹性的，如果 A 容器一直闲着，那 B 容器是可以使用空闲资源的。
- --cpuset-cpus 可以绑定指定容器使用指定 CPU。
- --cpuset-mems 只对应用于 NUMA 架构的 CPU 生效。

实际上，所谓的 CPU 限制，不可能精确限制容器使用多少 GHz 的 CPU，而是相对地设置容器使用 CPU 的权重。也就是说，CPU 资源是无法预先精确分配好的，而是根据优先程度来获得 CPU 资源的。

例如，容器的默认权重是 1024，现在有两个容器在竞争 CPU 资源，默认情况下，两个容器使用的 CPU 资源应该是平分的。

现在假设其中一个容器的 CPU 权重是 512，那么它相对于另一个容器而言，只能获得对方一半的 CPU 资源。假设 CPU 资源总共有 100 份，那么限制使用 CPU 资源的容器可以获得 66.6 份。

上面只是假设两个容器竞争 CPU 资源的情况，事实上如果上面那个不限制使用 CUP 资源的容器没有使用 CPU 资源，则那个限制使用 CPU 资源的容器也会获得全部的 CPU 资源。

设置容器 CPU 权重的命令是：

```
user@ops-admin:~$ docker run --rm -it -c 100 ubuntu bash
```

上面设置容器的 CPU 权重为 100。在设定周期内容器对 CPU 的使用时间上限如下：

```
user@ops-admin:~$ docker run --rm -it --cpu-quota 250000 --cpu-period 500000 ubuntu
bash
```

上面表示该容器在 0.5 秒之内对 CPU 的使用时间上限是 0.25 秒。

2. 限制内存

限制内存也是 Docker 容器运行时经常需要限制的一项硬件资源，使用-m 可以限制容器使用内存的最高值，在 Linux 中还有一个 sawp（虚拟内存），可以通过--memory-swap 指定虚拟内存使用量的上限。

如仅使用-m 指定内存使用上限，而不指定--memory-swap 来限制虚拟内存，那么可能会导致宿主机的虚拟内存被完全占用，因此最好同时指定两项的值。

例如：

```
user@ops-admin:~$ docker run --rm -it -m 400m ubuntu bash
```

上面限制了容器最大使用内存上限为400MB，虚拟内存最大使用上限为800MB。

这是因为如果--memory-swap设置小于—memory，则设置不生效，使用默认设置，默认情况下，--memory-swap会被设置成memory的2倍。

--memory-swappiness=0表示禁用容器swap功能（这点不同于宿主机，宿主机swappiness设置为0也不保证swap不会被使用）。

```
user@ops-admin:~$ docker run -it --rm -m 100M --memory-swappiness=0 ubuntu-
stress:latest /bin/bash
```

--memory-reservation选项可以理解为内存的软限制。如果不设置-m选项，那么容器使用内存可以理解为是不受限制的。按照官方的说法，memory reservation设置可以确保容器不会长时间地占用大量内存。

3. 限制I/O

先来看Docker提供的容器I/O资源限制参数有哪些。

```
user@ops-admin:~$ docker help run | grep -E 'bps|IO'
--blkio-weight uint16        Block IO (relative weight), between 10 and 1000, or 0
to disable (default 0)
--blkio-weight-device list    Block IO weight (relative device weight) (default [])
--device-read-bps list       Limit read rate (bytes per second) from a device
(default [])
--device-read-iops list      Limit read rate (IO per second) from a device
(default [])
--device-write-bps list      Limit write rate (bytes per second) to a device
(default [])
--device-write-iops list     Limit write rate (IO per second) to a device (default
[])
```

默认所有的容器对于I/O操作都拥有相同的优先级。可以通过--blkio-weight修改容器权重。--blkio-weight权重值在10～1000之间。--blkio-weight-device可以指定某个设备的权重大小，例如：

```
user@ops-admin:~$ docker run -it --rm --blkio-weight 100 ubuntu bash
```

--device-read-bps、--device-write-bps、--device-read-iops、--device-write-iops这四项用于限制容器的读/写速度，可以是单位为KB、MB、GB的正整数。例如：

```
user@ops-admin:~$ docker run -it --rm --device-write-bps /dev/sda:1mb ubuntu bash
```

4. 文件系统防护

在前面数据卷等章节中我们多次提到了文件系统的保护措施，Docker可以设置容器的根文件系统为只读模式。在只读模式下，即使容器与宿主机使用同一个文件系统，容器也没有写的权限，不会影响宿主机文件系统。设置只读模式，可以在 docker run 中添加--read-only 参数。

此外，在数据卷挂载中也可以使用`-v/path:/path:ro` 的形式挂载为只读模式。使用`-v /path:/path:z` 的形式挂载为共享模式，`z` 选项告诉 Docker，两个容器共享卷内容，共享卷标签允许所有容器读/写内容；`Z` 选项告诉 Docker 使用私有非共享标签来标记内容，只有当前的容器才能使用专用卷（我们曾在私有镜像仓库中使用过这个标签）。

7.5.3 Docker 安全工具

1. Docker Slim

Docker 的 Logo 是一条鲸鱼，但是你的 Docker 容器可不需要鲸鱼这么大的体积。Docker Slim 是“容器的神奇减肥药”，它允许你分析容器镜像并删减多余的东西。

容器中不需要的依赖和模块会增加容器的体积，使用 Docker Slim 可以把一个 Python 容器样本大小从 433MB 减少到约 15.97MB，把一个 Java 应用样本大小从 743MB 变为 100.3MB。该分析会展示除去实际运行必需的软件包，有哪些是非必需的依赖和模块，你可以使用这个信息自己来执行清理工作。

安装 Docker Slim：

https://github.com/docker-slim/docker-slim/releases/download/1.17/dist_linux.zip。

解压到你喜欢的目录下，然后使用 chmod 赋予执行权限。使用 Slim 的格式：

```
./docker-slim [info|build|profile] \
    [--http-probe|--remove-file-artifacts] \
    <IMAGE_ID_OR_NAME>
```

例如检查一个 Node.js 镜像的结构：

```
user@ops-admin:~$ ./docker-slim build --http-probe my/sample-node-app
```

更多示例可以使用官方的示例文件来学习：

```
user@ops-admin:~$ git clone https://github.com/docker-slim/docker-slim.git
```

2. Imagelayers

这是一个开源镜像分析工具，虽然谈不上安全分析，但是通过对镜像的层级分析有助于阅读理解镜像的结构。

网址：https://imagelayers.io/。

3. Clair

Clair 是一个开源项目，用于静态分析 Appc 和 Docker 容器中的漏洞。脆弱性数据从 Common Vulnerabilities and Exposures 数据库（常见的漏洞和风险数据库，简称 CVE）和 Red Hat、Ubuntu、Debian 等类似漏洞预警数据库更新导入，并与容器镜像的索引内容相关联，以产生威胁容器的漏洞列表。当漏洞数据在上游发生变化时，该漏洞之前的状态和新状态及其影响的镜像可以通过 webhook

发送到已配置的端点，然后通过集群管理工具实现滚动升级。Clair 所有的主要组件都可以在编译时进行定制。

安装 Clair 有多种方法，这里使用 Compose 安装：

```
user@ops-admin:~$ curl -L
https://raw.githubusercontent.com/coreos/clair/master/docker-compose.yml \
    -o $HOME/docker-compose.yml
user@ops-admin:~$ mkdir $HOME/clair_config
user@ops-admin:~$ curl -L
https://raw.githubusercontent.com/coreos/clair/master/config.example.yaml \
    -o $HOME/clair_config/config.yaml
user@ops-admin:~$ $EDITOR $HOME/clair_config/config.yaml
# Edit database source to be
# postgresql://postgres:password@postgres:5432?sslmode=disable
user@ops-admin:~$ docker-compose -f $HOME/docker-compose.yml up -d
```

上面命令中已经启动了一个 Clair 实例，具体使用需要集成到相关系统中。如果想直接在本地检测镜像，可以使用 Clair 命令行工具：https://github.com/jgsqware/clairctl。

7.6 监控与日志

Docker 集群在日志采集方面的功能有待完善，所幸社区有出色的监控与日志服务可以使用。

7.6.1 cAdvisor：原生集群监控

来自 Google 的 cAdvisor 可以说是监控 Docker 集群的不二选择，目前 Kubernetes 已经集成了 cAdvisor 组件，部署 Kubernetes 集群后可以直接使用 cAdvisor 监控集群状态。由于 cAdvisor 是将数据缓存在内存中，数据展示能力有限，故一般我们选择把 cAdvisor+Influxdb+Grafana 三者结合起来，实现一个集监控、收集、显示于一体的监控平台。

本节只演示单机状态下的监控实例，在后面 Kubernetes 的章节中会详细介绍日志收集以及监控预警。

```
user@ops-admin:~$ docker run -d --name=cadvisor \
    -v /:/rootfs:ro \
    -v /var/run:/var/run:rw \
    -v /sys:/sys:ro \
    -v /var/lib/docker/:/var/lib/docker:ro \
    -p 8080:8080 \
    google/cadvisor:latest
```

访问本地 8080 端口即可看到 cAdvisor 面板，cAdvisor 的监控图表如图 7-3 所示。

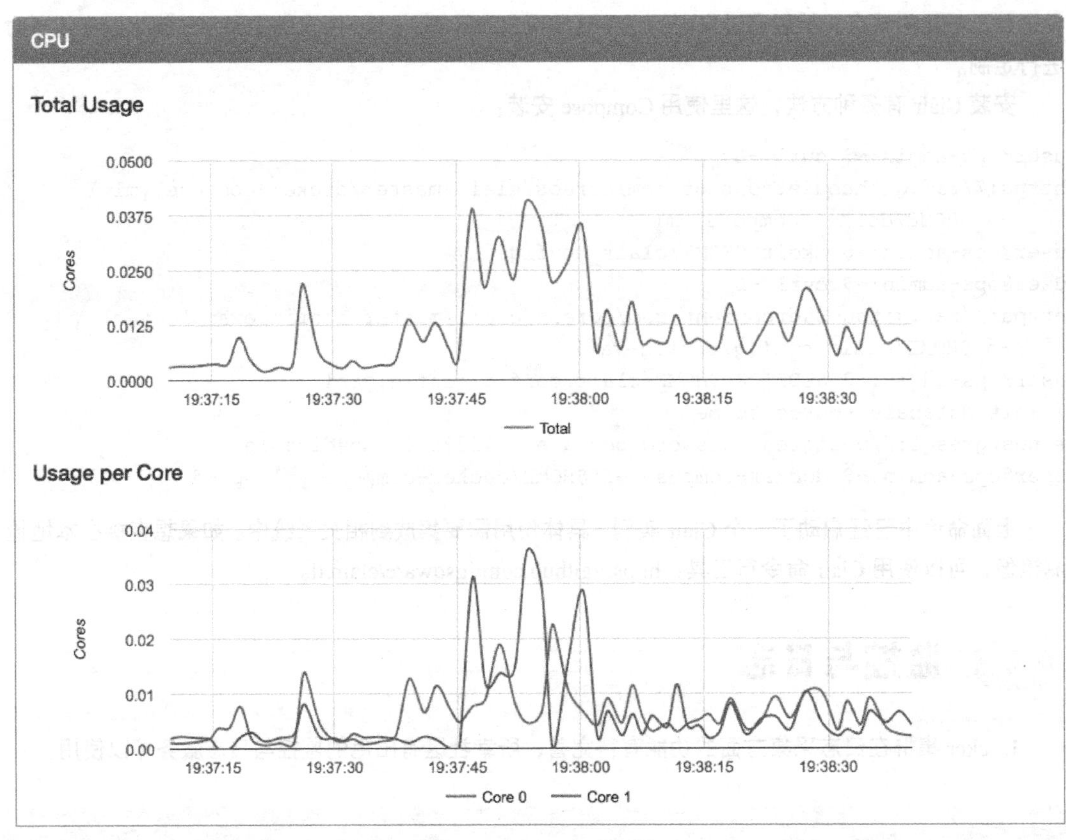

图 7-3　cAdvisor 监控图表

关于 cAdvisor 的详细情况，可查看网址：https://github.com/google/cadvisor。

7.6.2　Logspout：日志处理

Logspout 是一个运行在 Docker 容器里面的 Docker 容器日志路由器。它可以附加到主机上的所有容器，然后将它们的日志转发到任何你想要存储的地方，还具有可扩展的模块系统。Logspout 是无状态的日志设备，因此不适用于管理日志文件或查看历史记录。这个工具只是让你的日志在其他地方保存起来。目前，Logspout 只收集 stdout 和 stderr 信息，未来可能会加入容器 syslog 的模块。

安装过程其实就是一个镜像的拉取：

```
user@ops-admin:~$ docker pull gliderlabs/logspout:latest
# 运行
user@ops-admin:~$ docker run --name="logspout" \
    --volume=/var/run/docker.sock:/var/run/docker.sock \
    gliderlabs/logspout ... ...
```

避免收集指定容器可以在启动时添加变量：

```
user@ops-admin:~$ docker run -d -e 'LOGSPOUT=ignore' image
```

或者限定 Logspout 收集范围：

```
user@ops-admin:~$ docker run --name="logspout" \
    -e EXCLUDE_LABEL=logspout.exclude \
    --volume=/var/run/docker.sock:/var/run/docker.sock \
    gliderlabs/logspout
# 然后你可以使用 --label 指定标签表示收集日志
user@ops-admin:~$ docker run -d --label logspout.exclude=true image
```

Logspout 有多种日志收集模块，例如把日志输出到 http 的 8080 端口中：

```
user@ops-admin:~$ docker run -d --name="logspout" \
    --volume=/var/run/docker.sock:/var/run/docker.sock \
    --publish=127.0.0.1:8000:80 \
    gliderlabs/logspout
# 使用 curl 查看
user@ops-admin:~$ curl http://127.0.0.1:8000/logs
```

欲了解更多信息可查看 Logspout 文档：https://github.com/gliderlabs/logspout。

7.6.3　Grafana：数据可视化

准确地说，Grafana 并不是一个日志工具，而是一个控制台，一般配合各种日志工具实现一个完整的日志监控平台。例如 Docker Swarm 集群中一般选择 cAdvisor+InfluxDB+Grafana 或者 Kubernetes 集群中的 Heapster+InfluxDB+Grafana。这两种方案我们都会介绍，本节介绍的是第一种方案，另一种会在有关 Kubernetes 的第 8 章中讲到。

在 cAdvisor+InfluxDB+Grafana 架构中，cAdvisor 负责将数据写入 InfluxDB，然后 InfluxDB 作为时序数据库，提供数据的存储，把日志数据存储在指定的目录下，最后 Grafana 提供一个漂亮的 Web 控制台，用户自定义查询指标，Grafana 便可从 InfluxDB 查询数据并展示出来。

首先运行 InfluxDB：

```
user@ops-admin:~$ docker run -d \
    -p 8083:8083 -p 8086:8086 \
    --expose 8090 --expose 8099 \
    --name influxsrv \

    tutum/influxdb
```

InfluxDB 容器运行成功后，通过 Web 浏览器访问 http://docker-host-ip:8083，访问 InfluxDB 后台管理，并登录后台管理系统（用户名与密码默认都是：root）。

接下来创建 cAdvisor 应用数据库，在登录 InfluxDB 后台数据库管理平台后，创建 cAdvisor 数据库，用于存储 cAdvisor 应用所获取的实时监控数据。在 InfluxDB 管理界面中的 Querie 输入框中创建数据库和用户：

```
# 创建数据库
create database 'cadvisor';

# 创建用户
CREATE USER 'cadvisor' WITH PASSWORD 'cadvisor'

# 用户授权
grant all privileges on 'cadvisor' to 'cadvisor'

# 授予读/写权限
grant WRITE on 'cadvisor' to 'cadvisor'
grant READ on 'cadvisor' to 'cadvisor'
```

现在运行 cAdvisor 应用容器并与 InfluxDB 容器进行互联：

```
user@ops-admin:~$ docker run -d --name=cadvisor \
  -v /:/rootfs:ro -v /sys:/sys:ro \
  -v /var/run:/var/run:rw \
  -v /var/lib/docker/:/var/lib/docker:ro \
  -p 8080:8080 \
  --link influxsrv:influxsrv \
  google/cadvisor:latest \
  -storage_driver=influxdb \
  -storage_driver_db=cadvisor \
  -storage_driver_host=influxsrv:8086
```

cAdvisor 应用容器启动成功后，通过 Web 浏览器访问地址 `http://docker-host-ip:8080`，可以查看 cAdvisor 监控工具所收集到的 Docker 主机和容器的资源统计信息。

最后运行 Grafana 可视化平台，并与 InfluxDB 容器进行互联：

```
user@ops-admin:~$ docker run -d --name grafana \
  -p 3000:3000 \
  -e INFLUXDB_HOST=localhost \
  -e INFLUXDB_PORT=8086 \
  -e INFLUXDB_NAME=cadvisor \
  -e INFLUXDB_USER=root \
  -e INFLUXDB_PASS=root \
  --link influxsrv:influxsrv \
  grafana/grafana
```

通过 Web 浏览器访问地址 `http://docker-host-ip:3000` 登录 Grafana 管理平台（用户名与密码默认都是 admin）。在 Grafana 管理平台中，单击“添加数据源”按钮对数据源进行配置。如

图 7-4 所示，配置完成后就建立了与 InfluxDB 的连接。

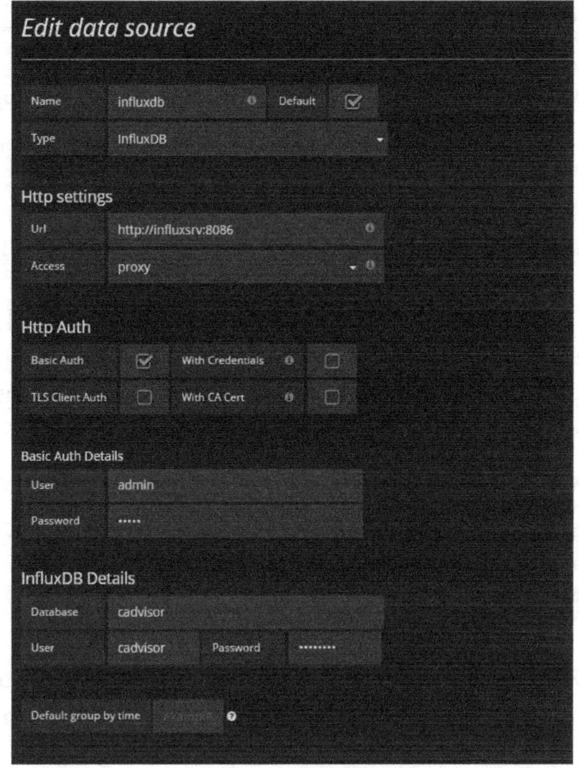

图 7-4　添加数据源

这是单机的 Docker 日志监控平台，关于 Swarm 集群也类似，具体可以查看官方教程：https://grafana.com/dashboards/609。

7.6.4　其他监控工具

- Scout Scout 是一个应用监控服务，它能够从很多主机和容器中获得各项监测数据，并将数据呈现在有更长时间尺度的图表中。使用这个服务需要在其官网注册，这是一个商业服务，每个监控的主机价格为 10 美元。不过因为其出色的监控能力与拥有大量插件使得众多运维人员选择了它。
- Datadog Datadog 同样是一个商业监控服务，针对 Docker 的监控做了不少优化，如果条件合适可以使用，每个 DataDog 节点的价格为 15 美元。

可以参考的商业监控方案还有：NewRelic Docker、Sysdig、AppFormix 等。

7.7 基于 Docker 的 PaaS 平台

Docker 的前身是 PaaS（平台即服务），Docker 最初被设计就是要作为 PaaS 平台后端管理引擎的，所以使用 Docker 搭建一个 PaaS 平台并不是什么难事。社区中已经有很多各种类型的基于 Docker 容器技术的 PaaS 产品。

7.7.1 Deis：轻量级 PaaS 平台

Deis 有两个版本，一个版本是 V1，基于 CoreOs 和 Fleet，现在已经不再开发。另一个新版本采用 Kubernetes 调度，命名为 Deis Workflow。

Deis Workflow 是一个开源的平台即服务（PaaS），它处于 Kubernetes 集群与开发人员之间，为开发人员提供一个友好的操作层，使开发人员易于部署和管理应用程序。

安装 Deis Workflow 客户端命令行如下：

```
user@ops-admin:~$ curl -sSL http://deis.io/deis-cli/install-v2.sh | bash
user@ops-admin:~$ sudo mv $PWD/deis /usr/local/bin/deis
user@ops-admin:~$ deis version
v2.16.0
```

Deis Workflow 使开发人员能轻松地部署应用程序，通过简单的 `git push deis master` 命令快速地将代码移植到生产中，并通过多个应用程序打包选项和一个简单的 REST API 与团队的开发过程集成。

Deis Workflow 建立在 Kubernetes 上，旨在提供简便的适合开发人员的应用程序部署。作为一套 Kubernetes 微服务，管理员可以轻松安装这个平台，该平台以专用 namespace 运行，很好地分离工作负载（有关 Kubernetes 的概念会在第 8 章介绍，本节内容仅供阅读，不展开解释）。

欲了解更多信息可访问官网：https://deis.com/workflow/。

7.7.2 Tsuru：可扩展 PaaS 平台

Tsuru 是一个可扩展和开源的 PaaS 平台，同样是使用 Go 语言开发的。

```
user@ops-admin:~$ curl -sSL https://github.com/tsuru/tsuru-
client/releases/download/1.1.1/tsuru-1.1.1-darwin_amd64.tar.gz \
  | tar xz
user@ops-admin:~$ tsuru install create
# 安装客户端命令行
user@ops-admin:~$ sudo apt-add-repository ppa:tsuru/ppa && \
       sudo apt-get update
user@ops-admin:~$ sudo apt-get install tsuru-client
```

```
# 或者使用 Go 包管理获取（需要安装 Go 语言开发环境）
user@ops-admin:~$ go get github.com/tsuru/tsuru-client/tsuru
```

创建一个新的平台：

```
user@ops-admin:~$ tsuru platform-add platform-name -i user/image
# 或者构建一个镜像后创建
user@ops-admin:~$ tsuru platform-add platform-name \
      --dockerfile /path/Dockerfile
```

创建应用：

```
user@ops-admin:~$ tsuru app-create <app-name> <app-platform>
# 例如
user@ops-admin:~$ tsuru app-create helloworld go
user@ops-admin:~$ tsuru app-list
```

详细部署方法请查看 Tsuru 文档：https://docs.tsuru.io/。

7.7.3 Flynn：模块化 PaaS 平台

Flynn 是一个开源的 PaaS 平台，Flynn 旨在运行可以在 Linux 上运行的任何东西，而不仅仅是无状态的 Web 应用程序。Flynn 配备了高可用性的数据库驱动，包括 PostgreSQL、MySQL 和 MongoDB。

安装 Flynn 集群：

```
user@ops-admin:~$ sudo bash < <(curl -fsSL https://dl.flynn.io/install-flynn)
```

这个脚本会下载 Flynn 运行时的依赖，以及 Flynn-host 二进制文件和各种 Flynn 组件的镜像，并启动 Flynn 服务（如果没启动，手动执行 `systemctl start flynn-host`）。

安装成功之后，可以使用 `flynn-host init` 命令初始化集群：

```
user@ops-admin:~$ sudo flynn-host init --init-discovery
https://discovery.flynn.io/clusters/<token>
# 在节点运行下面命令
user@ops-node1:~$ sudo flynn-host init --discovery
https://discovery.flynn.io/clusters/53e8402e-030f-4861-95ba-d5b5a91b5902
```

官方网站：https://flynn.io。

7.8 Docker 持续集成

7.8.1 Drone：轻量级 CI 工具

Drone 是基于容器技术的持续集成系统。Drone 使用简单的 yaml 配置文件（docker-compose 配置文件的超集）来定义在 Docker 容器内要执行的管道命令（Drone 的定义语法）。

Drone 界面如图 7-5 所示，Drone 拥有出色的后台界面，当然它的魅力还包括那简单优雅的构建定义语法。

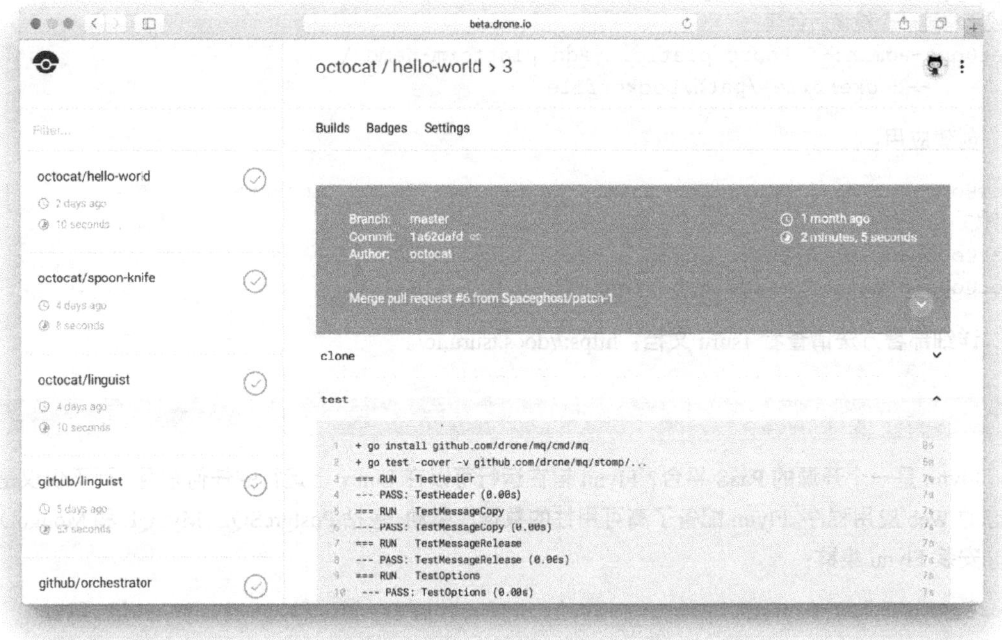

图 7-5 Drone 界面

Drone 体积非常小（使用 Go 语言开发），所以部署起来很轻松。安装 Drone 只需要拉取镜像 `docker pull drone/drone:0.7`，然后使用 Compose 启动它，下面是一份供参考的配置文件：

```
version: '2'
services:
 drone-server:
   image: drone/drone:0.7
   ports:
     - 80:8000
   volumes:
     - /var/lib/drone:/var/lib/drone/
   restart: always
   environment:
     - DRONE_OPEN=true
     - DRONE_HOST=${DRONE_HOST}
     - DRONE_GITHUB=true
```

```
    - DRONE_GITHUB_CLIENT=${DRONE_GITHUB_CLIENT}
    - DRONE_GITHUB_SECRET=${DRONE_GITHUB_SECRET}
    - DRONE_SECRET=${DRONE_SECRET}
 drone-agent:
   image: drone/drone:0.7
   command: agent
   restart: always
   depends_on:
     - drone-server
   volumes:
     - /var/run/docker.sock:/var/run/docker.sock
   environment:
     - DRONE_SERVER=ws://drone-server:8000/ws/broker
     - DRONE_SECRET=${DRONE_SECRET}
```

Drone 使用 SQLite 作为数据库，资源占用非常小。目前 Drone 已经支持 GitHub、GitLab、Gitea、Gogs、Bitbucket Cloud、Bitbucket Server、Coding 等 Git 托管平台。

Drone 的构建过程简单演示如下：

```
pipeline:
 backend:
   image: golang
   commands: # 构建步骤，这部分命令会作为 image 的 entrypoint 逐句执行
     - go get
     - go build
     - go test

 frontend:
   image: node:6
   commands:
     - npm install
     - npm test

 notify:
   image: plugins/slack
   channel: developers
   username: drone
```

把上面的配置填写到 Drone 后台新建的构建任务中，单击构建按钮即可。详细情形请访问 Drone 文档：http://docs.drone.io。

7.8.2　Travis CI：著名的 CI/CD 服务商

Travis CI 作为持续构建行业如雷贯耳的龙头般地存在，已经无需言语介绍了。虽然作为一个商

业持续构建服务，但是凭借其高效的构建平台和开源友好的态度（开源项目构建免费）现已赢得了广大开发人员的喜爱。

Travis CI 可以运行和构建 Docker 镜像，还可以将镜像推送到 Docker Hub 仓库或其他远程镜像仓库中。要使用 Docker，可将以下设置添加到.travis.yml 中：

```
sudo: required

services:
  - docker
```

例如构建一个 Ruby 的项目 ：

```
sudo: required

language: ruby

services:
  - docker

before_install:
- docker pull carlad/sinatra
- docker run -d -p 127.0.0.1:80:4567 carlad/sinatra /bin/sh -c "cd /root/sinatra;
bundle exec foreman start;"
- docker ps -a
- docker run carlad/sinatra /bin/sh -c "cd /root/sinatra; bundle exec rake test"

script:
- bundle exec rake test
```

上面通过 Travis CI 的 Docker 服务拉取镜像用于构建新项目，并启动测试镜像工作是否正常。Travis CI 还支持推送到 Docker Hub 中，所以很多开源项目都采用 Travis CI 来实现持续构建。

公司官网：https://travis-ci.com，开源项目构建专用：https://travis-ci.org。

7.9 其他

1. Watchtower

Watchtower 可以监控容器运行过程，监测容器中的变化。当 Watchtower 检测到容器的镜像有变化时，会自动使用新镜像重启容器。Watchtower 本身就像一个 Docker 镜像，所以可直接运行 Watchtower 容器：

```
user@ops-admin:~$ docker run -d \
  --name watchtower \
```

```
    -v /var/run/docker.sock:/var/run/docker.sock \
    v2tec/watchtower
```

默认情况下，Watchtower 会监控所有容器，如果你只想监控特定容器，可以指定容器名称。使用docker run --rm v2tec/watchtower --help可以查看帮助信息。Watchtower默认从Dockder Hub 上检查最新的镜像，当镜像有更新时就自动重启容器升级，可以通过在环境变量 REPO_USER 和 REPO_PASS 中添加指定私有仓库验证来设置 Watchtower 查询私有仓库。

源码地址：https://github.com/v2tec/watchtower。

2. Docker-gc

这是一个自动清理不需要的容器和镜像的工具，它不需要一直在后台运行，只有当你需要清理时才启动，因此可以写入脚本中调用或者定时执行。

```
user@ops-admin:~$ docker run --rm \
       -v /var/run/docker.sock:/var/run/docker.sock \
       -v /etc:/etc:ro spotify/docker-gc
# 显示要删除哪些镜像与容器（实际不删除）
user@ops-admin:~$ DRY_RUN=1 \
       docker run --rm \
       -v /var/run/docker.sock:/var/run/docker.sock \
       -v /etc:/etc:ro spotify/docker-gc
```

源码地址：https://github.com/spotify/docker-gc。

3. Rocker

Rocker 打破了 Dockerfile 的限制，增加了一些 Dockerfile 没有的功能，同时保持了 Docker 的设计哲学。Rocker 主要想解决两个问题：

- Docker 镜像的大小；
- 构建速度缓慢。

快速安装：

```
user@ops-admin:~$ curl -SL
https://github.com/grammarly/rocker/releases/download/1.3.1/rocker_darwin_amd64.
tar.gz | \
      tar -xzC /usr/local/bin \
      && chmod +x /usr/local/bin/rocker
```

Rocker 加入了几个 Dockerfile 没有的构建指令，支持更广泛的构建需求。

- MOUNT：构建时挂载 volume，这样依赖管理工具就可以避免写入镜像构建过程，极大地减小镜像体积，同时达到依赖文件的重复利用。
- FROM：Rocker 允许使用多条 FROM 指令来创建多个镜像。
- TAG：用来标记构建过程。使用标签可以快速地在几千行的构建日志中查找出特定的信息。

- PUSH：构建成功之后自动把镜像推送到镜像仓库中。
- ATTACH：可以在构建过程中交互，这在排除故障的时候非常有用。

还有其他一些标签可以去看 Rocker 文档，源码地址：https://github.com/grammarly/rocker。

4. 其他

Docker 生态已经非常丰富，本章也不可能全部介绍，有人在 Github 上总结了围绕 Docker 的相关项目，可以说比较全面地整理了与 Docker 生态系统相关的项目：

https://github.com/veggiemonk/awesome-docker。

7.10 本章小结

本章以全面介绍 Docker 容器生态为目标，详细介绍了宿主管理、容器编排、镜像仓库、Docker 插件、Docker 安全、Docker 监控、日志管理、PaaS 和持续集成等一大批围绕 Docker 的软件和系统。

通过本章的学习，相信你已经认识了 Docker 生态系统的一小部分，更多的内容还需要读者自己去探索了。Docker 容器技术的快速发展离不开 Docker 生态圈无数开发者的努力，本章结束之后便是 Kubernetes 集群的部分，在第 8 章我们将认识这个 Docker 生态圈影响力最大的项目——Kubernetes。

第8章 Kubernetes 入门

早在 Docker 诞生之前，Google 就开源了一款容器引擎——lmctfy，也曾名噪一时，但后来 Docker 开源之后，凭借着体验友好的命令行工具以及真正的开箱即用等特点，便迅速地在业内传播开来。

而 Google 作为云计算时代的 IT 巨头之一，自然不会就此放过容器的话语权，在容器引擎争夺中稍显劣势的 Google 调集了其内部使用了十余年的大规模集群管理工具 Borg 的项目工程师，打造了一款基于 Borg 理念的集群管理工具——Kubernetes。Kubernetes 脱胎于 Borg，代表了 Google 过去十余年设计、构建和管理大规模容器集群的经验。

正因为 Kubernetes 是 Google 多年大规模容器管理技术 Borg 的开源版本，所以一经开源就引起了全世界的瞩目，并在 Docker 集群管理能力尚未发力之前，便迅速占领了容器集群管理的高地，成为了 CNCF（云原生计算基金会的英文缩写）最重要的项目之一。

8.1 Kubernetes 介绍

8.1.1 什么是 Kubernetes

与前面的 Docker 三剑客（Swarm、Machine、Compose）、Meos+Marathon 等组合类似，Kubernetes 是一个用于容器集群的自动化部署、扩容以及运维的开源平台。

Kubernetes 这个词起源于古希腊，有舵手的意思，如图 8-1 所示，它的 Logo 就像船上的船舵。如果说 Docker 是容器时代的大船，Kubernetes 就是指引船只的舵手。

图 8-1 Kubernetes Logo.png

作为容器集群管理工具，Kubernetes 有一套健壮的集群自恢复机制，包括容器的自动重启、自动重调度以及自动备份甚至负载等。仅从这一层面上来看，其实 Kubernetes 与 Mesos 相差无几，但实际上 Kubernetes 在面对由多个容器组合而成的复杂应用时依旧能够出色地完成上述任务，这是其与其他集群管理平台最大的不同，可以说 Kubernetes 就是一个建立在容器技术之上，只为容器技术打造的集群管理系统，即在 Kubernetes 的世界里，一切皆容器。

8.1.2 Kubernetes 架构

了解了 Kubernetes 的来由，再来看看 Kubernetes 的架构，Kubernetes 作为 OpenStack 阵营中的一员，有着和 KVM 一样的地位，这说明它有异于一般的 PaaS 工具，比 PaaS 更加底层。

在 Kubenetes 中，Service 是分布式集群架构的核心。它是一种抽象的概念，每一个 Service 的后端有多个 Pod，所有的容器均在 Pod 中运行。

每个 Service 拥有一个唯一指定的名字，拥有一个虚拟 IP 和相应的端口号，它们能够提供某种远程服务，一个 Service 实际上就是一组提供服务的容器（每个容器的功能可能不同，但它们共同组成了一个服务）。

Kubernetes 由两种节点组成，如图 8-2 所示。

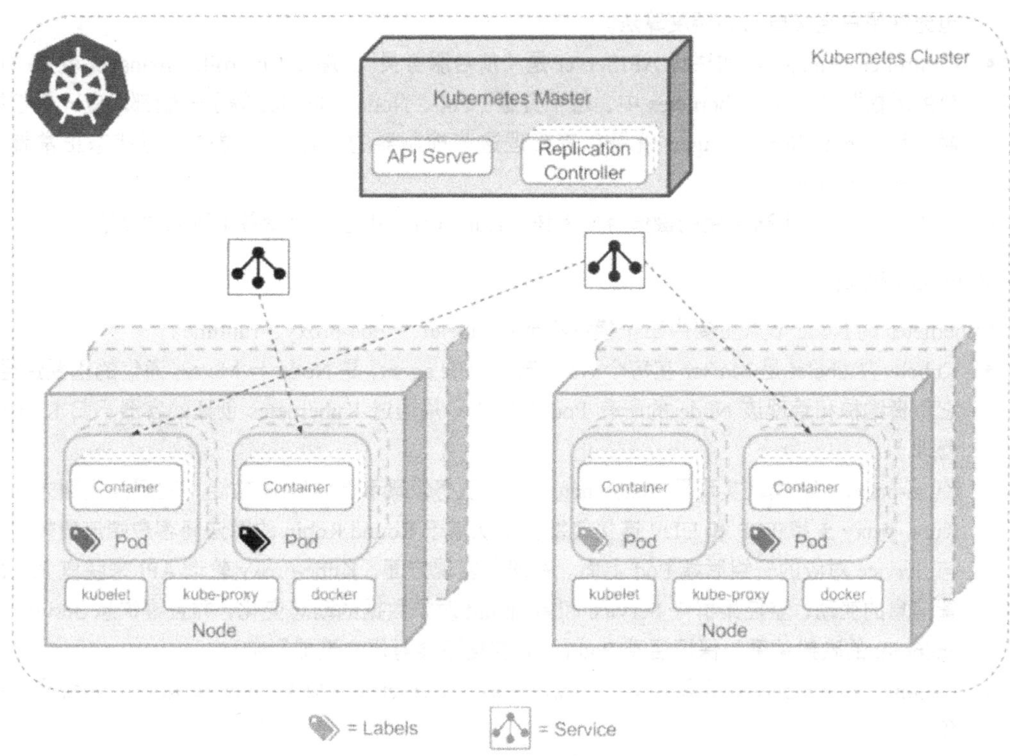

图 8-2　Kubernetes 架构

- Master 节点，即主节点，用于跑 Kubernetes 的核心组件等程序，是管理节点。
- Node 节点，即容器运行节点，运行服务容器以及 Kubernetes 的注册组件等服务，是从节点。

每个 Node 节点中有多个 Pod，一个 Service 可能横跨多个 Node，也可能一个 Node 里面包含多个 Service，Service 和 Node 并不是从属关系。可以把 Node 理解为真实世界中的一台服务器，一个 Service 就是一个多机负载的服务。Service 本身一旦创建就不再变化，在 Kubernetes 集群中，无须为服务的 IP 地址考虑，一切都交给 Kubernetes 处置。

1. Master 模块

Kubernetes 的 Master 节点主要由四个模块组成：APIServer、Scheduler、Controller manager、etcd。

- APIServer。APIServer 的功能如其名，负责对外提供 RESTful 的 Kubernetes API 服务，是系统管理命令的统一入口。它提供了资源操作的唯一入口，并提供认证、授权、访问控制、API 注册和发现等机制，任何对资源进行增删改查的操作都要交给 APIServer 处理后再提交给 etcd。
- Schedule。Scheduler 负责调度 Pod（Kubernetes 中最小的调度单元）到合适的 Node 上。虽然 Scheduler 的职责很简单，但整个调度程序非常智能。Kubernetes 目前提供了多种调度算法，也允许用户定义自己的调度算法。

- Controller manager。如果说 APIServer 是“前台服务员”，那么 Controller manager 就是“后台的老板”了。在 Kubernetes 中，每个资源（Pod、Node、Service 等）一般都对应一个控制器，而 Controller manager 就是负责管理这些控制器的。保证资源的运行状态正常就是 Controller manager 的工作。
- etcd。etcd 是一个高可用的键值存储系统，Kubernetes 用它来存储各个资源的状态。

2. Node 模块

Kubernetes 的 Node 节点主要由三个模块组成：kubelet、kube-proxy、runtime。

- Kubelet。Kubelet 是 Master 在每个 Node 节点上的 agent，是 Node 与 Master 通信的重要途径。它负责维护和管理该 Node 的所有 Pod 容器（不是通过 Kubernetes 创建的容器不归 Kubelet 管理）。
- Kube-proxy。该模块实现了 Kubernetes 中的服务发现和反向代理功能。在反向代理方面，Kube-proxy 支持 TCP 和 UDP 连接转发，默认基于 Round Robin 的算法将客户端流量转发到与 Service 对应的一组后端 Pod 上面。在服务发现方面，Kube-proxy 轮询 API 来获取 Pod 配置信息的变动，监控集群中 Service 和 endpoint 对象数据的动态变化，并且维护从 Service 到 endpoint 的映射关系，保证后端 Pod 的 IP 变化不会对用户造成影响。
- runtime。runtime 指的是容器运行环境，目前 Kubernetes 支持 Docker 和 Rocket 两种容器引擎。

至此，Kubernetes 的 Master 和 Node 就简单介绍完了。下面我们来看 Kubernetes 中的各种资源/对象。

8.1.3 Kubernetes 的优势

与前面介绍的 Docker Swarm、Meos+Marathon 等平台相比，Kubernetes 有什么特别的地方呢?

一个明显的优势在于 Kubernetes 的部署更加方便，一整套流程基本不需要开发人员做什么复杂的修改。相比 Meos+Marathon 的组合（有时候还少不了 ELK 日志服务），Kubernetes 的整合可谓深得人心。相比 Docker Swarm，Kubernetes 在微服务管理上比 Docker Swarm 更出色。图 8-3 是海外媒体统计的集群管理平台的市场份额变化表，从图中可以看出 Kubernetes 的发展极为惊人。

Kubernetes 基于容器的应用部署和维护，可靠的高可用机制使得服务滚动升级不再艰难；集成负载均衡和服务发现功能，拥有跨机器甚至跨地区的集群调度能力；自动根据用户期望伸缩服务规模，兼容有、无状态服务，支持 Volume 等；最后还有插件机制保证扩展性。

使用 Kubernetes 可以快速高效地响应客户需求，快速并且无意外地部署你的应用，并且可以动态地对应用进行扩容，无缝地升级应用。

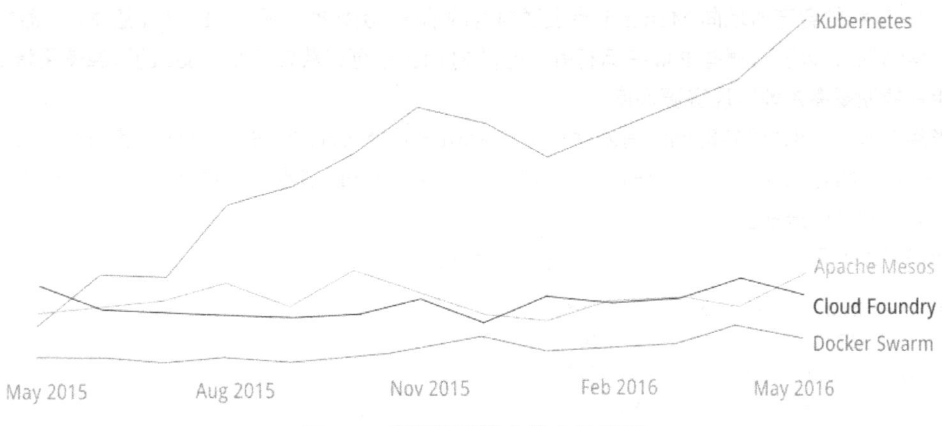

图 8-3 集群管理平台的市场份额

8.2 Kubernetes 概念

8.2.1 Kubernetes 资源

Node、Pod、各种 Controller、Service 等都可以看作一种“资源对象”，而这些资源对象都可以通过 Kubemetes 提供的 `kubectl` 命令行工具执行管理操作，etcd 会记录并保存这些资源的状态。Kubemetes 通过与 etcd 的记录比对，当实际的服务状态与期望状态不符合时，会自动调度资源去实现期望的状态。

8.2.2 调度中心：Master

Master 就是管理节点，是集群控制中心，每个 Kubernetes 集群里都至少需要有一个 Master 节点来负责集群的管理和控制，Kubernetes 几乎所有的控制命令都是发给 Master 的。Master 节点作为集群的大脑，通常都位于一个高性能服务器中，以保证集群运行正常。

8.2.3 工作节点：Node

在 Kubernetes 集群中，Node 作为一种资源，它表示所有在集群中的机器，包括 Master 也是 Node 中的一员（如果 Master 运行服务）。

Node 节点并不局限于物理主机，所有部署了 Kubernetes agent 的环境都可以称为节点（例如虚拟机）。Node 节点是集群中的工作与负载节点，每个 Node 都会被 Master 分配一些工作与负载，当某个 Node 宕机时，其工作会被 Master 自动转移到其他节点上去。

Node 节点可以动态添加到 Kubernetes 集群中，当 Kubernetes 在 Node 节点配置完成并启动时，Node 节点中的 kubelet（agent 程序）便会向 Master 注册。当 Node 被 Master 认证通过时，Node 节点的kubelet进程就会定时地向Master节点发送自身的信息（例如操作系统、Docker版本、机器的CPU和内存等情况），以及有哪些Pod在运行等，这样Master就可以获知每个Node的资源使用情况，并根据用户的期望高效地实现资源调度。

当某个Node超过设定时间没有发送信息给Master时，Master便把该Node的状态标记为不可用（Not ready），然后Master开启工作负载转移流程，把失联Node节点的工作交给其他Node节点，这是一个完全自动的流程。

我们可以使用 `kubectl get node` 获取节点信息：

```
root@ops-admin:~# kubectl get node
NAME        STATUS     AGE   VERSION
ops-admin   NotReady   3h    v1.7.1
ops-node1   NotReady   2h    v1.7.1
```

使用 `kubectl describe node <节点名称>` 查看节点信息：

```
root@ops-admin:~# kubectl describe node ops-node1
# 信息太多，省略全部
```

describe命令主要输出如下的状态信息。

1. Address

- HostName：可以被kubelet中的—hostname-override参数替代。
- ExternalIP：可以被集群外部路由到的IP地址。
- InternalIP：集群内部使用的IP，集群外部无法访问。

2. Condition

- OutOfDisk：磁盘空间不足时为True。
- Ready：Master节点在40秒内没有收到Node的状态报告，则判定Node为Unknow，健康值改为False。
- MemoryPressure：当Node没有内存压力时为True，否则为False。
- DiskPressure：当Node没有磁盘压力时为True，否则为False。

3. Capacity

- CPU、内存等基本情况。
- pods：在运行的pods数量以及可运行的最大Pod数量（Allocatable pods）。
- Info：节点的一些版本信息，如OS、Kubernetes、Docker等。

Node虽然是一种资源，但并不是由Kubernetes创建的，尽管Kubernetes可以通过Manifest创建一个Node对象并管理Node上的资源，但是实际上Kubernetes只负责和Node定期联络，如果Node失联就不会往其中调度Pod了。这个检查是由Node Controller来完成的。

8.2.4 最小调度单位：Pod

Pod 是 Kubernetes 里面抽象出来的一个概念，它是 Kubernetes 的最小调度单位。每个 Pod 都有一个独立的 IP，并至少由一个容器构成，同一个 Pod 中的容器会自动地分配到同一个物理机或虚拟机上。一个 Pod 内的容器共享 Pod 的 Volumes、网络、端口等资源（联合命名空间包括 PID、网络、IPC、UTS 等）。

同一个 Pod 中的容器可以自由互相访问、共享内存，一般情况下，我们把有“亲密关系”的容器放到一个 Pod 中，使得它们可以通过 localhost 互相访问，例如在一个 PHP 服务中，前端使用 Nginx 作为 Web 服务，后端使用 php-fpm 执行任务，那么将这两个容器部署在一个 Pod 内就非常合理了，在 Kubernetes 看来这就是一个经典的 Nginx+php-fpm 组合，调度起来非常方便。

虽然每个 Pod 都有独立的 IP，但是不推荐使用 IP 去访问 Pod，因为 Pod 一旦销毁重建，IP 就会变化。如果 Pod 是一种对外的 Web 服务，则可以通过 Kubernetes 的 Service 去访问，这是后话。此外，Kubernetes 要求底层网络支持集群内任意两个 Pod 之间的 TCP/P 直接通信，这通常采用虚拟二层网络技术来实现（例如 Flannel、Openvswitch 等），所以集群内的 Pod，不论是否在同一个 Node 上，它们都可以互相访问。

下面创建一个简单的 Pod：

```
# API 的版本
apiVersion: v1
# 创建的资源的类型
kind: Pod
# 元数据
metadata:
  name: nginx-pod
  labels:
    app: nginx
# Pod 内运行的容器
spec:
  containers:
   - image: library/nginx:alpine
     name: nginx
     ports:
     - containerPort: 8080
```

现在直接使用 `kubectl create -f nginx-pod.yaml` 创建一个 Pod，使用 `kubectl get pod` 查看。当然在实际工作中，很少有这样创建 Pod 的实例，这样的 Pod 实例独立于 Service 存在，难以管理，Kubernetes 通常是使用更高级的 Controller 抽象层来管理 Pod 实例的。

Kubernetes 的 Pod 和 Docker Container 有很大区别，Pod 里包含多个 Container。Kubernetes 这样设计主要有以下两个原因：

- 解耦和 Docker 解耦。Docker 容器启动时会首先初始化网络，然后再启动容器进程。Kubernetes

为了能够使用自己的网络方案，于是在容器启动之前，先启动一个空进程（pause 容器，里面只有一个进程一直在 sleep 暂停），通过该进程创建一个容器的命名空间，当网络、存储创建之后再挂载到这个空容器上，最后才启动用户本来要启动的容器，而这个容器直接复用 pause 容器的网络和存储。这就是 Pod 内部的启动过程。

- 通过 Pod 打包多个 Container 使之共享同一个生命周期。这样的好处是显而易见的，有利于多个容器有强依赖关系的场景。比如一个 Web 服务中，Nginx 与 php-fpm 两个容器组成一个 Pod，Pod 中任何一个容器独立运行都是没有意义的。而由这两个强依赖的容器组合成的 Pod 更容易管理和调度，强依赖容器之间的数据、网络共享有助于提高容器的协作效率。

关于 Pod 的话题还远未结束，更多的细节将会在第 9 章中单独细讲。

8.2.5 资源标签：Label

Label 是附加在 Kubernetes 资源对象上的键值对（由 key/value 组成），以传达使用者所定义的可识别属性。它可以在创建的时候指定，也可以随时修改，一个资源对象上面可以有任意多个 Label。

Label 可以用来组织与选择某个资源的子集合，Kubernetes 最终会索引并且反向索引（reverse-index）Label 以获得更高效的查询和监视，把它们用到 UI 或者 CLI 中进行排序或者分组等。

```
user@ops-admin:~$ kubectl get nodes --show-labels
NAME        ... ...  LABELS
ops-admin ... ...
beta.kubernetes.io/arch=amd64,beta.kubernetes.io/os=linux,kubernetes.io/hostname
=ops-admin,node-role.kubernetes.io/master=
ops-node1 ... ...
beta.kubernetes.io/arch=amd64,beta.kubernetes.io/os=linux,kubernetes.io/hostname
=ops-node1
ops-node2 ... ...
beta.kubernetes.io/arch=amd64,beta.kubernetes.io/os=linux,kubernetes.io/hostname
=ops-node2
```

在 Label 中 key 由一个可选的前缀+名称组成，通过“/”来分隔。

名称部分是必需的，并且最多 63 个字符，名称开始和结束的字符必须是字母或者数字，中间可以是横线、下画线、点、数字和字母等符号。

前缀是可选的，但是如果指定，那么前缀必须是一个 DNS 子域，使用“.”来划分，长度不超过 253 个字符，同时使用“/”来结尾。

如果前缀省略，这个 Label 的 key 则认为是用户私有的，Kubernetes 系统的组成部分（比如 kube-scheduler, kube-controller-manager, kube-apiserver, kubectl）必须要指定一个前缀，例如 `kuberentes.io` 前缀是由 Kubernetes 内核保留的。不要在 Label 中使用大量的结构化数据，如果需要记录大量信息应该使用 Annotation。

我们可以给指定的资源对象打一个或者多个标签，以实现灵活多变的资源分组管理功能。使用

Label 可以让 Kubernetes 更加灵活地进行资源分配、调度、配置、部署等管理工作。

1. Label 管理

以资源对象 Node 为例。

查看标签：`kubectl get nodes --show-labels`。

新增标签：`kubectl label node <node name> <label>=<value>`。

移除标签：`kubectl label node <node name> <label>-`。

2. Label 选择器

Label 并不具有唯一性，所以可以通过 Label 选择器很方便地辨识出一组对象，目前 Kubernetes API 支持基于相等性和基于集合的两种选择器。

基于相等性（equality-based）选择器使用 Label 的键或者值进行过滤。可以使用=、==、!=操作符，也可以使用逗号分隔多个表达式。前两种操作符代表相等性（它们是同义运算符），后一种代表非相等性。例如：

```
user@ops-admin:~$ kubectl get pods -l environment=production,tier=frontend
user@ops-admin:~$ kubectl get pods -l environment!=production
```

上述代码中，第一行代码选择所有的 environment 值为 production，并且 tier 值为 frontend 的资源。第二行代码选择所有 environment 值不等于 production 的资源。

基于集合（set-based）选择器使用 `in`、`notin`、`!`操作符，另外还可以没有操作符，直接写出某个 Label 的 key，表示过滤有某个 key 的对象而不管该 key 的值，符号!表示没有该 Label 的对象。

```
user@ops-admin:~$ kubectl get pods -l 'environment in (production),tier in
(frontend)'
user@ops-admin:~$ kubectl get pods -l 'environment in (production, qa)'
user@ops-admin:~$ kubectl get pods -l 'environment not in (frontend)'
user@ops-admin:~$ kubectl get pods -l 'environment'
user@ops-admin:~$ kubectl get pods -l '!environment'
```

上述代码中，第一行代码表示选择 environment 值为 production、tier 值为 frontend 的对象；第二行代码表示选择 environment 值为 production 和 qa 的对象；第三行代码表示选择 environment 值不为 frontend 的对象，以及那些没有 environment 的资源对象；第四行代码表示选择所有含有 environment 的资源对象，不检查值；第五行代码表示选择所有没有 environment 这个 Label 的资源对象，同样不检查值。

此外，两种选择器可以混合在一起写：

```
user@ops-admin:~$ kubectl get pods -l 'partition in
(customerA,customerB),environment!=qa'
```

Label 选择器应用非常广泛，例如 kube-controller 通过 RC 中定义的 Label 选择器来筛选要监控的 Pod 副本数量，以实现 Pod 副本的数量符合用户的期望。

又例如，kube-proxy 通过 Service 的 Label 选择器来选择对应的 Pod，然后建立起每个 Service 到对应 Pod 的请求转发路由表，最终实现 Service 的负载均衡。

8.2.6 弹性伸缩：RC 与 RS

1. Replication Controller

Replication Controller，简称 RC，用来确保同一时间内存在指定数量的副本 Pod（Pod Replicas）在运行中。RC 允许用户调整（也称为 scaling）副本数量，RC 可以在机器故障或其他原因导致部分 Pod 关闭时重新创建指定数量的 Pod 副本（异常多出来的 Pod 也会自动回收）。

RC 的典型应用场景包括确保健康 Pod 的数量、弹性伸缩、滚动升级以及应用多版本发布跟踪等。我们通过一个简单的 RC 描述文件（nginx-rc.yaml）来介绍它：

```
apiVersion: v1
kind: ReplicationController
metadata:
  name: nginx
spec:
  replicas: 2
  selector:
    app: nginx
  template:
    metadata:
      labels:
        app: nginx
    spec:
      containers:
      - name: web
        image: nginx:alpine
        ports:
        - containerPort: 80
```

在这个 RC 文件中，创建了一个名字叫 `nginx` 的 RC，最上面的 `spec` 描述了我们期望有 1 个副本 Pod，这些副本按照下面的 `template` 去创建。如果某一时刻副本数比 `replicas` 描述得少，就按照 `template` 去创建新的，如果多了就回收。而上面的 `spec` 描述了这个 Pod 内运行的容器是 `nginx:alpine`，端口是 80，容器名称是 web。现在我们在 Master 节点中启动：

```
user@ops-admin:~$ kubectl create -f nginx-rc.yaml
replicationcontroller "nginx" created
user@ops-admin:~$ kubectl get rc
NAME    DESIRED    CURRENT    READY    AGE
nginx   2          2          0        10s
user@ops-admin:~$ kubectl get pod
NAME         READY    STATUS          RESTARTS  AGE
```

```
nginx-j6jwv  0/1       ContainerCreating 0            17s
nginx-zf06n  0/1       ContainerCreating 0            17s
```

现在删除一个 Pod，然后查看 Pod 会发现 RC 又自动补一个 Nginx 回来了：

```
user@ops-admin:~$ kubectl delete pod nginx-zf06n
pod "nginx-zf06n" deleted
user@ops-admin:~$ kubectl get pod
NAME          READY     STATUS     RESTARTS    AGE
nginx-7d7nb    1/1       Running    0           26s
nginx-j6jwv    1/1       Running    0           3m
```

从上面 RC 的描述文件中可以看到，下面 Pod 设置了一个 Label——`app: nginx`，而 RC 的 Selector 选中了 `app: nginx` 这个标签。于是 RC 认为凡是被这个 Selector 选中的 Pod 都是它预期的副本。

所以如果单独去创建 Pod，有可能创建符合某个 RC 的 Selector 的 Pod，导致 RC 以为 Pod 多了而回收本应该运行的 Pod。

2. Replica Sets

在新版本的 Kubernetes 中建议使用 ReplicaSet（也简称为 RS）来取代 Replication Controller。ReplicaSet 与 Replication Controller 本质相同，只是 ReplicaSet 支持集合式的选择器，Replication Controller 仅支持等式。

```
... ...
  selector:
    matchLabels:
      tier: frontend
    matchExpressions:
      - {key: tier, operator: In, values: [frontend]}
... ...
```

虽然 ReplicaSet 也可以独立使用，但建议使用 Deployment 来自动管理 ReplicaSet。Deployment 也是 Kubernetes 新增加的资源对象。以前使用 RC 创建 Pod 后，如果想要更新 Pod 定义则只能删除旧的配置文件，创建一个新的然后启动。这样 Pod 内的容器就会停止，Service 便可能中断。于是 Kubernetes 加入 Deployment 概念，通过 Deployment 动态控制副本 Pod 的个数与状态，支持 Pod 的滚动升级等。

8.2.7 部署对象：Deployment

Deployment 与 ReplicaSet 用来替代以前的 Replication Controller，以实现更高效的 Pod 管理流程。读者可以简单地理解为以前的 RC 分为现在的两个资源对象：Deployment 和 RS，其中 Deployment 可以创建 Pod 和 ReplicaSet，而 ReplicaSet 只负责管理 Pod 副本数量，不再参与到 Pod 整个的生命周期过程中。

而 Deployment 负责创建、滚动升级或回滚、扩容或缩容 Pod。例如，一个简单的 Nginx Pod 可以这样写：

```
apiVersion: apps/v1beta1
kind: Deployment
metadata:
  name: nginx-deployment
spec:
  replicas: 2
  template:
    metadata:
      labels:
        app: nginx
    spec:
      containers:
      - name: nginx
        image: nginx:alpine
        ports:
        - containerPort: 80
```

Deployment 与 RC 的配置文件几乎没有区别，但是它支持扩容：

```
user@ops-admin:~$ kubectl create -f nginx-deployment.yaml
deployment "nginx-deployment" created
user@ops-admin:~$ kubectl get deployment
NAME             DESIRED   CURRENT   UP-TO-DATE   AVAILABLE   AGE
nginx-deployment 2         2         2            2           12s
user@ops-admin:~$ kubectl scale deployment nginx-deployment --replicas 4
```

还支持自动扩容（HPA），例如当 CPU 使用率超过 80%时，自动启动新的 Pod：

```
user@ops-admin:~$ kubectl autoscale deployment nginx-deployment --min=2 --max=9 --
cpu-percent=80
```

上面表示最小两个 Nginx Pod，最多 9 个 Nginx Pod。下面介绍这个可以自动扩容的 HPA 资源对象。

8.2.8　水平扩展：HPA

HPA 的全称为 Horizontal Pod Autoscaling，即 Pod 的水平自动扩展，它可以根据当前系统的负载来自动水平扩容，如果系统负载超过预定值，就开始增加 Pod 的个数，如果低于某个值，就自动减少 Pod 的个数。

HPA 根据 CPU 使用率或应用自定义 metrics 自动扩展 Pod 数量，使用 Heapster 去收集 CPU 的使用情况。HPA 支持三种 metrics 类型（API 版本是 autoscaling/v2alpha1）：

- 预定义的 metrics（比如 Pod 的 CPU 和内存），以利用率的方式计算。
- 自定义的 Pod metrics，以原始值（raw value）的方式计算。

- 自定义的资源对象 metrics，支持两种 metrics 查询方式：Heapster 和自定义的 REST API。

自 Kubernetes 1.6 版起支持自定义 metrics，但是必须在 kube-controller-manager 中配置 `--horizontal-pod-autoscaler-use-rest-clients=true`，以及`--api-server` 指向 kube-aggregator（也可以使用 Heapster 来实现，通过在启动 Heapster 的时候指定 `--api-server=true`）。使用`-horizontal-pod-autoscaler-sync-period` 修改控制管理器每隔多少秒查询 metrics 的资源使用情况（默认为 30 秒）。

HPA 作为 API 资源也可以像 Pod、Deployment 一样使用 `kubeclt` 命令管理，使用方法与其他资源无异。有一点不同的是，可以直接使用 `kubectl autoscale` 命令创建 HPA：

```
user@ops-admin:~$ kubectl autoscale (-f FILENAME | TYPE NAME | TYPE/NAME) \
    [--min=MINPODS] --max=MAXPODS \
    [--cpu-percent=CPU] [flags] [options]
```

下面是一个示例：

```
# 创建 pod 和 service
user@ops-admin:~$ kubectl run nginx \
    --image=nginx:alpine \
    --requests=cpu=200m --expose --port=80
service "nginx" created
deployment "nginx" created

# 创建 autoscaler，必须先有"nginx"这个 deployment
user@ops-admin:~$ kubectl autoscale deployment nginx \
    --cpu-percent=50 --min=1 --max=10
deployment "nginx" autoscaled

# 查看 HPA
user@ops-admin:~$ kubectl get hpa
NAME    REFERENCE   TARGET  CURRENT  MINPODS  MAXPODS  AGE
nginx   ..../scale  50%     0%       1        10        13s

# 增加负载
user@ops-admin:~$ kubectl run -it load-generator \
   --image=busybox \
   while true; do \
      wget -q -O- http://nginx.node1; done

# 过一会就可以看到负载升高了
user@ops-admin:~$ kubectl get hpa
NAME    REFERENCE   TARGET  CURRENT  MINPODS  MAXPODS  AGE
nginx   ..../scale  50%     209%     1        10        2m

# autoscaler 将这个 deployment 扩展为 4 个 pod
```

```
user@ops-admin:~$ kubectl get deployment php-apache
NAME   DESIRED   CURRENT   UP-TO-DATE   AVAILABLE   AGE
nginx  4         4         4            4           18m

# 删除刚才创建的负载增加 pod 后会发现负载降低，并且 pod 数量也自动降回 1 个

user@ops-admin:~$ kubectl get hpa
NAME    REFERENCE    TARGET  CURRENT  MINPODS  MAXPODS  AGE
nginx   ..../scale   50%     0%       1        10       11m

user@ops-admin:~$ kubectl get deployment php-apache
NAME   DESIRED   CURRENT   UP-TO-DATE   AVAILABLE   AGE
nginx  1         1         1            1           27m
```

8.2.9 服务对象：Service

Service 是 Kubernetes 中最核心的资源对象之一，我们前面所说的 Pod、RC、RS、Deployment、Label 等都是为 Service 服务的，例如 Pod 副本实际上是通过 Label 选择器来实现与 Service 对接的——作为 Service 负载均衡的后端，而 RC/RS 的作用实际上是保证 Service 的服务能力和服务质量始终处于预期的标准。Service 作为 Kubernetes 里面抽象出来的一层，它定义了由多个 Pods 组成的逻辑组（logical set），Service 可以管理组内的 Pod。

总而言之，Service 有三大作用：

- 对外暴露流量；
- 做负载均衡（load balancing）；
- 服务发现（service-discovery）。

Service 通过标签来选取服务后端，一般配合 Replication Controller 或者 Deployment 来保证后端容器的正常运行。Service 的架构图如图 8-4 所示。

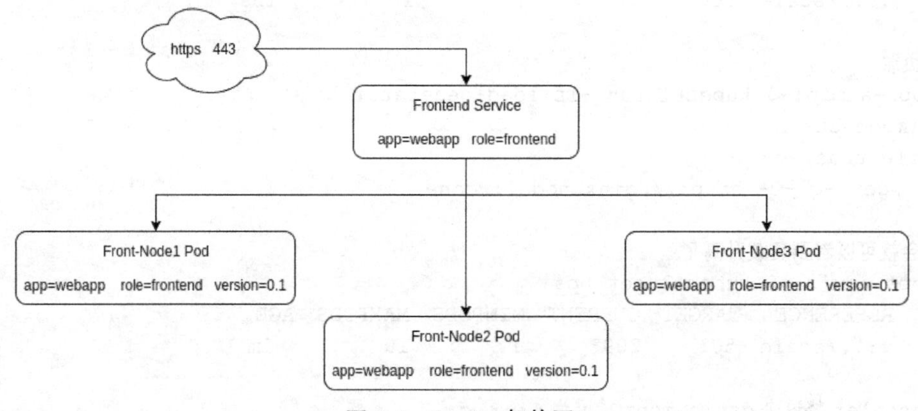

图 8-4 Service 架构图

前面讲过，不建议从外部访问 Pod 容器，因为 Pod 的生命周期较短，IP 不可靠，而 Service 能够提供 Pod 服务暴露。因为 Service 有一个集群内唯一的私有虚拟 IP 和对外的端口，用于接收流量，所以要想在集群外也可以访问的话，有如下三种方法。

- LoadBalancer：提供一个公网的 IP。
- NodePort：使用 NAT 将 Service 的端口暴露出去。
- Ingress：Kubernetes 提供的一种路由转发机制。

要了解前面这两个方法，就要理解三个 IP 的区别。

- Pod IP：Pod 的 IP 地址。
- Node IP：Node 节点的 IP 地址。
- Cluster IP：Service 的 IP 地址。

Pod IP 是每个 Pod 的 IP 地址，它是由 Docker 根据 Docker 网桥 IP 段进行分配的，一般都是虚拟的二层网络。这个 IP 就像之前使用 Docker 集群一样，通过这个 IP 可以让不同节点上的 Pod 里面的容器都能够彼此直接通信，当然真实的 TCP/IP 流量是通过 Node IP 所在的物理网卡流出的。

Node IP 是 Kubernetes 集群中每个节点的物理网卡的 IP 地址，所有属于这个网络的设备都能通过这个网络直接与节点通信，不管它们是否属于这个 Kubernetes 集群。

Service 的 Cluster IP 是一个虚拟的 IP，只在集群网络内部使用，只对 Kubernetes 的服务对象有效，是 Kubernetes 分配给服务的一个 IP 地址。Cluster IP 是虚假的，因此无法使用 ping 命令。Cluster IP 本身不能进行任何 TCP/IP 通信，只有结合 Service port 后才组成一个具体的通信端口。

有意思的是，在 Kubernetes 集群之内，Node IP 网、Pod IP 网与 Cluster IP 网之间的通信采用的是 Kubernetes 自己设计的一种特殊的编程式路由规则，与传统的 IP 路由有很大区别。

现在回到上面说的两种集群外部访问的方法，最直接的当然就是节点端口访问，这是一个真实的物理地址，只需要在配置文件中这样写：

```
apiVersion: v1
kind: Service
metadata:
 name: front-svc
 labels:
  app: nginx
  tier: frontend
spec:
 ports:
 - port: 80
  targetPort: 80
  nodePort: 30000
 selector:
  app: nginx
  tier: frontend
 type: NodePort
```

```
---
apiVersion: extensions/v1beta1
kind: Deployment
metadata:
 name: front-nginx
spec:
 replicas: 1
 template:
   metadata:
     labels:
       app: nginx
       tier: frontend
   spec:
     containers:
       - name: nginx-app
         image: nginx:alpine
         ports:
          - containerPort: 80
```

- 这里的port表示Service暴露在Cluster IP上的端口，`<cluster ip>:port`是提供给集群内部访问Service的入口。
- nodePort是Kubernetes提供给集群外部访问Service的一种方式（另一种方式是LoadBalancer），所以，`<nodeIP>:nodePort`是访问Service的入口之一。nodePort的范围只能是30000 ~ 32767中的一个数字。
- targetPort是Pod上的端口，数据从port或者nodePort流入，经过kube-proxy最后到Pod的targetPort上进入容器。

在NodePort方式中，Kubernetes会为集群中每个节点开启对应的TCP监听端口（如果服务Pod副本数量是多个的话），因此在外部只要用`<任意Node IP地址>:<指定NodePort>`的方式即可访问这个服务。在任意节点上运行netstat命令查看监听状态：

```
user@ops-admin:~$ netstat -tlp | grep 30000
```

使用`-o wide`参数查看具体Pod的运行节点：

```
user@ops-admin:~$ kubectl get pods -o wide
NAME      READY  STATUS   RESTARTS  AGE  IP          NODE
front-... 1/1    Running  0         3m   172.17.0.3  ops-node1
front-... 1/1    Running  0         3m   172.17.0.3  ops-node2
front-... 1/1    Running  0         3m   172.17.0.2  ops-node2
front-... 1/1    Running  0         3m   172.17.0.2  ops-node1
```

Service的负载均衡本质上和NodePort是一样的，所以只需要把上面的`type: NodePort`改为`type: LoadBalancer`即可。到现在为止，已经介绍了大部分的Service基本使用方法，但是Service

还有更高级的用法以及更有趣的特性没有介绍，对于 Service 的学习还远未结束，在后面我们还会再次深入探究 Service 的高阶使用与原理。

8.2.10 数据卷资源：Volume

数据卷 Volume 相信大家已经很熟悉，在前面的内容中我们就已经很多次使用到数据卷来持久化数据。在 Kubernetes 中同样有数据持久化的需求，而且 Kubernetes 对 Volume 的管理更加出色，一个 Kubernetes Volume 拥有明确的生命周期，与所在的 Pod 的生命周期相同。刚才这句话还可以理解为 Volume 独立于任何容器，只与 Pod 相关，所以数据卷在 Pod 或者容器重启的过程中还会保留。而且，Kubernetes Volume 支持多种类型，任何容器都可以使用多个 Kubernetes Volume。

与 Docker 一样，数据卷依旧是文件目录，不同的是 Kubernetes Volume 支持以下类型的 Volume：emptyDir、hostPath、gcePersistentDisk、awsElasticBlockStore、nfs、iscsi、glusterfs、rbd、gitRepo、secret、persistentVolumeClaim。

注意，这些 volume 类型并非全部都是持久化的，比如 emptyDir、secret、gitRepo 等，这些 Volume 会随着 Pod 的消失而消失。

1. volume 类型

emptyDir

如果 Pod 设置了 emptyDir 类型的 Volume，当 Pod 被调度创建时便会同时创建 emptyDir，并且会一直存在于 Pod 的生命周期中。

正如它的名字一样，它初始化的是一个空的目录，Pod 中的容器都可以读/写这个目录，这个目录可以被挂载到各个容器相同或者不相同的路径下。

当一个 Pod 因为任何原因（删除、迁移等）被移除时，这些数据会被永久删除。但只要 Pod 运行在 Node 上，emptyDir 就会存在，一个容器崩溃不会导致数据的丢失，因为容器的崩溃并不移除 Pod。

emptyDir 类型的 Volume 一般用在临时空间等场景，默认的是 emptyDir 类型的 Volume 可以存储在任何后端介质之上（普通磁盘、ssd 或网络存储）。甚至可以将 emptyDir.medium 字段设置为 Memory，映射到 tmpfs（基于 RAM 的文件系统，机器重启便永久丢失）中。

Pod 示例：

```
apiVersion: v1
kind: Pod
metadata:
  name: test-pd
spec:
  containers:
  - image: gcr.io/google_containers/test-webserver
    name: test-container
    volumeMounts:
```

```
    - mountPath: /cache
      name: cache-volume
  volumes:
  - name: cache-volume
    emptyDir: {}
```

hostPath

hostPath 类型的 Volume 就是挂载了主机的一个文件或者目录，hostPath 允许挂载 Node 上的文件系统到 Pod 里面去。如果 Pod 需要使用 Node 上的文件，则可以使用 hostPath。

例如，如下情况我们依旧可能需要用到 hostPath：

- 运行的容器需要访问 Docker 内部结构，使用 hostPath 映射/var/lib/docker；
- 在容器中运行 cAdvisor，使用 hostPath 映射/dev/cgroups；
- 同步主机时间，使用 hostPath 映射/etc/timezone。

当我们使用 hostPath 时要注意：从模板文件中创建的 Pod 可能会因为主机上文件夹目录的不同而导致一些问题。而且当宿主机与 hostPath 的目录权限不一样时，需要让你的程序运行在 privileged container 上，或者修改宿主机上的文件权限。

Pod 示例：

```
apiVersion: v1
kind: Pod
metadata:
  name: test-pd
spec:
  containers:
  - image: gcr.io/google_containers/test-webserver
    name: test-container
    volumeMounts:
    - mountPath: /test-pd
      name: test-volume
  volumes:
  - name: test-volume
    hostPath:
      # 主机目录路径
      path: /data
```

云服务商存储

- gcePersistentDisk 会挂载一个特殊 GCE 持久化磁盘到我们的 Pod 中，和 emptyDir 不同的是，gcePersistentDisk 不会随 Pod 的删除而删除，仅仅是解除挂载状态。使用这个类型的 Volume 要求节点必须使用 GCE VMs。
- awsElasticBlockStore 会挂载 AWS EBS 磁盘到指定 Pod 中，awsElasticBlockStore 同样不会随 Pod 的删除而删除，仅仅是解除挂载状态。当然，条件也是节点必须运行在 AWS 的虚拟机上。

这两个类型是 GCE 与 AWS 特别推出的类型，文档可参见这两家公司的官网。

NFS

NFS 是 Network File System 的缩写，即网络文件系统。Kubernetes 中通过简单的配置就可以挂载 NFS 到 Pod 中，NFS 支持同时读/写操作。

与 emptyDir 不同的是，NFS 中的数据是不会随 Pod 的删除而删除的，仅仅是解除挂载状态，因此 NFS 中的数据是可以永久保存的。这些数据可以在 Pod 之间相互传递，并且，NFS 可以同时被多个 Pod 挂载并进行读/写操作。

具体例子可以查看：https://github.com/kubernetes/examples/blob/master/staging/volumes/nfs/README.md。

示例：

```
volumes:
- name: nfs
  nfs:
    # 修改为你的 NFS 地址和路径
    server: 10.254.234.223
    path: "/"
```

Flocker

Flocker 是一个开源的集群容器数据卷管理器。前面介绍过它，它提供由各种存储后端支持的数据卷的管理和编排。Flocker volume 插件允许将 Flocker dataset 挂载到 Pod 中。

如果 Flocker 中尚未存在 dataset，则需要首先使用 Flocker CLI 或使用 Flocker API 创建 dataset。如果 dataset 已经存在，那它将被 Flocker 连接到调度的节点。这意味着 Pod 之间可以共享 Flocker 数据卷。

gitRepo

gitRepo 挂载一个空的目录并将 git 上的内容克隆（clone）到目录里供 Pod 使用，在 Kubernetes 计划中，gitRepo 会被转移到更加解耦的模型中，而不是像现在以 Kubernetes API 扩展形式存在的。

gitRepo 卷的示例如下：

```
apiVersion: v1
kind: Pod
metadata:
  name: server
spec:
  containers:
  - image: nginx
    name: nginx
    volumeMounts:
    - mountPath: /mypath
      name: git-volume
```

```
volumes:
- name: git-volume
  gitRepo:
    repository: "git@somewhere:me/my-git-repository.git"
    revision: "22f1d8406d464b0c0874075539c1f2e96c253775"
```

其他 Volume 类型

- iscsi 允许将现有的 iscsi 磁盘挂载到 Pod 中，同样 iscsi 不会随 Pod 删除而丢失数据，这些数据可以在 Pod 之间相互传递。iscsi 的最大特点是它可以同时被多个 Pod 以只读的形式挂载，这意味着可以提前将数据准备好，然后挂载到多个 Pod 中（iscsi 只能被一个 Pod 以读/写方式挂载，其他都是只读）。
- glusterfs Volume 允许 Glusterfs 格式的开源磁盘挂载到 Pod 中，类似于 NFS，不会因为删除 Pod 而删除数据，同时数据可以在 Pod 之间相互传递。
- rbd Volume 允许 Rados Block Device 格式的磁盘挂载到 Pod 中，同样是数据与 Pod 分离，数据可以在 Pod 之间相互传递。

Secrets

Secrets Volume 是存储敏感信息的地方，例如密码之类。我们可以将 Secrets 信息存储到 API 中，使用的时候以文件的形式挂载到 Pod 中，避免 Pod 内的容器读取敏感信息时连接 API，Secrets 是通过 tmpfs 来支撑的，机器重启后便永久丢失。

2. 使用 subPath

Pod 里面的多个容器使用同一个 Volume 时 subPath 就很有必要了。`volumeMounts.subPath` 属性可用于指定“卷相对路径”而不是“卷根目录”。下面是使用一个共享数据卷的 LAMP 栈（Linux Apache Mysql PHP）的 Pod 示例。

HTML 内容映射到其 html 文件夹中，数据库将存储在其 mysql 文件夹中：

```
apiVersion: v1
kind: Pod
metadata:
 name: my-lamp-site
spec:
   containers:
   - name: mysql
     image: mysql
     volumeMounts:
     - mountPath: /var/lib/mysql
       name: site-data
       subPath: mysql
   - name: php
     image: php
     volumeMounts:
```

```
      - mountPath: /var/www/html
        name: site-data
        subPath: html
  volumes:
  - name: site-data
    persistentVolumeClaim:
      claimName: my-lamp-site-data
```

3. FlexVolume

可以使用 FlexVolume 实现自己的 Volume 插件并挂载到 Pod 中。它需要保证自定义卷驱动安装在每个节点上才能工作，这是一个 alpha 功能，相信以后会改善。

注意：要把 Volume 插件放到下面目录中：/usr/libexec/kubernetes/kubelet-plugins/volume/exec/。

插件要实现 init/attach/detach/mount/umount 等命令，具体参考：https://github.com/kubernetes/community/blob/master/contributors/devel/flexvolume.md。

4. Projected Volume

Projected Volume 可以将多个 Volume 映射到同一个目录中并挂载到 Pod 中，支持 secret、downwardAPI（downwardAPI 用于下载 API 数据并挂载到 Pod 中，将所请求的数据写入纯文本文件中）和 configMap。

示例：

```
apiVersion: v1
kind: Pod
metadata:
  name: volume-test
spec:
  containers:
  - name: container-test
    image: busybox
    volumeMounts:
    - name: all-in-one
      mountPath: "/projected-volume"
      readOnly: true
  volumes:
  - name: all-in-one
    projected:
      sources:
      - secret:
          name: mysecret
          items:
            - key: username
              path: my-group/my-username
```

```
    - secret:
        name: mysecret2
        items:
          - key: password
            path: my-group/my-password
            mode: 511
    - downwardAPI:
        items:
          - path: "labels"
            fieldRef:
              fieldPath: metadata.labels
          - path: "cpu_limit"
            resourceFieldRef:
              containerName: container-test
              resource: limits.cpu
    - configMap:
        name: myconfigmap
        items:
          - key: config
            path: my-group/my-config
```

每个 Projected 数据卷配置都写在 sources 下面，参数几乎与原来数据卷的类型相同，但有两个例外：

- 对于 secrets 类型，secretName 这个字段要改为与配置映射命名一致；
- 像上面例子中的 mysecret2 映射卷，defaultMode 只能指定特定映射目录的权限，不能改变整个数据卷的权限（除非每一个映射卷都指定了 mode 的值）。

5. 本地存储限额

Kubernetes v1.7 之后允许调度限额基于本地存储类型（如 hostPath、emptyDir、gitRepo 等）的数据卷容量，可以通过`--feature-gates=LocalStorageCapacityIsolation=true`来开启这个特性。

Kubernetes 将本地存储分为两类。

- `storage.kubernetes.io/overlay`：即`/var/lib/docker`的可存储空间大小。
- `storage.kubernetes.io/scratch`：即`/var/lib/kubelet`的可存储空间大小。

Kubernetes 根据 `storage.kubernetes.io/scratch` 的大小来调度本地存储空间，根据`storage.kubernetes.io/overlay`来调度容器的存储空间。

比如为容器请求 64MB 的可写层存储空间：

```
apiVersion: v1
kind: Pod
metadata:
  name: ls1
```

```
spec:
  restartPolicy: Never
  containers:
  - name: hello
    image: busybox
    command: ["df"]
    resources:
      requests:
        storage.kubernetes.io/overlay: 64Mi
```

为 empty volume 类型请求 64MB 的存储空间：

```
apiVersion: v1
kind: Pod
metadata:
  name: ls1
spec:
  restartPolicy: Never
  containers:
  - name: hello
    image: busybox
    command: ["df"]
    volumeMounts:
    - name: data
      mountPath: /data
  volumes:
  - name: data
    emptyDir:
      sizeLimit: 64Mi
```

8.2.11 数据持久化：Persistent Volume

Persistent Volume 和 Persistent Volume Claim 是 Kubernetes 提供的两种 API 资源，用于抽象存储细节。用户只需要将 PVC 挂载到容器中，而不需要关注存储卷采用何种技术实现。

1. PV

你可能会发现，在上面介绍的 Volume 类型中，支持数据持久化并且与 Pod 生命周期独立的 Volume 类型几乎都是需要使用第三方工具实现的，Kubernetes 其实也有自己独立的 Volume 类型，这就是 Persistent Volumes（以后简称 PV）。

在 Kubernetes 的设计中，PV 也属于一种资源——网络存储资源，而且 PV 只能是网络存储，不属于任何节点，但却可以在任何节点上访问。PV 并不与 Pod 共享生命周期，而是独立于 Pod 之外的。

PV 目前支持以下类型：gce persistent disks、NFS、RBD、ISCSCI、AWS、Elastic blockstore、Glusterfs 等。这些几乎都是上面介绍过的 Volume 类型。

比如一个 NFS 的 PV 可以定义为（仅创建 PV 是无法直接使用的，还需要创建 PVC 绑定之后才能使用）：

```
apiVersion: v1
kind: PersistentVolume
metadata:
  name: pv0003
spec:
  capacity:
    storage: 5Gi
  accessModes:
    - ReadWriteOnce
  persistentVolumeReclaimPolicy: Recycle
  nfs:
    path: /tmp
    server: 172.17.0.2
```

PV 的访问模式（accessModes）有以下三种。

- Read Write Once（RWO）：可读可写，只支持挂载到单个 Pod 中。
- Read Only Many（ROX）：只读，可以挂载到多个 Pod 中。
- Read Write Many（RWX）：可读可写，支持挂载到多个 Pod 中共享。

不是每一种存储都支持这三种方式，例如支持 RWX 的存储驱动还比较少，比较常用的是 NFS。详细支持情况可以见表 8-1（2017-07-28）。

表 8-1　Volume 插件对 PV 访问模式的支持情况

Volume 插件	一次读写	仅多次读	多次读写
AWSElasticBlockStore	✓	-	-
AzureFile	✓	✓	✓
AzureDisk	✓	-	-
CephFS	✓	✓	✓
Cinder	✓	-	-
FC	✓	✓	-
FlexVolume	✓	✓	-
Flocker	✓	-	-
GCEPersistentDisk	✓	✓	-
Glusterfs	✓	✓	✓
HostPath	✓	-	-
iSCSI	✓	✓	-
PhotonPersistentDisk	✓	-	-
Quobyte	✓	✓	✓

续表

NFS	✓	✓	✓
RBD	✓	✓	-
VsphereVolume	✓	-	-
PortworxVolume	✓	-	✓
ScaleIO	✓	✓	-
StorageOS	✓	-	-

PV 的回收策略（Persistent Volume Reclaim Policy）有三种。

- Retain：不清理，如果要删除需要手动清理 Volume；
- Recycle：删除数据，只有 NFS 和 HostPath 支持；
- Delete，删除存储资源，支持 AWS EBS、GCE PD、Azure Disk 和 Cinder 等网络存储服务。

最后，PV 是一种有状态的资源对象，所以相比其他资源对象，它有以下几种状态：Available（可用状态）、Bound（已绑定到 PVC 上）、Released（绑定的 PVC 已删除，但资源还没有被集群收回）、Failed（PV 自动回收失败）。

2. PVC

PVC（Persistent Volume Claim）是用户存储的请求，它类似于 Pod。Pod 消耗节点资源，而 PVC 消费 PV 资源，例如 Pod 可以向 Node 请求特定级别的资源（CPU 和内存），而 PVC 可以向 PV 请求特定的大小和访问模式。

在 PVC 绑定 PV 时通常根据两个条件来绑定，一个是存储的大小，另一个是访问模式。

例如创建一个 PV（local-storage 类型的 PV 只有 Kubernetes v1.7+才支持）：

```
apiVersion: v1
kind: PersistentVolume
metadata:
  name: front-pv
  annotations:
    ... ...
spec:
  capacity:
    storage: 5Gi
  accessModes:
  - ReadWriteOnce
  persistentVolumeReclaimPolicy: Delete
  storageClassName: local-storage
  local:
    path: /mnt/disks/ssd1
```

然后创建 PVC，这样才可以申请存储资源：

```
kind: PersistentVolumeClaim
```

```
apiVersion: v1
metadata:
  name: front-claim
spec:
  accessModes:
  - ReadWriteOnce
  resources:
    requests:
      storage: 5Gi
  storageClassName: local-storage
```

接下来可以挂载到 Pod 中：

```
kind: Pod
apiVersion: v1
metadata:
  name: front-pod
spec:
  containers:
    - name: front-nginx
      image: nginx: alpine
      volumeMounts:
      - mountPath: "/var/www/html"
        name: front-volume
  volumes:
    - name: front-volume
      persistentVolumeClaim:
        claimName: front-claim
```

虽然 PVC 允许用户使用抽象存储资源，但是常见的是，用户需要具有不同属性的 PV 用于不同的场景。Kubernetes 需要能够提供多种类型的 PV，而不仅仅是其大小和访问模式，同时无须用户了解这些卷的实现细节。这就涉及 PV 的两种提供方式：

- 静态模式。存储集群先创建一定数量的 PV，PV 包含了真实存储的底层细节，开发人员（用户）通过 Kubernetes API 使用存储。
- 动态模式。PV 先创建存储分类（Storage Class），PVC 请求已创建的某个类的资源，这样在现有 PV 不满足 PVC 的请求时，Kubernetes 可以动态分配资源。

3. StorageClass

上面通过手动的方式创建了一个 NFS Volume，这在管理很多 Volume 时不太方便。Kubernetes 还提供了 StorageClass 来动态创建 PV，不仅节省了管理员的时间，还可以封装不同类型的存储供 PVC 选用。

StorageClass 为管理员提供了一种描述它们提供的存储“类”的方法。不同的类可能映射到不同的服务质量级别或备份策略，或者由群集管理员确定的任意策略。

下面来看一个例子（使用 GCE），创建一个 StorageClass：

```
kind: StorageClass
apiVersion: storage.k8s.io/v1beta1
metadata:
  name: slow
provisioner: kubernetes.io/gce-pd
parameters:
  type: pd-standard
  zone: us-central1-a
```

然后用上面的存储类动态创建一个 PVC：

```
kind: PersistentVolumeClaim
apiVersion: v1
metadata:
  name: front-claim
spec:
  accessModes:
    - ReadWriteOnce
  resources:
    requests:
      storage: 8Gi
  selector:
    matchLabels:
      release: "stable"
    matchExpressions:
      - {key: environment, operator: In, values: [dev]}
```

现在 PVC 可以直接挂载到 Pod 中了：

```
kind: Pod
apiVersion: v1
metadata:
  name: front-pod
spec:
  containers:
    - name: front-nginx
      image: nginx:alpine
      volumeMounts:
      - mountPath: "/var/www/html"
        name: mypd
  volumes:
    - name: front-volume
      persistentVolumeClaim:
        claimName: front-claim
```

8.2.12 命名空间：Namespace

Namespace 是对一组资源和对象的抽象集合，比如可以用来将系统内部的对象划分为不同的项目组或用户组。常见的 Pods、Services、Replication controllers 和 Deployments 等都是属于某一个 Namespace 的（默认是 default），但是 Node 和 Persistent Volumes 等资源不属于任何 Namespace。

比如 Kubernetes 自带的服务一般运行在 kube-system namespace 中。

在一个 Kubernetes 集群中可以使用 namespace 创建多个“虚拟集群”，这些 Namespace 之间可以完全隔离。因为 Namespace 可以提供独立的命名空间，因此可以实现部分的环境隔离。当你的项目和人员众多的时候可以考虑根据项目属性，例如生产、测试、开发，划分不同的 Namespace。

Kubernetes 提供了 Namespace 来从逻辑上支持多用户的功能，默认有三个 Namespace。

- default：用户默认的 Namespace。
- kube-system 和 kube-public：Kubernetes 自带的服务，系统创建的对象在此 Namespace 中。

当然我们自己创建新的 Namespace。kubectl 可以通过–namespace 或者-n 选项指定 Namespace。如果不指定，默认为 default，例如通过 `kubectl get -all-namespace=true nodes` 来查看 Namespace 下的所有节点。

```
# 查看名字空间
user@ops-admin:~$ kubectl get namespaces
NAME          STATUS      AGE
default        Active      3m
kube-public    Active      3m
kube-system    Active      3m

# 创建一个新的名字空间
user@ops-admin:~$ kubectl create namespace my-namespace
# 使用配置文件创建
user@ops-admin:~$ cat my-namespace.yaml
apiVersion: v1
kind: Namespace
metadata:
  name: new-namespace
user@ops-admin:~$ kubectl create -f ./my-namespace.yaml
# 删除名字空间
user@ops-admin:~$ kubectl delete namespaces my-namespace
```

8.2.13 注释：Annotation

Annotation 使用 key/value 键值对存储元数据，与 Label 相似，但没有 Label 那么严格的命名规则。

Annotation 主要用于信息检索、标记等，总之是给人看的信息，内容灵活填写，像构建信息、版本信息、 Docker 镜像信息、日志存储位置等有可能对管理有帮助的内容都可以写进去，以便管理人员后续管理时能够理解这个资源的用途以及其他相关信息。

8.3 Kubernetes 部署

Kubernetes 官方给出了三种部署 Kubernetes 的方法，分别是一键部署的单机版——Minikube、自动化部署的测试版——Kubeadm，以及手动部署的二进制版本。

8.3.1 使用 Minikube 安装 Kubernetes

Minikube 这个项目通过使用操作系统中的虚拟机技术，在本地建立一个虚拟机集群，模拟集群环境，整个过程一键部署，不需要了解部署细节，适合入门学习或者体验 Kubernetes 的用户。下面首先介绍这种安装方法。

不管用哪种安装方式，都要安装 kubectl：

```
# kubectl 是一个 Kubernetes 控制工具，使用基于 Kubernetes 的 API 写成。由于使用 Go 语言，所以它是
# 跨平台的
user@ops-admin:~$ curl -LO https://storage.googleapis.com/kubernetes-
release/release/$(curl -s https://storage.googleapis.com/kubernetes-
release/release/stable.txt)/bin/linux/amd64/kubectl
# 赋予文件执行权限并移动到系统变量 PATH 中方便执行命令
user@ops-admin:~$ chmod a+x ./kubectl && sudo mv ./kubectl /usr/local/bin/kubectl
# 查看 kubectl 的版本
user@ops-admin:~$ kubectl version
Client Version: version.Info{Major:"1", Minor:"7", GitVersion:"v1.7.1",
GitCommit:"1dc5c66f5dd61da08412a74221ecc79208c2165b", GitTreeState:"clean",
BuildDate:"2017-07-14T02:00:46Z", GoVersion:"go1.8.3", Compiler:"gc",
Platform:"linux/amd64"}
```

接下来安装 Minikube，首先在最新版下载地址（ https://github.com/kubernetes/minikube/releases ）中下载执行文件，Minikube 同样是一个 Go 语言写成的命令行工具，下载之后赋予权限并移动到 PATH 目录下。

```
user@ops-admin:~$ curl -Lo minikube
https://storage.googleapis.com/minikube/releases/v0.20.0/minikube-linux-amd64 && \
      chmod +x minikube && sudo mv minikube /usr/local/bin/
```

现在可以启动了（国内初次部署需要挂代理，以后可以在配置选项~/.minikube/machines/minikube/config.json 里面的 ENV 中修改）：

```
# 代理地址修改为你自己宿主机的 IP 加上端口，不要填写 127.0.0.1，因为这个变量是虚拟机内部的变量
user@ops-admin:~$ minikube start \
      --docker-env HTTP_PROXY=http://192.168.1.102:8118 \
```

```
        --docker-env HTTPS_PROXY=http://192.168.1.102:8118
Starting local Kubernetes v1.6.4 cluster...
Starting VM...
Moving files into cluster...
Setting up certs...
Starting cluster components...
Connecting to cluster...
Setting up kubeconfig...
Kubectl is now configured to use the cluster.
```

稍等片刻即可启动成功，虚拟机启动后需要从 Google 拉取几个镜像，第一次启动还需要等上几分钟，可以使用 `minikube logs -f` 查看日志，也可以使用 `minikube ssh` 连接虚拟机，进入虚拟机中操作，虚拟机的默认用户是 docker，使用 su 切换 root 账号可以方便编辑文件。

如果因为网络原因无法从 Google 仓库拉取镜像，可以到 Docker Hub 中拉取镜像（非官方）：https://hub.docker.com/u/googlecontainer/。

使用`--vm-driver=xxx` 可以选择不同的虚拟机引擎，例如 macOS 可以选择 xhyve 等（已装驱动），支持以下虚拟机驱动：

- virtualbox；
- vmwarefusion；
- kvm；
- xhyve。

使用`--network-plugin=`可以选择网络插件，使用`--container-runtime=`改变容器引擎。使用 `minikube dashboard` 打开 Kubernetes 面板，如图 8-5 所示。

图 8-5　Kubernetes 面板

minikube docker-env 命令可以显示目前 Minikube 的 Docker 环境参数，通过下面方法可以让外部的 Docker 客户端通过这些参数来连接 Minikube 环境操作，相当方便。

```
user@ops-admin:~$ minikube docker-env
export DOCKER_TLS_VERIFY=1
export DOCKER_HOST=tcp://192.168.99.100:2376
export DOCKER_CERT_PATH=/Users/peihsinsu/.minikube/certs
# Run this command to configure your shell
user@ops-admin:~$ eval $(minikube docker-env)
```

8.3.2 使用 Kubeadm 安装 Kubernetes

如果你已经使用上面的 Minikube 安装了 Kubernetes，那么 kubectl 命令会有一份配置文件保存在$HOME/.kube 目录下，需要删除才可以使用 Kubeadm 安装。

确保你已经安装 Docker：

```
root@ops-admin:~# curl -sSL https://get.docker.com/ | sh
root@ops-admin:~# systemctl enable docker && systemctl start docker
```

然后安装 Kubernetes，添加软件源：

```
root@ops-admin:~# curl https://packages.cloud.google.com/apt/doc/apt-key.gpg |
apt-key add -
root@ops-admin:~# cat <<EOF > /etc/apt/sources.list.d/kubernetes.list
deb http://apt.kubernetes.io/ kubernetes-xenial main

EOF
```

更新软件包缓存并安装：

```
root@ops-admin:~# apt-get update
root@ops-admin:~# apt-get install -y kubelet kubeadm kubectl kubernetes-cni
```

最后启用 kubelet：

```
root@ops-admin:~# systemctl enable kubelet && systemctl start kubelet
```

现在启动 kubeadm（1.2.3.4 表示服务器 IP）：

```
root@ops-admin:~# sudo kubeadm init --kubernetes-version v1.7.1
[kubeadm] WARNING: kubeadm is in beta, please do not use it for production clusters.
[init] Using Kubernetes version: v1.7.1
[init] Using Authorization modes: [Node RBAC]
[preflight] Running pre-flight checks
... ...
[apiclient] Created API client, waiting for the control plane to become ready
# 此处要等待几分钟时间，如果在国内部署建议使用手动的方式拉取镜像
```

```
[apiclient] All control plane components are healthy after 59.001560 seconds
... ...
Your Kubernetes master has initialized successfully!

To start using your cluster, you need to run (as a regular user):
  mkdir -p $HOME/.kube
  sudo cp -i /etc/kubernetes/admin.conf $HOME/.kube/config
  sudo chown $(id -u):$(id -g) $HOME/.kube/config
You should now deploy a pod network to the cluster.
Run "kubectl apply -f [podnetwork].yaml" with one of the options listed at:
  http://kubernetes.io/docs/admin/addons/
You can now join any number of machines by running the following on each node as root:
  kubeadm join --token a5ffab.459f74802e932eb2 1.2.3.4:6443
```

注意：上面命令中的`--kubernetes-version v1.7.1`并不是必需的，指定版本号是因为在国内无法访问 Google，不能通过网络获取版本号所以才采用手动指定版本，这个版本号应该对应你已经拉回本地的镜像版本号。

现在根据提示设置`kubectl`信息：

```
user@ops-admin:~$ mkdir -p $HOME/.kube
user@ops-admin:~$ sudo cp -i /etc/kubernetes/admin.conf $HOME/.kube/config
user@ops-admin:~$ sudo chown $(id -u):$(id -g) $HOME/.kube/config
```

详细设置可以查看`kubeadm init --help`的说明。使用`kubectl version`查看客户端以及服务端版本：

```
root@ops-admin:~# kubectl version
Client Version: version.Info{Major:"1", Minor:"7", GitVersion:"v1.7.1",
GitCommit:"1dc5c66f5dd61da08412a74221ecc79208c2165b", GitTreeState:"clean",
BuildDate:"2017-07-14T02:00:46Z", GoVersion:"go1.8.3", Compiler:"gc",
Platform:"linux/amd64"}
Server Version: version.Info{Major:"1", Minor:"7", GitVersion:"v1.7.1",
GitCommit:"1dc5c66f5dd61da08412a74221ecc79208c2165b", GitTreeState:"clean",
BuildDate:"2017-07-14T01:48:01Z", GoVersion:"go1.8.3", Compiler:"gc",
Platform:"linux/amd64"}
```

现在系统有三个 kube*开头的命令，`kubeadm`是一键管理集群的工具（类似 swarm），`kubectl`是管理 Kubernetes 的客户端（类似 docker），`kubelet`是 Kubernetes 的服务端（类似 dockerd）。

```
root@ops-admin:~# kubelet --version
Kubernetes v1.7.1
```

已知 Bug：Kubeadm v1.7.1 中有一个已知的问题（未来更新修复），导致集群初始化网络出错，开发人员可以在 kubelet 配置文件`/etc/systemd/system/kubelet.service.d/10-kubeadm.conf`中修改相应的启动参数：

```
ExecStart=/usr/bin/kubelet $KUBELET_KUBECONFIG_ARGS $KUBELET_SYSTEM_PODS_ARGS
$KUBELET_NETWORK_ARGS $KUBELET_DNS_ARGS $KUBELET_AUTHZ_ARGS $KUBELET_EXTRA_ARGS
# 去掉上面的$KUBELET_NETWORK_ARGS
# 然后重启 Kubelet
root@ops-admin:~# systemctl daemon-reload
root@ops-admin:~# systemctl restart kubelet.service
```

最后使用 kubeadm init 创建集群。如果之前已经创建请删除~/.kube 目录，并执行 kubeadm reset 命令重置。另外一种解决方法是在 Kubelet 配置文件中加入一个参数--cgroup-driver="systemd"，使得 Docker 与 Kubernetes 使用同一个 Cgroup 驱动。

8.4 Kubernetes 命令行详解

本节中我们根据 kubectl 命令的作用把 kubectl 的命令分为 8 个部分，分别是基本命令（初级）、基本命令（中级）、部署命令、集群管理命令、故障排除与调试命令、高级命令、设置命令、其他命令。

kubectl 命令行的语法如下：

```
kubectl [子命令] [资源类型] [资源名称] [选项]
```

你可能注意到了，kubectl 命令对于资源类型的名称要求并不是很严格的。例如下面几个命令都是查询节点的资源：

```
user@ops-admin:~$ kubectl get node
user@ops-admin:~$ kubectl get nodes
user@ops-admin:~$ kubectl get no
```

类似的还有 pod、pods、po 等。表 8-2 总结了资源类型的一些缩写，在执行命令时可以少输入一些字母。

表 8-2 资源类型缩写一览表

资源类型	缩 写
certificatesigningrequests	csr
componentstatuses	cs
configmaps	cm
daemonsets	ds
deployments	deploy
endpoints	ep
events	ev
horizontalpodautoscalers	hpa
Ingresses	ing

续表

资源类型	缩　写
limitranges	limits
namespaces	ns
networkpolicies	netpol
nodes	no
persistentvolumeclaims	pvc
persistentvolumes	pv
poddisruptionbudgets	pdb
pods	po
podsecuritypolicies	psp
replicasets	rs
replicationcontrollers	rc
resourcequotas	quota
serviceaccounts	sa
services	svc

使用 `kubectl get all` 可以获得所有资源类型的状态。另外，也可以通过 alias 这一特性把 `alias kctl="kubectl"`写入`.bashrc` 或者`.zshrc` 文件中。

8.4.1 基本命令（初级）

初级命令主要是 kubectl 中最基础的“创建”系列命令，控制资源的创建与启动，通常它们的 API 也是最简单的。

1. create

通过文件名或控制台输入（stdin）创建资源，支持 JSON 与 YAML 格式的文件：

```
$ kubectl create -f 文件名 [选项]
$ cat 文件名 | kubectl create -f - [选项]
```

常用选项解释如下。

- -f, --filename=[]：用于创建资源的文件名，目录名或者 URL。
- -o, --output=""：输出格式，使用`-o name` 来输出简短格式（资源类型/资源名）。

目前 create 子命令还有以下资源类型的命令：

clusterrole

创建一个新的集群角色，示例如下：

```
# 创建一个集群角色命名为"pod-reader"，允许用户使用"get"、"watch"和"list"查看 Pods 信息
$ kubectl create clusterrole pod-reader \
```

```
      --verb=get,list,watch --resource=pods

# 创建一个集群角色命名为"pod-reader"，并指定资源名称
$ kubectl create clusterrole pod-reader \
      --verb=get,list,watch --resource=pods \
      --resource-name=readablepod \
      --resource-name=anotherpod

# 使用指定的 API 组创建名为"foo"的集群角色
$ kubectl create clusterrole foo --verb=get,list,watch --resource=rs.extensions

# 使用指定的 NonResourceURL 创建名为"foo"的集群角色
$ kubectl create clusterrole "foo" --verb=get --non-resource-url=/logs/*
```

选项有如下这些：

- --allow-missing-template-keys=true：如果为 true，则当模板中缺少字段或 map 键时，不提示任何信息，但只适用于 Golang 和 Jsonpath 输出格式。
- --dry-run=false：如果为 true，则只打印要发送给 API Server 的资源对象，实际上不发送。
- --no-headers=false： 使用默认或自定义列输出格式时，不输出表头（默认打印表头）。
- --non-resource-url=[]：用户有权访问的网址。
- -o, --output='：输出格式，可选值有：json|yaml|wide|name|custom-columns=...|custom-columns-file=...|go-template=...|go-template-file=...|jsonpath=...|jsonpath-file=... 等。
- --resource=[]：该规则适用的资源，用于限定资源类型。
- --resource-name=[]：与上面的选项配合使用，用于指定资源名称，可以多次使用。
- --save-config=false：如果为 true，则当前资源对象的配置将保存在其注释中。否则，注释将保持不变。当你希望将来对此对象执行 kubectl apply 时，此选项会很有用。
- --schema-cache-dir='~/.kube/schema'：指定一个加载或者存储缓存 API schemas 的目录，默认是 $HOME/.kube/schema 。
- -a, --show-all=false：打印输出时，显示所有的资源（默认隐藏停止的 Pods）。
- --show-labels=false：打印输出时，将所有标签显示在最后一列（默认隐藏标签列）中。
- --sort-by=：指定字段用于列表排序。字段表示格式为 JSONPath 表达式（例如"{.metadata.name}"）。此 JSONPath 表达式指定的 API 资源中的字段必须是整数或字符串。
- --template='：当使用-o go-template-file 选项时，用这个选项指定 template 字符串或要使用的 template 文件的路径。
- --validate=true：如果为 true，则在发送请求之前使用 schema 验证输入。
- --verb=[]：用于 role 中包含的资源。

clusterrolebinding

为特定的集群角色创建集群角色绑定。

```
# 使用 cluster-admin 集群规则为 user1、user2 和 group1 创建一个 ClusterRoleBinding。
$ kubectl create clusterrolebinding cluster-admin \
      --clusterrole=cluster-admin \
      --user=user1 --user=user2 --group=group1
```

选项如下（部分重叠见上面）。

- --clusterrole='': 指定集群角色。
- --generator='clusterrolebinding.rbac.authorization.k8s.io/v1alpha1'：要使用的 API 生成器的名称。
- --group=[]: 把 groups 绑定到 role。
- --serviceaccount=[]: 把服务 accounts 绑定到 role，格式为 : 。
- --user=[]: 把 usernames 绑定到 role。

configmap

从本地文件、目录或字符值创建一个 configmap（类似 Secrets，但是 ConfigMaps 只是作为多个属性文件的引用）。configmap 可以用来保存 key-value pair 配置数据。当基于文件创建 configmap 时，文件的名称将默认为 key，该 key 值的内容默认为文件的内容。如果文件名称是无效的 key，则可以指定备用的 key。

```
# 别名
# configmap, cm

# 基于文件夹 bar 创建一个名为 my-config 的 configmap（遍历目录中的文件）
kubectl create configmap my-config --from-file=path/to/bar

# 从文件中的 key=value 键值对创建一个名为 my-config 的 configmap（一个文件）
kubectl create configmap my-config --from-file=path/to/bar

# 指定 key 创建一个名为 my-config 的 configmap
kubectl create configmap my-config \
    --from-file=key1=/path/to/bar/key1.txt \
    --from-file=key2=/path/to/bar/key2.txt

# 使用 key1=config1 和 key2=config2 直接创建一个名为 my-config 的 configmap
kubectl create configmap my-config \
    --from-literal=key1=config1 \
    --from-literal=key2=config2

# 从 env 文件创建一个名为 my-config 的 configmap
kubectl create configmap my-config --from-env-file=path/to/bar.env
```

其他选项和上面重叠，不再赘述。

deployment

创建具有指定名称的 deployment：

```
# 别名
# deployment, deploy

# 创建一个名为 my-dep 的 deployment，运行 busybox 镜像
kubectl create deployment my-dep --image=busybox
```

其他选项均与上面重叠，不再赘述。

namespace

创建具有指定名称的 namespace：

```
# 别名
# namespace, ns

# 创建一个名为 my-namespace 的 namespace。
kubectl create namespace my-namespace
```

其他选项均与上面重叠，不再赘述。

poddisruptionbudget

创建具有指定名称的 poddisruptionbudget：

```
# 别名
# poddisruptionbudget, pdb

# 选择所有 app=rails 标签的 Pods，创建一个名为 my-pdb 的 pdb，并要求至少其中一个在任何时间点都
可用。
kubectl create poddisruptionbudget my-pdb --selector=app=rails --min-available=1

# 选择所有 app=nginx 标签的 Pods，创建一个名为 my-pdb 的 pdb，并要求至少一半 Pods 在任何时间点都
可用。
kubectl create pdb my-pdb --selector=app=nginx --min-available=50%
```

其他选项均与上面重叠，不再赘述。

quota

创建具有指定名称的 quota（资源配额）：

```
# 别名
# quota, resourcequota

# 创建一个名为 my-quota 的 quota
kubectl create quota my-quota \
    --
hard=cpu=1,memory=1G,pods=2,services=3,replicationcontrollers=2,resourcequotas=1
```

```
,secrets=5,persistentvolumeclaims=10

# 创建一个名为 best-effort 的 quota
kubectl create quota best-effort --hard=pods=100 --scopes=BestEffort
```

其他选项均与上面重叠，不再赘述。

role

使用单一规则创建角色：

```
# 创建名为"pod-reader"的角色，允许用户在 pod 上执行"get"、"watch"和"list"动作。
kubectl create role pod-reader --verb=get --verb=list --verb=watch --resource=pods

# 创建名为"pod-reader"的 Role，并指定 ResourceName
kubectl create role pod-reader \
    --verb=get,list,watch \
    --resource=pods \
    --resource-name=readablepod \
    --resource-name=anotherpod

# 使用指定的 API 组创建名为"foo"的角色
kubectl create role foo --verb=get,list,watch --resource=rs.extensions

# 使用指定的 SubResource 创建名为"foo"的角色
kubectl create role foo --verb=get,list,watch --resource=pods,pods/status
```

其他选项均与上面重叠，不再赘述。

rolebinding

为特定角色或集群角色创建一个角色绑定：

```
# 使用 admin 集群角色为 user1，user2 和 group1 创建一个 RoleBinding
kubectl create rolebinding admin --clusterrole=admin \
    --user=user1 --user=user2 --group=group1
```

其他选项均与上面重叠，不再赘述。

secret

使用指定的子命令创建一个 secret。子命令有：docker-registry、generic 和 tls 三个。

```
# 例如，如果你还没有.dockercfg 文件，则可以直接使用以下命令创建 dockercfg 密码
kubectl create secret docker-registry my-secret \
    --docker-server=DOCKER_REGISTRY_SERVER \
    --docker-username=DOCKER_USER \
    --docker-password=DOCKER_PASSWORD \
    --docker-email=DOCKER_EMAIL

# 遍历文件夹 bar 中每个文件的键值，创建一个名为 my-secret 的 secret
```

```
kubectl create secret generic my-secret --from-file=path/to/bar
# 使用指定的密钥创建一个名为 my-secret 的 secret
kubectl create secret generic my-secret --from-file=ssh-privatekey=~/.ssh/id_rsa
--from-file=ssh-publickey=~/.ssh/id_rsa.pub
# 用键值对创建一个名为 my-secret 的 secret
kubectl  create  secret  generic  my-secret  --from-literal=key1=supersecret
--from-literal=key2=topsecret

# 使用给定的密钥对创建名为 tls-secret 的 TLS secret
kubectl create secret tls tls-secret --cert=path/to/tls.cert --key=path/to/tls.key
```

service

使用指定的子命令创建一个服务。有四个子命令，见下面示例：

```
# 别名：service, svc

# 创建一个名为 my-cs 的新的 clusterIP 服务
kubectl create service clusterip my-cs --tcp=5678:8080
# 创建一个名为 my-cs 的新的 clusterIP 服务（在 headless 模式下）
kubectl create service clusterip my-cs --clusterip="None"

# 创建一个名为 my-ns 的新的 ExternalName 服务
# ExternalName 服务引用外部 DNS 地址而不仅仅是集群内部的 pod 地址
# 这将允许应用程序引用在其他群集或集群平台之外已存在的服务
kubectl create service externalname my-ns --external-name bar.com

# 创建一个名为 my-lbs 的新的 LoadBalancer 服务
kubectl create service loadbalancer my-lbs --tcp=5678:8080

# 创建一个名为 my-ns 的新的 nodeport 服务
kubectl create service nodeport my-ns --tcp=5678:8080
```

serviceaccount

创建具有指定名称的服务账户：

```
kubectl create serviceaccount my-service-account
```

2. expose

expose 将一个资源（replication controller、service、deployment 和 pod）作为新的 Kubernetes 服务。

expose 按名称查找 deployment、service、RS、RC 或 pod，并将该资源的选择器用作指定端口上新服务的选择器。deployment 或 RS 只有当其选择器可转换为服务支持的选择器时，即当选择器仅包含 matchLabels 组件时，才会暴露为服务。

注意，如果没有通过--port 指定端口，并且暴露的资源有多个端口，则新服务将重新使用所有端口。另外如果没有指定标签，新服务将重新使用它所暴露的资源的标签。

示例：

```
# 创建一个 Nginx RC 服务，该服务在端口 80 上运行，并连接到容器的 8000 端口上
kubectl expose rc nginx --port=80 --target-port=8000
# 这里的 port 表示 Service 暴露在 Cluster IP 上的端口，"<cluster ip>:port"是提供给集群内部访
# 问 Service 的入口
# targetPort 是 Pod 上的端口，数据从 port 或者 nodePort 流入，经过 kube-proxy 最后到 Pod 的
# targetPort 上进入容器

# 使用 nginx-controller.yaml 中定义的类型和名称创建一个 RC 服务，该服务在端口 80 上运行，并连
# 接到容器的 8000 端口上
kubectl expose -f nginx-controller.yaml --port=80 --target-port=8000

# 为 Pod 创建一个端口服务，端口为 444，名称为 frontend
kubectl expose pod valid-pod --port=444 --name=frontend
# 基于上面那个服务创建第二个服务，将容器端口 8443 显示为端口 443，命名为"nginx-https"
kubectl expose service nginx --port=443 --target-port=8443 --name=nginx-https

# 为 nginx deployment 创建服务，该服务在端口 80 上运行，并连接到容器的 8000 端口上
kubectl expose deployment nginx --port=80 --target-port=8000
```

3. run

创建并运行特定镜像。通过创建 deployment 或 job 来管理创建的容器。

```
# 启动一个简单的 nginx 实例
kubectl run nginx --image=nginx
# 启动一个 nginx 实例，让容器暴露端口 80（并不能访问）
kubectl run hazelcast --image=nginx --port=80
# 启动一个 nginx 实例，并在容器中设置环境变量"DNS_DOMAIN = cluster"和"POD_NAMESPACE =
# default"
kubectl run nginx --image=nginx \
    --env="DNS_DOMAIN=cluster" \
    --env="POD_NAMESPACE=default"

# 启动一个有 5 个副本的 nginx 实例
kubectl run nginx --image=nginx --replicas=5
# 只打印不执行
kubectl run nginx --image=nginx --dry-run

# 启动一个单一的 nginx 实例，但是使用 JSON 覆盖一部分值来重载部署规则
kubectl run nginx --image=nginx --overrides='{ "apiVersion": "v1", "spec": { ... } }'

# 重启策略，启动一个 busybox 的 pod，并将其保留在前台，如果退出，不重启它
kubectl run -i -t busybox --image=busybox --restart=Never
```

```
# 使用默认命令启动 nginx 容器，但对该命令使用自定义参数（arg1 .. argN）
kubectl run nginx --image=nginx -- <arg1> <arg2> ... <argN>
# 使用不同的命令和自定义参数启动 nginx 容器
kubectl run nginx --image=nginx --command -- <cmd> <arg1> ... <argN>

# 计算 π 的后面两万位，每 5 分钟打印一次
kubectl run pi --schedule="0/5 * * * ?" --image=perl --restart=OnFailure -- perl
-Mbignum=bpi -wle 'print bpi(20000)'
```

因历史遗留问题，run-container 与 run 是同一个命令，前者已经抛弃，默认使用 run 命令。

4. set

配置应用资源，这个命令可更改现有的应用程序资源。使用格式：

```
kubectl set image -f FILENAME | TYPE NAME CONTAINER_1=IMAGE_1 ... CONTAINER_N=IMAGE_N
```

一共有如下四个子命令：

（1）image

更新现有的容器镜像的资源。示例如下：

将 deployment/nginx 的容器镜像设置为 nginx:1.9.1。

```
kubectl set image deployment/nginx nginx=nginx:1.9.1
```

将所有 deployment 和 rc 的 nginx 容器的镜像更新为 nginx:1.9.1。

```
kubectl set image deployments,rc nginx=nginx:1.9.1 --all
```

（2）resources

为 Pod 模板指定计算资源请求（包括 cpu 和内存）。如果一个 Pod 被成功部署，这个命令将保证 Pod 请求的资源数量。

使用格式：

```
kubectl set resources (-f FILENAME | TYPE NAME) ([--limits=LIMITS & --
requests=REQUESTS]
```

示例如下：

部署 nginx 容器，cpu 限制设置为 200m，将内存设置为 512Mi。

```
kubectl set resources deployment nginx \
    --containers=nginx \
    --limits=cpu=200m,memory=512Mi
```

为 deployment/nginx 中的所有容器设置资源请求限制：

```
kubectl set resources deployment nginx --limits=cpu=200m,memory=512Mi --
requests=cpu=100m,memory=256Mi
```

删除 deployment/nginx 中容器资源的资源请求：

```
kubectl set resources deployment nginx --limits=cpu=0,memory=0 --
requests=cpu=0,memory=0
```

（3）selector

在资源对象上设置选择器。注意，如果资源在调用 set selector 之前已有选择器，则新的选择器将覆盖旧的选择器。选择器必须以字母或数字开头，最多可达 63 个字符的字母、数字、连字符、点和下画线。当前选择器只能在 service 对象上设置。

在创建 deployment/service 之前，设置标签和选择器：

```
kubectl create service clusterip my-svc --clusterip="None" -o yaml --dry-run | \
    kubectl set selector --local -f - 'environment=qa' -o yaml | \
        kubectl create -f -
kubectl create deployment my-dep -o yaml --dry-run | \
    kubectl label --local -f - environment=qa -o yaml | \
        kubectl create -f -
```

（4）subject

在 RoleBinding/ClusterRoleBinding 中更新 user、group 或 ServiceAccount。

示例，更新 user1、user2 和 group1 的 RoleBinding：

```
kubectl set subject rolebinding admin --user=user1 --user=user2 --group=group1
```

其他选项和上面重叠，不再赘述。

8.4.2 基本命令（中级）

1. get

显示一个或多个资源。这个命令比较常用，kubectl get 默认隐藏已停止的资源，无论是运行成功还是启动失败的 Pod，只要状态不是活动的都不显示。但可以通过提供`--show-all` 标志来查看任何资源的完整结果。

最简单的以 ps 输出格式列出所有的 Pods。

```
kubectl get pods
```

以 ps 输出格式列出所有的 Pods，但显示更多信息（如节点名称）。

```
kubectl get pods -o wide
```

以 ps 输出格式输出指定 NAME 的 RC 资源。

```
kubectl get replicationcontroller web
```

按照 JSON 输出格式输出一个 Pod 信息：

```
kubectl get -o json pod web-pod-13je7
```

按照 JSON 输出格式输出 pod.yaml 中指定的类型和名称标识的 Pod（配置文件的 Pod 必须已经启动）：

```
kubectl get -f pod.yaml -o json
```

仅返回指定 Pod 的特定值。

```
kubectl get -o template pod/web-pod-13je7 --template={{.status.phase}}
```

按照 ps 输出格式输出所有的 RC 和 Service：

```
kubectl get rc,services
```

按其类型和名称列出一个或多个资源：

```
kubectl get rc/web service/frontend pods/web-pod-13je7
```

列出不同类型的所有资源：

```
kubectl get all
```

资源类型的缩写可参看上面的表 8-2。

2. explain

资源记录。获取资源及其字段的文档：

```
kubectl explain pods
# 获取资源的特定字段的文档
kubectl explain pods.spec.containers
```

3. edit

在服务器上使用默认编辑器编辑资源，使用这个命令可以编辑多个对象，然后一次性地应用更改。默认使用$KUBE_EDITOR 这个编辑器编辑。

编辑名为 docker-registry 的服务：

```
kubectl edit svc/docker-registry
```

使用 v1 API 格式在 JSON 中编辑作业 myjob：

```
kubectl edit job.v1.batch/myjob -o json
```

在 YAML 中编辑部署 mydeployment，并将修改的配置保存在其注释中：

```
kubectl edit deployment/mydeployment -o yaml --save-config
```

4. delete

通过指定文件名、stdin、资源名称、资源标签选择器来删除资源。接收 JSON 和 YAML 格式。

可以只指定一种类型的参数：文件名、资源名称或资源标签选择器。

使用 pod.json 中指定的类型和名称删除 pod：

```
kubectl delete -f ./pod.json
kubectl delete -f ./pod.yaml
```

根据传入 stdin 的 JSON 类型和名称删除一个 pod：

```
cat pod.json | kubectl delete -f -
```

删除名称为 baz 和 foo 的 Pod 和 Service：

```
kubectl delete pod,service baz foo
```

删除标签为 name=myLabel 的 Pod 和服务：

```
kubectl delete pods,services -l name=myLabel
```

立刻删除 Pod：

```
kubectl delete pod foo --now
```

强制删除 Pod：

```
kubectl delete pod foo --grace-period=0 --force
```

--grace-period 表示一个宽限期，默认为负，表示忽略宽限期。

删除所有的 Pod：

```
kubectl delete pods --all
```

8.4.3 部署命令

1. rollout

管理资源的部署。有效的资源类型包括：deployments、daemonsets。其五个子命令如下。

（1）history

查看以前部署的版本和配置。查看 deployment 资源的部署历史：

```
kubectl rollout history deployment/abc
```

查看 daemonset revision 为 3 的细节：

```
kubectl rollout history daemonset/abc --revision=3
```

（2）pause

将指定的资源标记为已暂停，已暂停资源将不会由控制器调度。使用 `kubectl rollout resume` 恢复暂停的资源。目前仅支持暂停 deployment 资源。

将 nginx 部署标记为已暂停：

```
kubectl rollout pause deployment/nginx
```

（3）resume

恢复暂停资源，暂停的资源将不会被控制器调度。通过恢复资源，我们允许它再次调度。目前，仅 deployment 支持从暂停中恢复。

恢复一个已经暂停的 deployment：

```
kubectl rollout resume deployment/nginx
```

（4）status

显示部署的状态。默认情况下，“部署状态”将监视最新部署的状态，直到完成为止。如果你不想等待部署完成，那么你可以使用--watch=false。注意，如果一个新的发布在两者之间开始，那么“部署状态”将继续观看最新版本。如果你想对某个特定的版本进行修改，则使用 --revision=N。

监视 deployment 的部署状态：

```
kubectl rollout status deployment/nginx
```

（5）undo

回滚到先前的部署：

```
kubectl rollout undo deployment/abc
```

回滚到 daemonset 第 3 个修订版：

```
kubectl rollout undo daemonset/abc --to-revision=3
```

2. rolling-update

执行指定的 RC 进行滚动更新。使用新的 RC 控制器替换旧的 RC 控制器，逐步使用新的 Pod Template 替换旧的 Pod。新旧 RC 必须在同一个 namespace 中，并覆盖其选择器中至少一个标签（通常是版本号），以便选择器可以区分新旧版本 RC。

使用 frontend-v2.json 中的新 RC 控制器更新 frontend-v1 的 Pod：

```
kubectl rolling-update frontend-v1 -f frontend-v2.json
```

使用 stdin 的 JSON 数据更新 frontend-v1 的 Pod：

```
cat frontend-v2.json | kubectl rolling-update frontend-v1 -f -
```

将 frontend-v1 的 Pod 更新为 frontend-v2，只需更改镜像即可：

```
kubectl rolling-update frontend-v1 frontend-v2 --image=image:v2
```

通过更改镜像来更新前端的 Pod，并保留旧名称：

```
kubectl rolling-update frontend --image=image:v2
```

中止并回滚正在进行的升级操作：

```
kubectl rolling-update frontend-v1 frontend-v2 --rollback
```

旧版中还有 rollingupdate 这个命令，意思是一样的，最新版已经显示为 DEPRECATED。

3. scale

为 Deployment、RS、RC 或 Job 设置新的规模。scale 允许用户为伸缩操作指定一个或多个前提条件。如果指定了--current-replicas 或--resource-version，则在尝试伸缩规模之前进行验证，并确保将规模伸缩命令发送到服务器时前提条件保持不变。

将名为 foo 的 RS 资源调整为 3 个：

```
kubectl scale --replicas=3 rs/foo
```

将由 foo.yaml 中定义的资源调整数量为 3 个：

```
kubectl scale --replicas=3 -f foo.yaml
```

如果名为 mysql 的 deployment 当前部署规模是 2 个，那么将 mysql 调整到 3 个：

```
kubectl scale --current-replicas=2 --replicas=3 deployment/mysql
```

同时缩放多个 RC：

```
kubectl scale --replicas=5 rc/foo rc/bar rc/baz
```

名为 cron 的 Job 部署缩放规模为 3：

```
kubectl scale --replicas=3 job/cron
```

旧版命令中有个 resize 命令，与 scale 是一个功能，前者已经显示为 DEPRECATED，使用 scale 即可。

4. autoscale

创建自动规模伸缩器，可自动调整并设置在 Kubernetes 集群中运行的 Pod 数量。通过名称查找 Deployment、ReplicaSet 或 ReplicationController，并创建一个使用指定资源状态作为参考的自动规模伸缩器，autoscale 可以根据需要自动增加或减少系统中部署的 Pod 数量。

自动缩放 deployment/foo，其中 Pod 的数量在 2 到 10 之间，参考资源是 CPU 的利用率，使用默认的自动缩放策略：

```
kubectl autoscale deployment foo --min=2 --max=10
```

自动缩放 rc/foo，其中 Pod 的数量介于 1 到 5 之间，当 CPU 利用率为 80%时启动缩放调整：

```
kubectl autoscale rc foo --max=5 --cpu-percent=80
```

8.4.4 集群管理命令

1. certificate

修改证书资源。有两个子命令。

approve

批准证书签名请求，kubectl certificate 准许管理人员提交的证书签名请求（CSR）。此操作告诉证书签名控制器向请求者颁发证书，其中包含 CSR 中请求的属性。

安全提醒：根据所请求的属性，颁发的证书可能会授权请求者访问集群资源或作为请求的身份进行身份验证。在批准 CSR 之前，请确保你了解签署的证书可以做什么。

deny

拒绝签名请求，kubectl certificate 拒绝管理人员发送的证书签名请求（CSR）。此操作会告知证书签名控制器不向请求者颁发证书。

2. cluster-info

使用标签 kubernetes.io/cluster-service=true 显示 Master 服务器和 Service 的地址，如果要进一步调试和诊断集群问题，可以使用 `kubectl cluster-info dump` 命令。

打印 Master 服务器和集群 Service 的地址如下：

```
kubectl cluster-info
```

dump

dump 集群信息适用于调试和诊断集群问题。默认情况下，将所有内容转储到 stdout。用户可以选择使用--output-directory 指定一个目录。如果指定目录，Kubernetes 将在该目录中创建一组文件。默认情况下，只会转储 kube-system 命名空间中的内容，但是可以使用--namespaces 标志切换到其他命名空间，也可以指定--all 命名空间来转储所有的命名空间：

```
# 转储当前集群状态到stdout（终端输出）中
kubectl cluster-info dump
#  转储当前集群状态到/path/to/cluster-state目录下
kubectl cluster-info dump --output-directory=/path/to/cluster-state
#  转储当前集群所有命名空间状态到stdout（终端输出）中
kubectl cluster-info dump --all-namespaces
# 转储当前集群所有命名空间状态到/path/to/cluster-state目录下
kubectl cluster-info dump --namespaces default,kube-system
```

旧版命令叫作 clusterinfo，目前已经弃用。

3. top

显示资源（CPU、内存、存储）的使用情况。top 命令用于查看节点或 Pod 的资源消耗。此命令需要 Heapster 正确配置并在服务器上正常工作。

top 有两个子命令。

node

这个自然就是显示节点的资源信息了：

```
# 显示所有节点
kubectl top node
# 显示指定节点
kubectl top node <NODE_NAME>
```

pod

显示指定 Pod 的信息，有更多的选项，参考下面例子：

```
# 显示默认命名空间中所有 pod 的资源使用状态
kubectl top pod
# 显示指定命名空间中所有 pod 的资源使用状态
kubectl top pod --namespace=NAMESPACE
# 显示指定 Pod 以及其容器的资源使用状态
kubectl top pod POD_NAME --containers
# 显示有标签 name=myLabel 的 pod 的资源使用状态
kubectl top pod -l name=myLabel
```

4. cordon

标记节点为不可调度。不可调度的节点将从集群的调度列表中删除，不会调度任何资源到该节点中，一般用于节点维护升级任务。标记为不可调度并不会删除节点上的 Pod，但是失联的 Pod 也无法与集群通信。

```
# 标记 foo 节点为不可调度
kubectl cordon foo
```

5. uncordon

标记节点为可调度，与上面的命令相反。

```
# 标记 foo 节点为可调度
kubectl uncordon foo
```

6. drain

drain 标记节点，表示准备维护。该命令会删除该节点上的所有 Pod（DaemonSet 除外，当然 Kubernetes 会在其他 node 上重新启动这些 Pod），通常用于节点维护。

直接使用该命令会自动调用 kubectl cordon <node>命令，先标记为不可用，然后删除节点上的 Pod。当该节点维护完成，启动了 kubelet 后，再使用 kubectl uncordon <node>即可将该节点添加到 Kubernetes 集群中，重新接受调度。

```
kubectl cordon $NODENAME
# 强制删除
kubectl drain foo --force
```

```
# 宽限 15 分钟
# --grace-period 会标记节点为不可调度，拒绝新的调度请求，同时等待节点当前任务完成，待节点任务
# 全部完成后才删除 Pod
kubectl drain foo --grace-period=900
```

7. taint

当节点被标记为 taint（变质）时，除非 Pod 被标识为可以忍受污染（toleration），否则不会有任何 Pod 被调度到该节点上。之所以把 taint 标记到节点而不是标记在 Pod 上，是因为在这种情况下，绝大多数的 Pod 都不应该部署到 taint 节点上。

例如用户可能希望把 Master 节点保留给 Kubernetes 系统组件使用，或者把一部分节点保留给一组用户，或者把一组具有特殊硬件的服务器（例如 GPU）保留给有需求的 Pod（例如深度学习）。

taint 和 toleration 用于保证 Pod 不被调度到不合适的节点上，taint 应用于 Node 上，而 toleration 则应用于 Pod 上（toleration 是可选的）。

比如，可以使用 taint 命令标记 foo 为 taint：

```
kubectl taint nodes foo dedicated=special-user:NoSchedule
# 清除标记
kubectl taint nodes foo dedicated:NoSchedule-
# 从节点 foo 删除所有的 taints 与 dedicated key
kubectl taint nodes foo dedicated-
# 在含有标签 mylabel=X 的节点上添加带有 dedicated 的 taint 标记
kubectl taint node -l myLabel=X  dedicated=foo:PreferNoSchedule
```

被打上 taint 标记的节点，只有 Pod 像下面这样定义才能被调度到该节点：

```
tolerations:
- key: "key"
  operator: "Equal"
  value: "value"
  effect: "NoSchedule"
```

effect 除了 NoSchedule 这个值外，还有一个 Prefer 版本的 `PreferNoSchedule`，另外还有一个 `NoExecute` 选项。

- NoSchedule：新的 Pod 不调度到该 Node 上，不影响正在运行的 Pod。
- PreferNoSchedule：soft 版的 NoSchedule，尽量不调度到该 Node 上。
- NoExecute：新的 Pod 不调度到该 Node 上，并且驱逐（evict）已在运行的 Pod。

NoExecute 意味着 taint 生效之时，如果该节点内正在运行的 Pod 没有对应的 tolerate 设置，会被直接逐出这个节点。Pod 可以增加一个忍受污染的时间（toleration seconds），用来应对被驱逐时有足够时间保存数据。

8.4.5 故障排除与调试命令

1. describe

显示特定资源或资源组的详细信息。此命令将许多 API 调用合并在一起，以显示指定资源或资源组的详细描述。

格式：kubectl describe TYPE NAME_PREFIX，该命令首先匹配资源类型，然后才匹配名称。

示例：

```
# 显示一个节点描述
kubectl describe nodes ops-node1
# 显示一个 Pod 描述
kubectl describe pods/nginx
# 根据 pod.json 中的类型和名称显示 Pod 的描述
kubectl describe -f pod.json

# 显示所有的 Pod 描述
kubectl describe pods
# 显示所有的节点描述
kubectl describe nodes

# 指定包含特定标签的 Pod 的描述
kubectl describe po -l name=myLabel

# 描述由 frontend RC 管理的所有 Pod（rc 创建的 Pod）
kubectl describe pods frontend
```

2. logs

打印指定资源中容器的日志。如果 Pod 只有一个容器，容器名称是可选的。

```
# 从 pod/nginx 中读取日志（只有一个容器）
kubectl logs nginx
# 打印包含标签 app=nginx 的 Pod 的日志
kubectl logs -l app=nginx
# 打印 web-1 这个 Pod 中已经终止的 ruby 容器的日志
# -p, ---previous, 表示打印之前的日志
kubectl logs -p web-1 -c ruby
# 持续不断打印 web-1 这个 Pod 中的 ruby 容器的日志
kubectl logs -f web-1 -c ruby
# 仅显示 pod/nginx 中最近的 20 行输出
kubectl logs --tail=20 nginx
# 显示最近一个小时的日志
kubectl logs --since=1h nginx
# 打印名为 hello 的 Job 的第一个容器的日志
```

```
kubectl logs job/hello
```

3. attach

附加到已经在现有容器中运行的进程。

从指定的 Pod 中获取输出，默认依附到第一个容器：

```
kubectl attach frontend-pod
```

从指定的 Pod 中获取里面特定容器的输出：

```
kubectl attach frontend-pod -c nginx
# 添加一个交互模式

kubectl attach frontend-pod -c nginx -i -t
```

依附到指定的 ReplicaSet：

```
kubectl attach rs/nginx
```

4. exec

在容器中执行命令：

```
# 默认使用指定 Pod 的第一个容器
# date 是一个命令，返回当前时间
kubectl exec frontend-pod date
# 指定容器
kubectl attach frontend-pod -c nginx date
# 添加交互
# 其中 -- 表示返回一个 raw terminal
kubectl exec frontend-pod -c nginx -i -t -- bash -il
```

5. port-forward

将一个或多个本地端口转发到 Pod。本地监听 5000 和 6000 端口，并把数据转发到 Pod 的 5000 和 6000 端口：

```
kubectl port-forward mypod 5000 6000
```

监听本地 8888 端口，并将数据转发到 Pod 的 5000 端口：

```
kubectl port-forward mypod 8888:5000
```

监听本地任意端口并将数据转发到 Pod 的 5000 端口：

```
kubectl port-forward mypod :5000
kubectl port-forward mypod 0:5000
```

6. proxy

在 localhost 和 Kubernetes API Server 之间创建代理服务器或应用层网关。proxy 允许通过指定的

HTTP 路径提供静态内容。所有传入数据通过一个端口进入，并被转发到远程 Kubernetes API 服务器端口（除了与静态内容路径匹配的路径）中。

代理所有的 Kubernetes API：

```
kubectl proxy --api-prefix=/
```

仅代理 Kubernetes API 的一部分以及一些静态文件：

```
kubectl proxy --www=/my/files --www-prefix=/static/ --api-prefix=/api/
# 默认端口 8001，在本地使用 curl 可以访问
curl localhost:8001/api/v1/pods
```

在端口 8011 上代理 Kubernetes apiserver，从./local/www/提供静态内容：

```
kubectl proxy --port=8011 --www=./local/www/
```

在任意本地端口上代理 Kubernetes apiserver：

```
kubectl proxy --port=0
```

代理 Kubernetes apiserver 并将 api 前缀更改为 k8s-api：

```
kubectl proxy --api-prefix=/k8s-api
```

7. cp

将文件和目录复制到容器中。注意，cp 命令要求容器中存在 tar 命令，如果 tar 不存在，kubectl cp 将执行失败。

将/tmp/foo_dir 本地目录复制到默认名称空间的远程 Pod 中的/tmp/bar_dir 下：

```
kubectl cp /tmp/foo_dir <some-pod>:/tmp/bar_dir
```

将本地/tmp/foo 文件复制到远程 Pod 中特定容器的/tmp/bar 下：

```
kubectl cp /tmp/foo <some-pod>:/tmp/bar -c <specific-container>
```

将本地/tmp/foo 文件复制到指定 namespace 的远程 Pod 中的/tmp/bar 下：

```
kubectl cp /tmp/foo <some-namespace>/<some-pod>:/tmp/bar
```

将远程 Pod 的/tmp/foo 复制到本地/tmp/bar 下：

```
kubectl cp <some-namespace>/<some-pod>:/tmp/foo /tmp/bar
```

8. auth

检查授权，can-i 子命令用于检查用户是否允许执行某些操作。例如检查当前用户是否可以在任何命名空间中创建 Pod：

```
kubectl auth can-i create pods --all-namespaces
```

检查当前用户是否可以查看当前的命名空间中的 deployments 资源：

```
kubectl auth can-i list deployments.extensions
```

查看当前用户在当前的命名空间中可以执行的所有操作（“*”表示全部）：

```
kubectl auth can-i '*' '*'
```

检查是否可以读取 Pod 日志：

```
kubectl auth can-i get pods --subresource=log
```

8.4.6 高级命令

1. apply

通过文件名或 stdin 将 apply 配置到资源中，文件可以使用 JSON 和 YAML 格式。资源名称必须指定，如果资源不存在，将创建该资源。使用 apply 或 create --save-config 创建资源是一样的。

将 pod.json 中的配置应用于 pod：

```
kubectl apply -f ./pod.json
```

将传入 stdin 的 JSON 应用到 pod 中：

```
cat pod.json | kubectl apply -f -
```

应用 manifest.yaml 中的配置，并删除文件中不存在的其他所有 configmap：

```
kubectl apply --prune -f manifest.yaml --all --prune-whitelist=core/v1/ConfigMap
```

--prune 是 Alpha 功能，详细情况可查看：https://issues.k8s.io/34274。

2. patch

使用补丁更新资源的字段，依旧是 JSON 和 YAML 格式都可以。使用补丁更新节点为不可调度：

```
kubectl patch node k8s-node-1 -p '{"spec":{"unschedulable":true}}'
```

使用补丁更新由 node.json 中定义的节点：

```
kubectl patch -f node.json -p '{"spec":{"unschedulable":true}}'
```

更新容器的镜像：

```
kubectl patch pod valid-pod -p '{"spec":{"containers":[{"name":"kubernetes-serve-
hostname","image":"new image"}]}}'
```

使用 json 数组格式的补丁更新容器的镜像：

```
kubectl patch pod valid-pod --type='json' -p='[{"op": "replace", "path":
"/spec/containers/0/image", "value":"new image"}]'
```

3. replace

用指定的文件或 stdin 替换资源。如果替换现有资源，则必须提供完整的资源定义。可以通过 `kubectl get TYPE NAME -o yaml` 获得。

使用 pod.json 中的数据替换 pod：

```
kubectl replace -f ./pod.json
# 根据传入 stdin 的 JSON 替换 pod
cat pod.json | kubectl replace -f -
```

将只有一个容器的 Pod 的镜像版本（标签）更新为 v4：

```
kubectl get pod mypod -o yaml | sed 's/\(image: myimage\):.*$/\1:v4/' | kubectl
replace -f -
```

这里分为两步，第一步是输出 yaml 格式的定义，然后修改镜像标签再替换资源。

强制替换，删除然后重新创建资源：

```
kubectl replace --force -f ./pod.json
```

4. update

已弃用这个命令，请使用 replace。目前 v1.7.2 虽然还有这个命令，但不久之后会删除。

5. convert

在不同 API 版本之间转换配置文件，YAML 和 JSON 格式都可以。这个命令的参数可以是文件名、目录或 URL，使用--output-version 指定的转换后的版本格式。如果未指定目标版本（或不支持）则转换为最新版本。

将 pod.yaml 转换为最新版本并打印到 stdout 中：

```
kubectl convert -f pod.yaml
```

将由 pod.yaml 指定的资源的当前状态转换为最新版本：

```
kubectl convert -f pod.yaml --local -o json
```

将当前目录下的所有文件转换为最新版本，并全部创建：

```
kubectl convert -f . | kubectl create -f -
```

8.4.7 设置命令

1. label

更新资源上的标签。

- 标签必须以字母或数字开头，可以包含字母、数字、连字符、点和下画线，最多为 63 个字符。
- 如果--overwrite 为 true，则可以覆盖现有标签，否则覆盖标签将返回错误。

- 如果指定了--resource-version，则只有对象的当前资源版本才能设置成功。

更新 pod/foo 的标签 unhealthy 的值为 true：

```
kubectl label pods foo unhealthy=true
```

更新 pod/foo 的标签 status 为 unhealthy，并覆盖现有的值：

```
kubectl label --overwrite pods foo status=unhealthy
```

更新命名空间中的所有 pod：

```
kubectl label pods --all status=unhealthy
```

更新由 pod.json 定义的 pod：

```
kubectl label -f pod.json status=unhealthy
```

仅当资源为版本 1 时才更新 pod/foo：

```
kubectl label pods foo status=unhealthy --resource-version=1
```

2. annotate

更新一个或多个资源上的注释。

```
kubectl annotate pods foo description='my frontend'
kubectl annotate -f pod.json description='my frontend'
kubectl annotate --overwrite pods foo description='my frontend running nginx'
kubectl annotate pods --all description='my frontend running nginx'
kubectl annotate pods foo description='my frontend running nginx' --resource-version=1
# 移除所有 description 字段的注释
kubectl annotate pods foo description-
```

3. completion

输出指定 shell（bash 或 zsh）的 shell 完成代码。必须对 shell 代码进行评估，以提供 kubectl 命令的交互式完成。这可以通过从.bash _profile 中获取。

注意：这需要 bash-completion 框架，默认情况下在 Linux 上已经安装。

将 kubectl 的自动完成功能加载到当前的 shell 中：

```
source <(kubectl completion bash)
# 将 bash 完成代码写入.bash_profile 文件（使用 bash 的用户）
kubectl completion bash > ~/.kube/completion.bash.inc
source $HOME/.kube/completion.bash.inc
# 或者
cat $HOME/.kube/completion.bash.inc  >> $HOME/.bash_profile
source $HOME/.bash_profile
```

zsh 用户类似于：

```
source <(kubectl completion zsh)
```

8.4.8 其他命令

1. api-versions

在服务器上输出支持的 API 版本，形式为 group/version：

```
kubectl api-versions
```

2. config

使用 `kubectl config set current-context my-context` 之类的子命令修改 kubeconfig 文件。

加载顺序遵循以下规则：

- 如果设置了--kubeconfig 选项，那么只有该文件被加载。该选项只能设置一次，不会进行合并；
- 如果设置了$KUBECONFIG 环境变量，将同时使用此环境变量指定的所有文件列表（使用操作系统默认的顺序），所有文件将被合并。当修改一个值时，将修改设置了该值的文件。当创建一个值时，将在列表的首个文件创建该值。若列表中所有的文件都不存在，则将创建列表中的最后一个文件；
- 如果前两项都没有设置，将使用${HOME}/.kube/config，并且不会合并其他文件。

set-cluster

在 kubeconfig 配置文件中设置一个集群项。如果指定了一个已存在的名字，则将合并新字段并覆盖旧字段。格式为：

```
kubectl config set-cluster NAME \
    [--server=server] \
    [--certificate-authority=path/to/certficate/authority] \
    [--api-version=apiversion] [--insecure-skip-tls-verify=true]
```

仅设置 e2e 集群项中的 server 字段，不影响其他字段：

```
kubectl config set-cluster e2e --server=https://1.2.3.4
```

向 e2e 集群项中添加认证鉴权数据：

```
kubectl config set-cluster e2e \
   --certificate-authority=~/.kube/e2e/kubernetes.ca.crt
```

取消 dev 集群项中的证书检查：

```
kubectl config set-cluster e2e \
```

```
    --insecure-skip-tls-verify=true
```

set-context

在 kubeconfig 配置文件中设置一个环境项。 如果指定了一个已存在的名字，将合并新字段并覆盖旧字段：

```
kubectl config set-context NAME \
    [--cluster=cluster_nickname] \
    [--user=user_nickname] \
    [--namespace=namespace]

# 设置 gce 环境项中的 user 字段，不影响其他字段
$ kubectl config set-context gce --user=cluster-admin
```

set-credentials

在 kubeconfig 配置文件中设置一个用户项。 如果指定了一个已存在的名字，将合并新字段并覆盖旧字段。

- 客户端证书设置： –client-certificate=certfile –client-key=keyfile。
- 不记名令牌设置： –token=bearer_token。
- 基础认证设置： –username=basic_user –password=basic_password。

注意：不记名令牌和基础认证不能同时使用。

```
# 仅设置 cluster-admin 用户项下的 client-key 字段，不影响其他值
kubectl config set-credentials cluster-admin --client-key=~/.kube/admin.key

# 为 cluster-admin 用户项设置基础认证选项
kubectl config set-credentials cluster-admin --username=admin --
password=uXFGweU9l35qcif

# 为 cluster-admin 用户项开启证书验证并设置证书文件路径
kubectl config set-credentials cluster-admin --client-
certificate=~/.kube/admin.crt --embed-certs=true
```

set

在 kubeconfig 配置文件中设置一个单独的值。PROPERTY_NAME 使用“.”进行分隔，每段代表一个属性名或者 map 的键，map 的键不能包含“.”。PROPERTY_VALUE 需要设置的新值：

```
kubectl config set PROPERTY_NAME PROPERTY_VALUE
```

unset

在 kubeconfig 配置文件中清除一个单独的值。 PROPERTY_NAME 使用“.”进行分隔，每段代表一个属性名或者 map 的键，map 的键不能包含“.”：

```
kubectl config unset PROPERTY_NAME
```

use-context

使用 kubeconfig 中的一个环境项作为当前配置：

```
kubectl config use-context CONTEXT_NAME
```

view

显示合并后的 kubeconfig 设置，或者一个指定的 kubeconfig 配置文件。 用户可使用 –output=template –template=TEMPLATE 来选择输出指定的值：

```
# 显示合并后的 kubeconfig 设置
kubectl config view
# 获取 e2e 用户的密码
kubectl config view -o template \
    --template='{{range .users}}{{ if eq .name "e2e" }}{{ index .user.password }}
""{{end}}{{end}}'
```

3. help

查看所有命令的帮助：

```
kubectl help COMMAND
```

还有一个 options 子命令可以输出某个命令的所有选项：

```
kubectl options COMMAND
```

4. plugin

运行一个命令行插件。插件命令不属于 kubectl 子命令，可以由第三方提供。有关如何安装和编写自己的插件的更多信息，请参阅官方文档和示例。本节内容不介绍。

5. version

打印输出当前上下文环境中的客户端和服务器版本信息：

```
kubectl version
```

8.4.9 kubectl 全局选项

kubectl 还有下面这些全局选项。

- --alsologtostderr[=false]: 同时输出日志到标准错误控制台和文件。
- --api-version="": 和服务端交互使用的 API 版本。
- --certificate-authority="": 用于进行认证授权的.cert 文件路径。
- --client-certificate="": TLS 使用的客户端证书路径。
- --client-key="": TLS 使用的客户端密钥路径。
- --cluster="": 指定使用的 kubeconfig 配置文件中的集群名。

- --context="": 指定使用 kubeconfig 配置文件中的环境名。
- --insecure-skip-tls-verify[=false]: 如果为 true，将不会检查服务器凭证的有效性，这会导致你的 HTTPS 链接变得不安全。
- --kubeconfig="": 命令行请求使用的配置文件路径。
- --log-backtrace-at=:0: 当日志长度超过定义的行数时，忽略堆栈信息。
- --log-dir="": 如果不为空，将日志文件写入此目录。
- --log-flush-frequency=5s: 刷新日志的最大时间间隔。
- --logtostderr[=true]: 将日志输出到标准错误控制台，不输出到文件。
- --match-server-version[=false]: 要求服务端和客户端版本匹配。
- --namespace="": 如果不为空，命令将使用此 namespace。
- --password="": API Server 进行简单认证使用的密码。
- -s, --server="": Kubernetes API Server 的地址和端口号。
- --stderrthreshold=2: 高于此级别的日志将被输出到错误控制台。
- --token="": 认证 API Server 使用的令牌。
- --user="": 指定使用 kubeconfig 配置文件中的用户名。
- --username="": API Server 进行简单认证使用的用户名。
- --v=0: 指定输出日志的级别。
- --vmodule=: 指定输出日志的模块，格式如下：pattern=N，使用逗号分隔。

8.5 本章小结

本章介绍了 Kubernetes 的主要概念、Kubernetes 架构的主要构成和基本的架构原理，最后简单地演示了如何在本地快速部署一个 Kubernetes 集群。在第 9 章中，我们将详细介绍 Kubernetes，讲解如何在实际工作环境中部署一个高可用的 Kubernetes 集群，详细了解 Kubernetes 的每一个组件构成，同时结合 kubectl 的命令介绍 Kubernetes 的运行原理。

第 9 章

Kubernetes 运维实践

在本章将深入理解 Pod 与 Service 的概念，并基于 Kubernetes 进行一系列实践。

9.1 Pod 详解

作为 Kubernetes 调度的最小单位，学习 Pod 的细节有助于理解 Kubernetes 整个系统的工作流程，本节将深入理解 Pod 的相关原理，学习 Pod 的主要操作。

9.1.1 Pod 配置详解

下面以一份完整的 Pod 配置文件来了解 Pod 的定义，使用<>表示该位置一般来说必须填写相应的内容，使用[]表示该位置的值可以为空或者不写该标签。

首先是 Pod 定义的元数据部分，apiVersion 表示使用的 api 版本，在本章最后会有相关资料；kind 表示资源类型是 Pod；metadata 定义了这个 Pod 的元数据，包括名称、名字空间、标签以及注释，这些标签的用法在第 8 章都已经讲解过了。

```
# 第一段
apiVersion: v1
kind: Pod
metadata:
  name: <string>
  namespace: [string]
  labels:
    - name: [string]
  annotations:
    - name: [string]
```

下面来看 Pod 的容器规则，依旧截断文件来看。imagePullPolicy 表示镜像启动时是否拉取最新版本的镜像，有三个值可以选择：Always 表示总是拉取最新版本镜像，Never 表示不自动拉取最新镜像，默认是 IfNotPresent。默认表示本地不存在镜像就拉取镜像，但如果在镜像定义中特别指定了`:latest`标签则同 Always 一样每次启动都拉取镜像。

command 与 args 有点像 Dockerfile 中的 ENTRYPOINT 和 CMD 命令，例如下面这个例子，command 指定了 entrypoint，args 指定了 entrypoint 的执行参数：

```
command: ["/bin/sh"]
args: ["-c", "while true; do echo hello; sleep 10;done"]
```

workingDir 就是工作目录，和 Dockerfile 中的 WORKDIR 是一样的意思，volumeMounts 表示数据卷的定义，此处数据卷定义与 Docker 中的定义无差异。但是别忘了数据卷定义在 Kubernetes 中是可以指定类型的，也就是说，在 containers 标签之外，还有数据卷类型的定义，具体可以看第五段程序的内容。

```
# 第二段
spec:
  containers:
  - name: <string>
    image: <string>
    imagePullPolicy: [Always|Never|IfNotPresent]
    command: [string]
    args: [string]
    workingDir: [string]
    volumeMounts:
    - name: <string>
      mountPath: <string>
      readOnly: [true|false]
```

接下来看容器的端口、环境变量与硬件资源分配的定义。在这部分配置文件中，有大家熟悉的ports标签，与Docker不同的是，此处的端口是一个列表，也就是说，ports下一级可以列出几个端口定义，containerPort表示Pod里面的容器要监听的端口，hostPort表示容器所在主机需要监听的端口号（默认与containerport相同），除非必要，否则不要使用hostPort（例如，作为节点Daemon程序时需要用到），设置hostport时，同一台宿主机只能启动一个容器实例。

env环境变量大家已经很熟悉，没有什么特别需要指出的地方，resources资源限制与Docker run类似，limits表示最大使用值，requests表示请求使用值。

```
# 第三段
    ports:
    - name: <string>
      containerPort: <int>
      hostPort: [int]
      protocol: [string]
    env:
    - name: <string>
      value: <string>
    resources:
      limits:
        cpu: [string]
        memory: [string]
      requests:
        cpu: [string]
        memory: [string]
```

下面配置文件中的标签想必读者有些陌生，livenessProbe定义了对Pod内部容器健康检查的设置，当监测异常之后，系统将自动重启该容器。可以设置的方法有exec、httpGet和tcpSocket。一般而言，一个容器仅需设置一种健康检查方法。

- initialDelaySeconds表示容器启动成功后到第一次监测的时间间隔（单位是秒）。

- timeoutSeconds 表示超时秒数，超过就表示容器不正常（默认为 1 秒）。
- periodSeconds 表示多少秒监测一次（默认为 10 秒）。
- successThreshold 表示探针监测失败之后要连续监测多少次成功才算正常（默认为 1 次，最小为 1 次）。
- failureThreshold 表示连续多少次监测失败才判定容器异常（默认为 3 次，最小为 1 次）。

详细设置方法在稍后的小节中会详细讲解。

```
# 第四段
  livenessProbe:
    exec:
      command: [string]
    httpGet:
      path: [string]
      port: [number]
      host: [string]
      scheme: [string]
      httpHeaders:
      - name: [string]
        value: [string]
    tcpSocket:
      port: [number]
    initialDelaySeconds: <int>
    timeoutSeconds: [int]
    periodSeconds: [int]
    successThreshold: [int]
    failureThreshold: [int]
    securityContext:
      privileged: [true|false]
```

最后，是关于重启策略与网络、数据持久化的配置定义。

restartPolicy 表示 Pod 的重启策略，默认值为 Always。

- Always：Pod 一旦终止运行，则无论容器是如何终止的都将自动重启容器。
- Onfailure：当 Pod 以非零退出码终止时自动重启容器。退出码为 0 则不重启（正常退出）。
- Never：Pod 终止后不重启容器。

nodeSelector 表示将该 Pod 调度到包含这些 label 的 Node 上，以键值对格式指定，在后面的调度实战中会使用到。

拉取镜像时使用的 secret 名称，以 `name:secretkey` 格式指定。例如给节点打一个标签：

```
kubectl label nodes ops-node1 disktype=ssd
```

然后在配置中就可以这样写：

```
 nodeSelector:
```

```
    disktype: ssd
```

调度时会把这个 Pod 调度到有这个标签的节点上。

hostNetwork 表示是否使用主机网络模式，默认为 false。如果设置为 true，则表示容器使用宿主机网络，不再使用 Docker 网桥，这样的话，这个 Pod 只能在宿主机上启动一个实例。

```
# 第五段
  restartPolicy: [Always|Never|OnFailure]
  nodeSelector: <object>
  imagePullSecrets:
  - name: [string]
  hostNetwork: [true|false]
  volumes:
  - name: <string>
    emptyDir: {}
    hostPath:
      path: string
    secret:
      secretName: string
      items:
      - key: string
      path: string
    configMap:
      name: string
      items:
      - key: string
        path: string
```

最后关于 volumes 定义，前面有过简单介绍，在本章后面会单独有一个小节讲解 Kubernetes 数据持久化的方法。

9.1.2 Pod 生命周期

1. 创建 Pod

在前面的章节中，我们已经多次创建 Pod 了，使用 `kubectl create` 即可创建，大部分资源对象都是通过这个命令创建的。如果创建失败，它会提示你哪里出错了。

快速使用 run 命令创建：

```
kubectl run my-nginx --image=nginx --replicas=2 --port=80
```

手动暴露一个服务：

```
kubectl expose deployment my-nginx --port=8080 --target-port=80 --external-
ip=x.x.x.x
# external-ip 必须是安装了 Kubernetes 的机器的 IP，随便一个集群外部的 IP 是不能访问的
```

多容器 Pod 的创建一般是使用 kubectl create -f FILE 命令，完整的 Pod 创建请看之前第 8.2 节的 Kubernetes 命令行详解。

2. 查看 Pod

查看 Pod 几乎是 kubectl 中最常用的命令了，使用 kubectl get pods，相关参数在第 8 章已经全部介绍过了。使用 kubectl describe pods <pod-name>可以查看指定 Pod 的生命周期事件，使用相关参数可以过滤出你要的信息，这些都在第 8 章介绍过了。

查看 Pod 的更多信息：

```
$ kubectl get pod NAME -o wide
$ kubectl describe pod NAME
Name:          example-1934187764-scau1
Namespace:     default
Image(s):      kubernetes/example-php-redis:v2
Node:          gke-example-c6a38461-node-xij3/10.240.34.183
Labels:        name=frontend
Status:        Running
Reason:
Message:
IP:            10.188.2.10
Replication Controllers:  example (5/5 replicas created)
Containers:
  php-redis:
    Image:    kubernetes/example-php-redis:v2
    Limits:
      cpu:    100m
    State:    Running
      Started:   Tue, 04 Aug 2015 09:02:46 -0700
    Ready:   True
    Restart Count: 0
Conditions:
  Type    Status
  Ready   True
  ... ...
```

3. 删除 Pod

使用 kubectl delete pod <pod-name>可以删除指定 Pod，或者使用-f 选项指定配置文件删除该 Pod，如果要删除所有的 Pods，可以使用--all 选项。

以下两种方式都可以删除指定的 Pod：

```
kubectl delete pod POD_NAME
kubectl delete pod/POD_NAME
```

如果你删除 Deployment 或者 RC、RS 等资源，也会删除它们关联的 Pod。

4. 升级 Pod

使用 kubectl replace -f /path/nginx.yml 可以更新一个 Pod。但 Pod 的很多属性是无法修改的，所以更新 Pod 时修改配置文件后往往没有改变 Pod 的属性，可以使用--force 强制更新，这种操作等同于重建一个 Pod。

这种替换 Pod 的方式并不适用于大规模集群，为了实现一个服务的滚动升级，往往有大量的 Pods 需要升级，而且还要保证服务不间断，因此滚动升级可以通过执行 kubectl rolling-update 命令完成，该命令会创建一个新的 RC，然后自动控制旧的 RC 定义中的 Pod 副本的数量逐渐减少到 0，同时新的 RC 中的 Pod 副本的数量从 0 逐步增加到期望值，最终实现整个服务所有 Pod 的升级。不过，新 RC 与旧 RC 需要在相同的命名空间（Namespace）内才能执行这个命令。

例如，现有 Pod 正在运行 java-web 容器，Pod 的版本是 1.0，现在需要升级到 2.0 版本。

创建 java-web-v2.yaml

```
apiVersion: v1
kind: ReplicationController
metadata:
 name: java-web-v2
 labels:
  name: java-web
  version: v2
spec:
  replicas: 2
  selector:
    name: java-web
    version: v2
  template:
    metadata:
      labels:
        name: java-web
        version: v2
    spec:
    containers:
    - name: master
      images: user/java-web:2.0
      ports:
      - containerPort: 2333
```

保存文件，然后更新：

```
kubectl rolling-update java-web -f java-web-v2.yaml
```

注意，RC 的名称（name）不能与旧的 RC 名称相同。因为在 selector 中至少要有一个 Label 与旧的 Label 不同，才能标识其为新的 RC。

另外，使用不同的镜像标签表示 Pod 镜像有变化，也可以实现 Pod 升级（RC 不变）。第一种方法需要改变 RC 定义文件，可控性强。第二种方法可以使用 rolling-update 的选项--image 指定，使用--rollback 可以回滚。

9.1.3 共享 Volume

在 Pod 中定义容器的时候可以为单个容器配置 volume，然后也可以为一个 Pod 中的多个容器定义一个共享 Pod 级别的 Volume。比如一个 Pod 里定义了一个 Nginx 容器，访问日志放在一个文件夹内。此外还定义了一个收集日志的容器，那么在这个时候你就可以把存放日志的文件配置为 Pod 级别共享的 Volume，这样一个容器写、另一个容器读，相互共享一个 Volume。

```
spec:
  containers:
  - name: frontend-nginx
    image: nginx:alpine
    ports:
    - containerPort: 80
    volumeMounts:
    - name: nginx-logs
      mountPath: /usr/local/nginx/logs
  - name: analyze-log
    image: analyze-image
    volumeMounts:
    - name: nginx-logs
      mountPath: /logs
  volumes:
  - name: nginx-logs
    emptyDir: {}
```

这里设置的 Volume 名为 nginx-logs，类型为 emptyDir，挂载到 nginx 容器内的/usr/local/nginx/logs 目录和 analyze-log 容器的/log 目录下。

9.1.4 Pod 配置管理

在前面的内容中，介绍过一种同一的集群配置管理方案 ConfigMap，以文件 cm-vars.yaml 为例，将几个应用所需的变量定义为 ConfigMap：

```
kind: ConfigMap
apiVersion: v1
metadata:
  creationTimestamp: 2017-07-18T19:14:38Z
  name: example-config
```

```
  namespace: default
data:
  example.property.1: hello
  example.property.2: world
  example.property.file: |-
    property.1=value-1
    property.2=value-2
    property.3=value-3
```

data 一栏包括了配置数据，ConfigMap 可以被用来保存单个属性，也可以用来保存一个配置文件。配置数据可以通过很多种方式在 Pods 里被使用。ConfigMaps 可以被用来：

（1）设置环境变量的值；

（2）在容器里设置命令行参数；

（3）在数据卷里面创建 config 文件。

使用 kubectl create 创建：

```
kubectl create -f cm-vars.yaml
# 此处的文件并不一定要 yaml 格式，可以是任意键值对格式的文档。例如下面，可以是一个目录、键值对
# 文件：
$ ls my-cm/hello/
test.properties
ui.properties

$ cat my-cm/hello/test.properties
enemies=aliens
lives=3
enemies.cheat=true
enemies.cheat.level=noGoodRotten
secret.code.passphrase=UUDDLRLRBABAS
secret.code.allowed=true
secret.code.lives=30

$ cat my-cm/hello/ui.properties
color.good=purple
color.bad=yellow
allow.textmode=true
how.nice.to.look=fairlyNice
# 上一章有关于 cm 的详细介绍
```

如何使用这些 cm？要先建立一个如下的 Pod 定义文档：

```
apiVersion: v1
kind: Pod
metadata:
  name: dapi-test-pod
```

```
spec:
  containers:
    - name: test-container
      image: gcr.io/google_containers/busybox
      command: [ "/bin/sh", "-c", "env" ]
      env:
        - name: SPECIAL_LEVEL_KEY
          valueFrom:
            configMapKeyRef:
              name: special-config
              key: special.how
        - name: SPECIAL_TYPE_KEY
          valueFrom:
            configMapKeyRef:
              name: special-config
              key: special.type
      envFrom:
        - configMapRef:
            name: env-config
  restartPolicy: Never
```

其中在 env 标签中，使用了名为 env-config 和 special-config 的 cm 资源，这两个文件如下：

```
apiVersion: v1
kind: ConfigMap
metadata:
  name: special-config
  namespace: default
data:
  special.how: very
  special.type: charm
----
apiVersion: v1
kind: ConfigMap
metadata:
  name: env-config
  namespace: default
data:
  log_level: INFO
```

如果执行这个 Pod，会输出如下几行：

```
SPECIAL_LEVEL_KEY=very
SPECIAL_TYPE_KEY=charm
log_level=INFO
```

在 cm 中的键值对，对于 Pod 内部的容器来说是作为全局的变量存在的。除了使用上面的 env 方式加载 cm 外，还可以使用 volume 挂载 cm 资源。

9.1.5 Pod 健康检查

1. 健康检查

Kubernetes 健康检查被分成 Liveness 和 Readiness 两种 Probes。LivenessProbe 用于检测容器是否正在运行，又称为存活探针。在通常情况下，容器一旦崩溃，Kubernetes 就会知道这个容器已经终止，然后自动重启这个容器。LivenessProbe 的目的就是监测容器的运行状态并返回给 API server，所以一个简单的 HTTP 请求就可以成为一个 LivenessProbe。

LivenessProbe 探针通过三种方式来检查容器是否健康。

- ExecAction：在容器内部执行一个命令，如果返回码为 0，则表示健康。
- TcpAction：通过 IP 和 Port 发送请求，如果能够和容器建立连接，则表示容器健康。
- HttpGetAction：发送一个 http Get 请求（ip+port+请求路径），如果返回状态码在 200～400 之间，则表示健康。

三个方法的示例如下：

```
apiVersion: v1
kind: Pod
metadata:
 name: liveness-test
spec:
  containers:
  - name: liveness-test
    image: busybox
    args:
    - /bin/sh
    - -c
    - echo ok > /tmp/healthy: sleep 10; rm -rf /tmp/healthy; sleep 600
    livenessProbe:
      exec:
        command:
        - cat
        - /tmp/healthy
    initialDelaySeconds: 15 # 启动15秒后执行探针
    periodSeconds: 5 # 探针每5秒检查一次
    timeoutSeconds: 1 # 1秒内不返回信息则标记为不正常
```

在这个例子中，设置了一个容器，使用 `echo ok > /tmp/healthy: sleep 10; rm -rf /tmp/healthy; sleep 600` 模拟一个容器“不健康”的状态，下面 exec 类型的探针中定义了使用 cat 命令检查/tmp/healthy 文件的内容，当 10 秒之后，容器内部的/tmp/healthy 文件被删除，探针无法获取这个文件，于是这个容器就会被标记为“不健康”状态。

```
apiVersion: v1
kind: Pod
metadata:
 name: pod-with-healthcheck
spec:
  containers:
  - name: nginx
    image: nginx
    ports:
    - containerPort: 80
    livenessProbe:
      tcpSocket:
        port: 80
    initialDelaySeconds: 15
    timeoutSeconds: 1
```

在这个例子中，使用了 TcpAction 类型的探针，探针在容器启动 15 秒后执行 tcp 连接测试，如果一秒内没有成功建立连接，那么探针就会标记容器为“不健康”，并向 API server 汇报，等待 Kubernetes 重新调度新的容器或者根据重启策略恢复容器状态。

```
apiVersion: v1
kind: Pod
metadata:
 name: pod-with-healthcheck
spec:
  containers:
  - name: nginx
    image: nginx
    ports:
    - containerPort: 80
    livenessProbe:
      httpGet:
        path: /_status/healthy  //请求路径
        port: 80
    initialDelaySeconds: 15
    timeoutSeconds: 1
```

在这个例子中，使用了 HttpGetAction 类型的探针，探针在容器启动 15 秒后执行 http get 操作，如果一秒内没有返回 200 到 400 之间的状态码，表示容器不正常，然后向 API Server 汇报。

2. 重启策略

Pod 的重启策略是指当容器异常退出后调度器如何处理容器的策略，重启策略在上面配置详解中有介绍。Pod一共有四种状态，如表9-1所示。

表9-1　Pod四种状态

状态值	描　述
Pending	APIserver已经创建该Service，但Pod内有容器还未完成创建，例如镜像可能在下载中，或者容器正在创建
Running	Pod内所有的容器已创建，并且至少有一个容器处于运行状态
Failed	Pod内所有容器都处于exit状态，或者其中有容器运行失败并且无法恢复
Unknown	由于某种原因无法获取Pod的状态，比如网络不通

Pod的重启策略应用于Pod内的所有容器，由Pod所在Node节点上的Kubelet进行判断和重启操作。重启策略有以下三种，如表9-2所示。

表9-2　三种重启策略

重启策略	描　述
Always	容器总是自动重启，不管是由于什么原因退出的
OnFailure	容器终止运行，且退出码不为0时重启。退出为0表示容器是正常退出的
Never	容器退出后不重启

创建一个Pod如下：

```
apiVersion: v1
kind: Pod
metadata:
  name: on-failure-restart-pod
spec:
  containers:
  - name: container
    image: "ubuntu:14.04"
    command: ["bash","-c","exit 1"]
  restartPolicy: OnFailure
```

查看Pod的重启次数：

```
kubectl get pod on-failure-restart-pod \
    --template="{{range .status.containerStatuses}}{{.name}}:{{.restartCount}}
{{end}}"
```

9.1.6　Pod扩容和缩容

Pod的规模伸缩Kubernetes在入门的章节中已有介绍，例如HPA资源；在细谈命令行中，也介绍了相关的命令，例如scale等。

例如通过scale来完成扩容或缩容，假设nginx这个Pod原来定义了5个副本，想扩容到10个，执行命令：

```
kubectl scale rc nginx --replicas=10
# 缩容到 2 个，执行命令：
kubectl scale rc nginx --replicas=2
```

还可以使用动态扩容缩容（HPA），通过对 CPU 使用率的监控，HPA（Horizontal Pod Autoscaler）可以动态地扩容或缩容。

Pod 的 CPU 使用率是通过 Heapster 组件来获取的，所以要预先安装好此组件（见本章稍后）。

下面创建一个 HPA，在创建 HPA 前需要已经存在一个 RC 或 Deployment 对象，并且该 RC 或 Deployment 中的 Pod 必须定义 `resource.request.cpu` 的请求值，否则 Kubernetes 不会主动获取 CPU 使用情况，导致 HPA 无法工作。

假设有一个 java 的 RC，现在通过 `kubectl autoscale` 命令创建：

```
kubectl autoscale rc java --min=1 --max=10 --cpu-percent=50
```

上面命令表示当 CPU 使用率超过 50%就启动自动伸缩规模，副本数量范围在 1 ~ 10 之间调整。除了使用 autoscale 命令创建 HPA 之外，还可以通过配置文件的方式创建 HPA：

```
apiVersion: autoscaling/v1
kind: HorizaontalPodAutoscaler
metadata:
 name: java-web
spec:
 scaleTargetRef:
   apiVersion: v1
   kind: ReplicationController
   name: java-web
 minReplicas: 1
 maxrReplicas: 10
 targetCPUUtilizationPercentage: 50
```

含义与上面的命令相同。

9.2 Service 详解

9.2.1 Service 的定义

我们已经多次提到，Service 作为 Kubernetes 的一种抽象资源类型，它的最大作用就是代理后端的 Pod，把后端多个 Pod 整合使外部访问时感觉到只是一个服务而不是多个 Pod，避免了使用 Pod 或者 NodePort 地址去访问服务（这两者 IP 往往不够稳定）。Service 与 Pod 是基于 Label 来关联的。

下面是一份 Service 模板：

```
apiVersion: v1  # API 版本
kind: Service  # 对象类型
matadata:  # 对象元数据
 name: string  # Service 名称
 namespace: string  # Service 所在命名空间（默认为 default）
 labels:  # 标签
  - name: string  # 标签键值对
 annotations:  # 注释
  - name: string  # 注释键值对
spec:  # 定义规则
 selector: []  # 选择器，选择具有指定 Label 的 Pod 为管理对象
 type: string  # 指定 Service 的访问方式（NodePort、Clusterip、Loadbalancer）
 clusterIP: string  # 指定集群的虚拟 IP（默认为自动分配）
 sessionAffinity: string  # 是否支持 Session，可选值为 ClientIP（来自同一个 IP 地址的访问
                          # 请求都转发到同一个后端 Pod），默认为空
 ports:
 - name: string
   protocol: string
   port: int
   targetPort: int
   nodePort: int
 status:
   loadBalancer:  # 外部负载均衡器配置
     ingress:
       ip: string
       hostname: string
```

9.2.2 Service 的创建

定义一个 RC，用来创建几个 Pod，配置如下：

```
apiVersion: v1
kind: ReplicationController
metadata:
 name: frontend-nginx
spec:
 replicas: 3
 selector:
   app: nginx
 template:
   metadata:
     labels:
       app: nginx:alpine
   spec:
     containers:
     - name: nginx
```

```
      image: nginx
      ports:
      - containerPort: 80
```

现在创建这个 RC 对象：

```
kubectl create -f frontend-nginx-rc.yaml
# 使用 get 查看
kubectl get pod --selector app=nginx
```

然后创建 Service，配置如下：

```
apiVersion: v1
kind: Service
metadata:
  name: my-nginx
spec:
  selector:
    app: nginx
  ports:
  - port: 80
    targetPort: 80
    protocol: TCP
```

通过定义文件创建 Service：

```
$ kubectl create -f frontend-nginx-service.yaml
# 直接使用 expose 也可以创建一个服务
$ kubectl expose rc frontend-nginx \
    --name=frontend-nginx-service \
    --port=80 --target-port=80
```

查看服务：

```
kubectl get service frontend-nginx-service
kubectl describe service frontend-nginx-service
```

9.2.3 集群外部访问

之前已经介绍过服务要让外部访问，有两种方式，一种是使用 NodePort，另一种是负载均衡服务。前者已经在 Kubernetes 入门章节中介绍过，这次来看如何使用负载均衡给外部暴露一个服务。

以 Hello World 程序为例：

```
$ kubectl run hello-world \
    --replicas=5 --port=8080 \
    --labels="run=load-balancer-example" \
    --image=gcr.io/google-samples/node-hello:1.0
```

以上命令会创建一个Deployment资源对象和一个关联的ReplicaSet对象。ReplicaSet控制五个Pods，每个Pods都运行Hello World应用程序。

使用get和describe命令查看状态：

```
$ kubectl get deployments hello-world
NAME         DESIRED   CURRENT   UP-TO-DATE   AVAILABLE   AGE
hello-world  5         5         5            5
      6s
$ kubectl describe deployments hello-world
```

查看RS资源状态：

```
$ kubectl get replicasets
$ kubectl describe replicasets
```

使用expose把deployment暴露：

```
$ kubectl expose deployment hello-world --type=LoadBalancer --name=my-service
--port=80 --target-port=8080
```

然后查看所有的Service：

```
$ kubectl get services my-service
 NAME         CLUSTER-IP     EXTERNAL-IP     PORT(S)    AGE
 my-service  10.3.245.137   119.28.85.233   8080/TCP   54s
 # 如果EXTERNAL-IP显示为<pending>，请等待一段时间再查看。
```

显示Service有关的详细信息：

```
$ kubectl describe services my-service
Name:                    my-service
Namespace:               default
Labels:                  run=load-balancer-example
Annotations:             <none>
Selector:                run=load-balancer-example
Type:                    LoadBalancer
IP:                      10.110.134.31
LoadBalancer Ingress:    119.28.85.233
Port:                    <unset> 8080/TCP
NodePort:                <unset> 32737/TCP
Endpoints:      172.17.0.2:80,172.17.0.3:80,172.17.0.3:80 + 2 more...
Session Affinity:        None
Events:
```

使用外部IP地址访问Hello World应用程序：

```
$ curl http://119.28.85.233:8080
Hello Kubernetes!
```

要关闭外部访问服务，直接删除 my-service 即可：

```
$ kubectl delete services my-service
```

使用 `kubectl delete deployment hello-world` 删除本例子创建的资源。

9.2.4　Ingress 负载网络

在通常情况下，service 和 pod 的 IP 仅可在集群内部访问。集群外部的请求需要通过负载均衡转发到 service 在节点暴露的 NodePort 上，然后再由 kube-proxy 将其转发给相关的 Pod。而 Ingress 就是为进入集群的请求提供路由规则的集合。

Ingress 可以给 service 提供集群外部访问的 URL、负载均衡、SSL 终止、HTTP 路由等。为了配置这些 Ingress 规则，集群管理员需要部署一个 Ingress controller，它监听 Ingress 和 service 的变化，并根据规则配置负载均衡并提供访问入口。

为什么需要 Ingress，因为在对外访问的时候，NodePort 类型需要在外部搭建额外的负载均衡，而 LoadBalancer 要求 kubernetes 必须跑在特定的云服务提供商上面。

定义一个 Ingress 如下：

```
apiVersion: extensions/v1beta1
kind: Ingress
metadata:
  name: test-ingress
spec:
  rules:
  - http:
      paths:
      - path: /testpath
        backend:
          serviceName: test
          servicePort: 80
```

每个 Ingress 都需要配置 rules，目前 Kubernetes 仅支持 http 规则。上面的示例表示请求/testpath 时转发到服务 test 的 80 端口中。

根据 Ingress Spec 配置的不同，Ingress 可以分为以下几种类型。

1. 单服务 Ingress

单服务 Ingress 即该 Ingress 仅指定一个没有任何规则的后端服务。

```
apiVersion: extensions/v1beta1
kind: Ingress
metadata:
  name: test-ingress
spec:
  backend:
```

```
    serviceName: testsvc
    servicePort: 80
```

单服务还可以通过设置 Service.Type=NodePort 或者 Service.Type=LoadBalancer 来对外暴露。

2. 多服务 Ingress

路由到多服务的 Ingress 即根据请求路径的不同转发到不同的后端服务上，比如可以通过下面的 Ingress 来定义：

```
apiVersion: extensions/v1beta1
kind: Ingress
metadata:
 name: test
spec:
 rules:
 - host: foo.bar.com
   http:
     paths:
     - path: /foo
       backend:
         serviceName: s1
         servicePort: 80
     - path: /bar
       backend:
         serviceName: s2
         servicePort: 80
```

上面例子中，如果访问的是 /foo ，则路由转发到 s1 服务，如果是 /bar 则转发到 s2 服务。

3. 虚拟主机 Ingress

虚拟主机 Ingress 即根据名字的不同转发到不同的后端服务上，而它们共用同一个 IP 地址，一个基于 Host header 路由请求的 Ingress 如下：

```
apiVersion: extensions/v1beta1
kind: Ingress
metadata:
 name: test
spec:
 rules:
 - host: foo.bar.com
   http:
     paths:
     - backend:
         serviceName: s1
         servicePort: 80
```

```
  - host: bar.foo.com
    http:
      paths:
      - backend:
          serviceName: s2
          servicePort: 80
```

根据不同的域名路由到不同的后端服务。

4. 更新 Ingress

可以通过 `kubectl edit ing name` 的方法来更新 Ingress：

```
$ kubectl edit ing test
```

这会使用编辑器打开一个已有 Ingress 的 yaml 定义文件，修改并保存就会将其更新到 Kubernetes API server，进而触发 Ingress Controller 重新配置负载均衡：

```
spec:
  rules:
  - host: foo.bar.com
    http:
      paths:
      - backend:
          serviceName: s1
          servicePort: 80
        path: /foo
  - host: bar.baz.com
    http:
      paths:
      - backend:
          serviceName: s2
          servicePort: 80
        path: /foo
..
```

当然，也可以使用 `kubectl replace -f new-ingress.yaml` 来更新。

9.3 集群进阶

9.3.1 资源管理

1. 资源限制

在 Pod 或者 RC 定义文件中设定 `resources` 属性，即可限制某个容器的资源使用。例如下面的定义配置：

```
template:
  metadata:
    labels:
      name: redis-master
  spec:
    cpmtaomers:
    - name: master
      image: redis
      ports:
      - containerPort: 6379
      resources:
        limits:
          cpu: 0.5
          memory: 128Mi
```

限制 CPU 使用为 0.5（含义与前面解释 Docker 资源限制一样），内存使用为 128Mi（十进制的内存单位）。

2. 配额管理

全局配额

LimitRange 资源对象可以限制特定 namespace 下所有对象使用的资源，以下面定义文件为例：

```
apiVersion: v1
kind: LimitRange
metadata:
  name: frontend-limit
spec:
  limits:
    - type: "pod"
      max:
        cpu: "2"
        memory: 1Gi
      min:
        cpu: "0.5"
        memory: 50Mi
    - type: "Container"
      max:
        cpu: "2"
        memory: 1Gi
      min:
        cpu: "0.25"
        memory: 20Mi
      default:
```

```
    cpu: 250m
    memory: 100Mi
```

上面的配置中，限制了 Pod 使用 CPU 的大小为 1 ~ 2m，内存使用的大小为 50Mi 到 1Gi；限制容器使用 CPU 的大小为 0.5 到 2，内存大小为 20Mi ~ 1Gi。其中默认分配 250m 的 CPU（0.25），以及 100Mi 的内存配额。

使用命令创建资源限制对象：

```
kubectl create -f frontend-limit.yaml --namespace=frontend
```

多用户配额管理

在 PaaS 章节中，我们遇到过基于 Kubernetes 构建的 PaaS 平台，在那种状态下的 Kubernetes 通常拥有为数不少的用户，以及各类用户组。然而一个集群中的资源是有限的，为了更好地控制分配这些有限的资源，就需要在 Namespace 上配置 ResourceQuota（达到用户级别的资源配额）。

例如下面的例子，先创建一个新的 namespace：

```
$ kubectl create namespace myspace
```

然后新建一个定义配额的配置文件：

```
$ cat <<EOF > compute-resources.yaml
apiVersion: v1
kind: ResourceQuota
metadata:
  name: compute-resources
spec:
  hard:
    pods: "4"
    requests.cpu: "1"
    requests.memory: 1Gi
    limits.cpu: "2"
    limits.memory: 2Gi
EOF
```

应用这个配置：

```
$ kubectl create -f ./compute-resources.yaml --namespace=myspace
```

现在 myspace 这个 namespace 被限制了最多只能运行 4 个 Pod，并且 CPU 使用最大为 2，内存最大为 2Gi。

除了限制计算资源，还可以限制资源对象，例如下面配置：

```
$ cat <<EOF > object-counts.yaml
apiVersion: v1
kind: ResourceQuota
metadata:
```

```
  name: object-counts
spec:
  hard:
    configmaps: "10"
    persistentvolumeclaims: "4"
    replicationcontrollers: "20"
    secrets: "10"
    services: "10"
    services.loadbalancers: "2"
EOF
```

应用配置到 myspace 命名空间中：

```
$ kubectl create -f ./object-counts.yaml --namespace=myspace
```

上面配置限制了 cm 对象最大值 为 10，PVC 最大值为 4，RC 最大值为 20，secret 和 service 最大值为 10，最多创建两个负载均衡器。

使用命令查看配额情况：

```
$ kubectl get quota --namespace=myspace
NAME                    AGE
compute-resources       30s
object-counts           32s

$ kubectl describe quota compute-resources --namespace=myspace
Name:                   compute-resources
Namespace:              myspace
Resource                Used Hard
--------                ---- ----
limits.cpu             0    2
limits.memory          0    2Gi
pods                   0    4
requests.cpu           0    1
requests.memory        0    1Gi

$ kubectl describe quota object-counts --namespace=myspace
Name:                  object-counts
Namespace:              myspace
Resource               Used    Hard
--------                ----    ----
configmaps              0       10
persistentvolumeclaims  0       4
replicationcontrollers  0       20
secrets                 1       10
services                0       10
```

```
services.loadbalancers 0        2
```

9.3.2 kubelet 垃圾回收机制

Kubernetes 系统在长时间运行后，Kubernetes 各个节点会下载非常多的镜像，其中存在很多不必要的镜像（过期、旧版、无效的镜像）。同时因为长时间运行大量容器，容器退出后没有及时删除，数据仍旧留在宿主机上。不必要的镜像和已退出的容器都会占用大量的磁盘空间。为此，kubelet 会进行垃圾清理工作，即定期清理过期的镜像和死亡的容器。

不推荐使用其他管理工具或手工进行容器和镜像的清理，因为 kubelet 需要通过容器来判断 pod 的运行状态，如果使用其他方式清除容器，有可能影响 kubelet 的正常工作。

1. 容器的 GC 垃圾回收设置

kubelet 定时执行容器清理，每次根据表 9-3 中的 3 个参数选择容器进行删除，通常情况下优先删除创建时间最久的已退出容器，kubelet 不会删除非 Kubernetes 管理的容器。

表 9-3 容器清理参数

参 数	kubelet 启动参数	说 明
MinAge	--minimum-container-ttl-duration	已退出容器能够被删除的最小 TTL，默认为 1 分钟
MaxPerPodContainer	--maximum-dead-containers-per-container	每个 Pod 允许存在的最大退出容器数目，默认为 2
MaxContainers	--maximum-dead-containers	允许存在的最大退出容器数目，默认为 100

2. 镜像的 GC 设置

镜像清理的策略是：当硬盘空间使用率超过一定的值就开始执行，kubelet 执行清理的时候优先清理最久没被使用的镜像。磁盘空间使用率的阈值通过 kubelet 的启动参数 `--image-gc-high-threshold` 和 `--image-gc-low-threshold` 指定。

9.4 监控与日志

9.4.1 原生监控：Heapster

Heapster 是 Kubernetes 集群的容器集群监控和性能分析工具，它可以很容易扩展到其他集群管理解决方案。在 Kubernetes 中，cAdvisor agent 负责在集群节点运行，收集节点以及监控容器的数据。Heapster 则是一个汇总角色，将每个 Node 上的 cAdvisor 的数据进行汇总，然后导入到第三方工具（如 InfluxDB）。

所有获取到的数据都被推到 Heapster 配置的后端存储中，并且支持数据可视化。例如流行的 InfluxDB+Grafana 方案。

在集群 Master 中快速安装 Heapster 与 InfluxDB 的方法如下：

```
git clone https://github.com/kubernetes/heapster
cd heapster
kubectl create -f deploy/kube-config/influxdb/
```

1. 安装 Dashboard

如果你不需要太强大的监控与日志采集功能，只是希望有一个美观的界面查看集群状态，可以使用 Kubernetes 官方的 UI 界面，只需要一句命令即可部署：

```
kubectl create -f https://git.io/kube-dashboard
```

稍等片刻，下载一个不到 40MB 的镜像即可。

使用--namespace 可以查看运行状态：

```
kubectl get all --namespace kube-system
```

如果你希望能够把 Kubernetes 集群的运行日志和监控信息进行汇总记录，那就需要其他工具辅助了。下面我们结合 InfluxDB 与 Grafana 演示如何搭建一个 Kubernetes 监控平台。

2. InfluxDB 与 Grafana

启动 Kubernetes 集群，确保能够通过 kubectl 与集群进行交互。接下来部署三个套件：

```
$ git clone https://github.com/kubernetes/heapster
$ cd heapster
$ kubectl create -f deploy/kube-config/influxdb/
$ kubectl create -f deploy/kube-config/rbac/heapster-rbac.yaml
```

Grafana 服务默认会请求一个 LoadBalancer，但如果集群中的 LoadBalancer 不可用，则需要手动将其更改为 NodePort。然后使用分配给 Grafana 服务的外部 IP 访问 Grafana（或 NodePort 访问）。

Grafana 默认用户名和密码为 admin。登录 Grafana 后，添加一个 InfluxDB 的数据源。操作方法和第 7 章中的方法一样，InfluxDB 的 URL 是 `http://INFLUXDB_HOST:INFLUXDB_PORT`，数据库名称是 `k8s`。InfluxDB 默认的用户名和密码为 root。

Grafana Web 界面也可以通过 api-server 代理访问。一旦创建了上述资源，该 URL 将在 `kubectl cluster-info` 中可见。

9.4.2 星火燎原：Prometheus

Prometheus 的前身是由 SoundCloud 公司开发的报警工具包演变而来的一个开源监控系统。该系统凭借灵活的查询语法而备受广大运维人员的欢迎，因为在进入容器云时代之后，集群的监控变得更加复杂，监控维度变得混乱，仅凭借过去常见的诸如 Zabbix 等监控系统已经很难实现对一个集群的全方位监控。

从容器进入人们视野时，Prometheus 的优势就逐渐显示出来了，得益于灵活的时间序列数据库，运维人员可以根据业务需要定制各式各样的监控规则。Prometheus 的开发人员和用户社区非常活跃，目前 Prometheus 已经是一个独立的开源项目，且不依赖于任何公司。为了强调这点和明确该项目治理结构，Prometheus 在 2016 年加入了云原生计算基金会（Cloud Native Computing Foundation），这也是该基金会继 Kurberntes 之后第二个入驻的项目，足以证明 Prometheus 在容器云方面的声望。

1. 核心组件

Prometheus 的核心是一个时间序列数据库，我们可以通过它抓取和存储数据，并通过 Prometheus 定义的一些查询语句来获取我们需要的数据。

Prometheus 架构如图 9-1 所示，整个系统工作流程大体可以概述为：Prometheus Server 通过拉取（pull）的方式从监控目标的指标（metrics）获取数据，或者通过中间网关（Pushgateway）间接地拉取监控目标推送给网关的数据，后面这种情况一般出现于监控目标的网络无法直接联通 Prometheus Server 的时候，通过网关中转监控数据是一个常见的方法。Prometheus Server 在本地存储抓取到的数据，通过一定规则进行清理和整理数据，然后把得到的结果存储起来。接下来各种 Web UI 就可以通过 Server 提供 API，使用 PromQL 查询语言获取任意监控数据了。当 Server 监测到有异常时会推送报警给 Alertmanager，Alertmanager 处理各类报警信息之后，再把报警信息分别发送给相关人员。

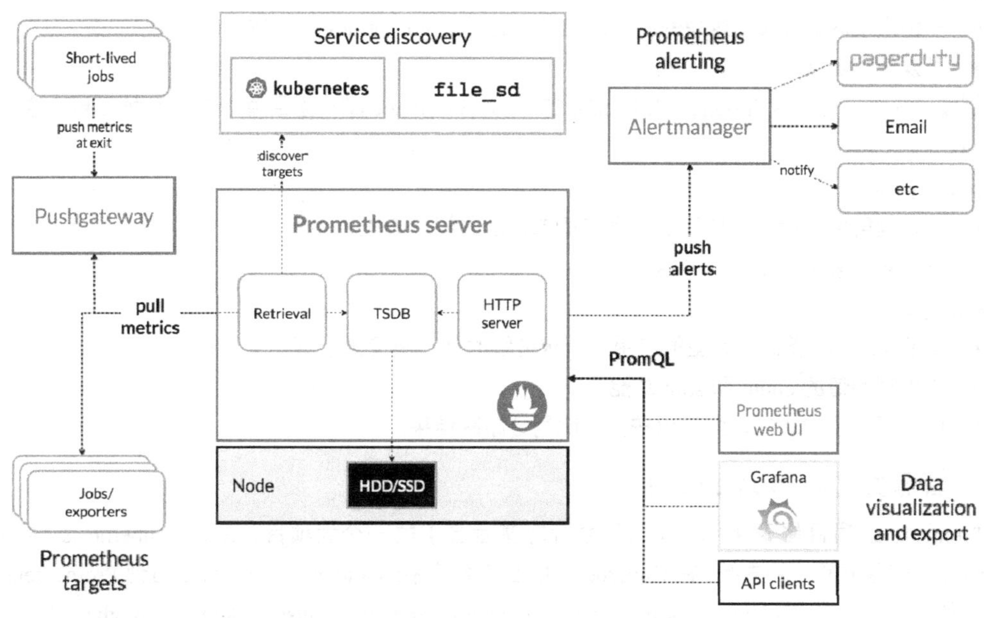

图 9-1 Prometheus 架构

图 9-1 中主要组件介绍如下：

- Prometheus Server：用于收集和存储时间序列数据。
- **Client Library**：客户端库，为需要监控的服务生成相应的指标并暴露给 Prometheus server。当 Prometheus server 拉取时，直接返回实时状态的指标。

- **Push Gateway**：主要用于短期任务。由于这类任务存在时间较短，可能在 Prometheus 拉取之前就消失了。为此，这次任务可以直接向 Prometheus server 端推送它们的指标。这种方式主要用于服务层面的指标，对于机器层面的指标，则需要使用 node exporter。
- **Exporters**：用于暴露已有的第三方服务的指标给 Prometheus。
- **Alertmanager**：从 Prometheus server 端接收到报警后，会进行去除重复数据、分组，并路由到相应接收方式，发出报警。常见的接收方式有：电子邮件、pagerduty、OpsGenie、webhook 等。
- 一些其他的工具。

Prometheus 客户端库主要提供 4 种主要的指标类型：

Counter

- 一种累加的指标，典型的应用如请求的个数、结束的任务数、出现的错误数等。

例如，查询 http_requests_total{method="get", job="Prometheus", handler="query"} 返回 8，10 秒后，再次查询，则返回 14。

Gauge

- 一种常规的 metric，典型的应用如温度、运行的 goroutines 的个数。
- 可以任意加减。

例如，go_goroutines{instance="172.17.0.2", job="Prometheus"} 返回值 147，10 秒后再次查询返回 124。

Histogram

- 可以理解为柱状图，典型的应用如请求持续时间、响应大小等。
- 可以对观察结果采样、分组及统计。

Summary

- 与 Histogram 类似，典型的应用如请求持续时间、响应大小等。
- 提供观测值的 count 和 sum 功能。
- 提供百分位的功能，即可以按百分比划分跟踪结果。

2. 配置并启动 Prometheus

Prometheus 项目属于 CNCF（云原生计算基金会）的一个大项目，所以 Kubernetes 本身对 Prometheus 有着非常好的支持，在 Kubernetes 的官方仓库中的 addons 目录下可以看到 Prometheus 的配置文件示例（https://github.com/kubernetes/kubernetes/blob/master/cluster/addons/prometheus）。

为了节省篇幅，本节仅节选关键内容做出解释，相关文件的完整内容会以链接的形式给出。部署一个 Kubernetes 服务首先要看配置，Prometheus 的配置文件使用 YAML 格式定义，可以在上面链接的 prometheus-configmap.yaml 文件中查看完整的配置示例，该配置定义了多种 job_name，这些任务囊括了对集群的各类常见资源的监控，例如 kubernetes-apiservers 的监控实际上是定期前往 apiserver 获取相应的数据，然后记录到时序数据库中。

由于监控本身的服务要求权限比较大，所以需要提供一个权限控制模板，在上文链接的

prometheus-rbac.yaml 文件中定义了对 Prometheus 的权限定义。回到 configmap 中，在文件最后定义 alerting 的部分可以看到与 alertmanager 的绑定，alertmanager 是一个 Prometheus 系统中用于管理和发出报警给外部的重要组件。

在上文的链接中，对于 alertmanager 并没有详细的配置示例，只给了一个简单的默认接收器示例：

```
apiVersion: v1
kind: ConfigMap
metadata:
  name: alertmanager-config
  namespace: kube-system
  labels:
    kubernetes.io/cluster-service: "true"
    addonmanager.kubernetes.io/mode: EnsureExists
data:
  alertmanager.yml: |
    global: null
    receivers:
    - name: default-receiver
    route:
      group_interval: 5m
      group_wait: 10s
      receiver: default-receiver
      repeat_interval: 3h
```

实际上，alertmanager 可以集成很多的报警接收器，包括邮件、微信、钉钉、Slack 和短信等。以邮箱为例，如果所有的邮件配置使用了相同的 SMTP 配置，则可以直接定义全局的 SMTP 配置。下面配置使用的是 Gmail 邮箱，首先可以定义一个全局的 SMTP 配置，并且通过路由将所有报警信息发送到 default-receiver 中：

```
global:
  smtp_smarthost: smtp.gmail.com:587
  smtp_from: <smtp mail from>
  smtp_auth_username: <usernae>
  smtp_auth_identity: <username>
  smtp_auth_password: <password>

route:
  group_by: ['alertname']
  receiver: 'default-receiver'

receivers:
  - name: default-receiver
    email_configs:
      - to: <mail to address>
```

```
    send_resolved: true
```

在 email_config 中定义的 `send_resolved` 为 true，则表示当报警资源恢复正常时再发送一次恢复通知邮件。

到目前为止，只是介绍了 Prometheus 系统中两个组件的一些配置文件，还没有对资源的报警规则做出解释，因为 Prometheus 尚未启动，所以先要把 Prometheus 启动起来。

如果使用上文链接的 addons 目录，启动的方式一般按照以下顺序：先创建所有的 configmap，再创建所有的 pvc 和 rbac，最后才部署 deployment 或者 daemonset 以及 statefulset，这样可以保证应用运行起来后其他资源已经可以正常为应用提供服务，所有都完成后就可以部署 service 了。

如果你觉得一步步部署十分烦琐，还可以使用 Helm Chart 的方式进行部署，一般来说，使用 Chart 方式部署更符合生产环境，相关的 Helm Chart 可以在 https://github.com/helm/charts 中获得。由于 Helm 本身就是一句命令，关于它的安装和部署就不赘述了。如果上面逐步部署遇到问题，可以使用 Helm Chart 一键部署，Prometheus 的 Chart 链接是 https://github.com/helm/charts/blob/master/stable/prometheus。

3. 配置 Prometheus 监控 Host

在上面的内容中，只监控了集群的资源，对于容器集群外的情况还没有监控信息上报，所以需要配置 Prometheus 抓取新的指标。我们需要在 `prometheus.yml` 配置的 `scrape_configs` 区增加一个任务。

```
- job_name: node
  static_configs:
    - targets: ['localhost:9100']
```

我们新的任务叫作"node"。它抓取一个静态的目标，在端口 9100 上的 loclahost。你可以用 hostname 或者 IP 地址替换 localhost。这个 9100 端口的数据就是 Node Exporter 提供的监控指标接口。

4. 自定义指标

前面提到 Prometheus 提供了 4 种不同的指标类型（Counter、Gauge、Histogram、Summary），下面是一份自定义的指标示例（假设有一个 Java Web 程序，然后这个文件的地址是 http://1.2.3.4:8080/metrics）：

```
HELP jvm_gc_collection_seconds Time spent in a given JVM garbage collector in seconds.
TYPE jvm_gc_collection_seconds summary
jvm_gc_collection_seconds_count{gc="PS Scavenge",} 11.0
jvm_gc_collection_seconds_sum{gc="PS Scavenge",} 0.18
jvm_gc_collection_seconds_count{gc="PS MarkSweep",} 2.0
jvm_gc_collection_seconds_sum{gc="PS MarkSweep",} 0.121

HELP jvm_classes_loaded The number of classes that are currently loaded in the JVM
TYPE jvm_classes_loaded gauge
```

```
jvm_classes_loaded 8376.0

HELP jvm_classes_loaded_total The total number of classes that have been loaded since
the JVM has started execution
TYPE jvm_classes_loaded_total counter
```

这是一个纯文本页面，Prometheus 只会读取这个文件中的 HELP 和 TYPE 以及这两个命令下面的监控名称和值，只需要按照这个格式即可——换句话说，任何一种语言都可以实现这样一个自定义指标，也不受限于 HTTP 服务，只要 Prometheus 可以访问到这个文件（通过 HTTP/HTTPS 协议）就可以抓取到监控数据。

收集到的监控数据可以在 Prometheus 面板查看，如图 9-2 所示，可以选择相应的指标，然后使用 PromQL 语句定制不同的监控规则，当触发这个规则就发送报警信息给 Alertmanager。

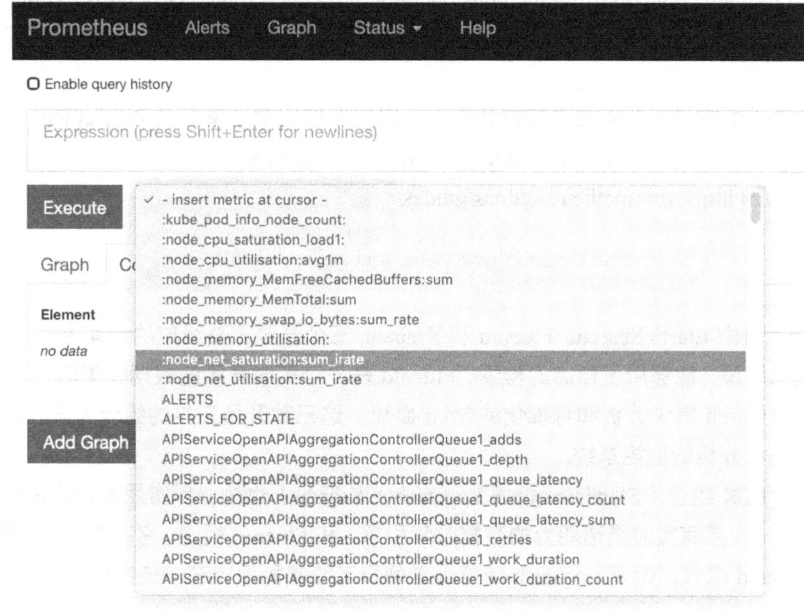

图 9-2　自定义指标

5. 热重启 Prometheus

现在我们需要重新加载 Prometheus 配置来激活这个新的任务。reload 配置有两种方式：

（1）发送 SIGHUP 信号

```
kill -HUP <pid>
```

（2）发送一个 HTTP POST 请求到 Prometheus server

如果想通过 API 来重新加载 Prometheus，需要在启动 Prometheus 时，开启 web.enable-lifecycle

配置参数：

```
--web.enable-lifecycle Enable shutdown and reload via HTTP request
```

启动时执行./prometheus --config.file=prometheus.yml --web.enable-lifecycle，然后就可以发送一个 HTTP 的 POST 请求来重新加载 prometheus 服务了。

```
curl -X POST http://localhost:9090/-/reload
```

访问 Prometheus，在“Execute”按钮旁边有一个下拉框，在下拉框中可以看到 Prometheus 采集的指标列表。在这个列表中能够看到以 node_开头的指标，这些指标就是 Node Exporter 收集的。比如通过 node_cpu 查看节点 CPU 的使用率。

上面的配置仅用于测试或者学习用途，对于生产环境，请查看更成熟的配置，如 Prometheus Operator（https://github.com/coreos/prometheus-operator）和 kube-prometheus（https://github.com/coreos/prometheus-operator/tree/master/contrib/kube-prometheus），这些配置和定义是经过社区实践检验后汇聚起来的。

你可以通过下面的链接找到更多文档和指南，以帮助你继续了解有关 Prometheus 的更多信息。

- [官方文档] https://prometheus.io/docs/introduction/overview/
- [官方手册] https://prometheus.io/docs/guides/

9.4.3 王牌组合：EFK

EFK 实际上是由 ElasticSearch、Fluentd 和 Kiabana 三个开源工具组成的。其中，Elasticsearch 是一款分布式搜索引擎，能够用于日志的检索，Fluentd 是一个实时开源的数据收集器，而 Kibana 是一款能够为 Elasticsearch 提供分析和可视化的 Web 面板。这三款开源工具的组合为日志数据提供了分布式的实时搜集与分析的监控系统。

除此之外，ELK 组合（Elasticsearch + Logstash + Kibana）也是业界常用的日志采集分析解决方案。Logstash 是一个具有实时渠道能力的数据收集引擎，和 Fluentd 相比，它在效能上表现略逊一筹，现在逐渐被 Fluentd 取代，但是 Logstash 毕竟是老牌日志收集能手，在一些方面也的确比 Fluentd 要灵活。

EFK 的部署方式有很多种，本节是 Kubernetes 的内容，自然也是讲解如何在集群中部署 EFK，说到这种比较著名的应用服务，在 Github 或者通过搜索引擎一般都能找到对应的 Helm Chart 执行一步安装。出于学习态度，本节中我们会拆分为多个服务组件模板（多个独立.yaml 文件），手动部署一套 EFK 系统。

1. 配置 Elasticsearch 集群

要在集群部署 EFK，当然是已经有了一个集群，假设集群有很多节点，那么先给其中三个 node 打上标签，让后面的服务部署到这三台 node 节点上：

```
$ kubectl label node nodeName01 app=efk
```

```
$ kubectl label node nodeName02 app=efk
$ kubectl label node nodeName03 app=efk
```

然后在这三台服务器上挂载一块磁盘，示例中是挂到/data 目录下。接下来分别为三个宿主机的 Local Volume 创建相应的 PV。此处使用 local-storage 作为 storageClassName，后面的 Elasticsearch 节点启动时会建立相应的 PV。

配置以 nodeName01 为例：

```
apiVersion: v1
kind: PersistentVolume
metadata:
  name: es-local-pv01  # 其他两台服务器配置相应递增：pv02、pv03
spec:
  capacity:
    storage: 500Gi
  accessModes:
  - ReadWriteOnce
  persistentVolumeReclaimPolicy: Retain
  storageClassName: local-storage
  local:
    path: /data
  nodeAffinity:
    required:
      nodeSelectorTerms:
      - matchExpressions:
        - key: kubernetes.io/hostname
          operator: In
          values:
          - nodeName01
```

接下来执行命令 kubectl create -f es-pv-local01.yaml 创建对应 PV 资源（一共三份 PV 定义文件）。执行后可以查看 PV 情况：

```
$ kubectl get pv
NAME           CAPACITY   ACCESS MODES   RECLAIM POLICY   STATUS      ...
es-local-pv01   500Gi      RWO           Retain          Avaliable  ...
es-local-pv02   500Gi      RWO           Retain          Avaliable  ...
es-local-pv03   500Gi      RWO           Retain          Avaliable  ...
```

下面就可以启动 Elasticsearch master 节点了，下面配置中把 EFK 的所有资源都放置在 kube-system 命名空间中：

```
apiVersion: apps/v1beta1
kind: Deployment
metadata:
  name: es-master
```

```
  namespace: kube-system
  labels:
    component: elasticsearch
    role: master
spec:
  replicas: 3
  template:
    metadata:
      labels:
        component: elasticsearch
        role: master
    spec:
      initContainers:
      - name: init-sysctl
        image: busybox:1.27.2
        command:
        - sysctl
        - -w
        - vm.max_map_count=262144
        securityContext:
          privileged: true
      containers:
      - name: es-master
        image: quay.io/pires/docker-elasticsearch-kubernetes:6.2.4
        imagePullPolicy: Always
        env:
        - name: NAMESPACE
          valueFrom:
            fieldRef:
              fieldPath: metadata.namespace
        - name: NODE_NAME
          valueFrom:
            fieldRef:
              fieldPath: metadata.name
        - name: CLUSTER_NAME
          value: myesdb
        - name: NUMBER_OF_MASTERS
          value: "2"
        - name: NODE_MASTER
          value: "true"
        - name: NODE_INGEST
          value: "false"
        - name: NODE_DATA
          value: "false"
        - name: HTTP_ENABLE
```

```
          value: "false"
        - name: ES_JAVA_OPTS
          value: -Xms512m -Xmx512m
        - name: PROCESSORS
          valueFrom:
            resourceFieldRef:
              resource: limits.cpu
        resources:
          limits:
            cpu: 1
        ports:
        - containerPort: 9300
          name: transport
        livenessProbe:
          initialDelaySeconds: 30
          timeoutSeconds: 30
          tcpSocket:
            port: transport
        volumeMounts:
        - name: storage
          mountPath: /data
      # imagePullSecrets:
      # - name: private-registry
      volumes:
          - emptyDir:
              medium: ""
            name: "storage"
```

保存文件为 es-master.yaml，上面的镜像由于在国外，用的是 Google 的镜像加速，国内应该无法直接拉取，可以通过自建私有仓库做中转，上面注释的就是私有仓库的配置信息。

添加私有仓库认证到集群中可以使用下面命令：

```
$ kubectl create secret \
    docker-registry my-registry-key \
    --docker-server=registry.cn-zhangjiakou.aliyuncs.com \
    --docker-username=user@example \
    --docker-password=password \
    --docker-email=user@example.com
```

由于生产环境的日志数据比较庞大，为了在部分 Elasticsearch 节点意外退出后重启时数据不丢失，就需要使用有状态的数据节点，就是前面说过的 statefulset 了，下面是 es-data-stateful.yaml 的配置信息：

```
apiVersion: apps/v1beta1
kind: StatefulSet
```

```
metadata:
  name: es-data
  namespace: kube-system
  labels:
    component: elasticsearch
    role: data
spec:
  serviceName: elasticsearch-data
  replicas: 3
  template:
    metadata:
      labels:
        component: elasticsearch
        role: data
    spec:
      nodeSelector:
        efknode: efk
      initContainers:
      - name: init-sysctl
        image: busybox:1.27.2
        command:
        - sysctl
        - -w
        - vm.max_map_count=262144
        securityContext:
          privileged: true
      containers:
      - name: es-data
        image: quay.io/pires/docker-elasticsearch-kubernetes:6.2.4
        imagePullPolicy: Always
        env:
        - name: NAMESPACE
          valueFrom:
            fieldRef:
              fieldPath: metadata.namespace
        - name: NODE_NAME
          valueFrom:
            fieldRef:
              fieldPath: metadata.name
        - name: CLUSTER_NAME
          value: myesdb
        - name: NODE_MASTER
          value: "false"
        - name: NODE_INGEST
```

```
        value: "false"
      - name: HTTP_ENABLE
        value: "false"
      - name: ES_JAVA_OPTS
        value: -Xms8192m -Xmx8192m
      - name: PROCESSORS
        valueFrom:
          resourceFieldRef:
            resource: limits.cpu
      resources:
        limits:
          cpu: 1
      ports:
      - containerPort: 9300
        name: transport
      livenessProbe:
        tcpSocket:
          port: transport
        initialDelaySeconds: 20
        periodSeconds: 10
      volumeMounts:
      - name: storage
        mountPath: /data
  volumeClaimTemplates:
  - metadata:
      name: storage
    spec:
      storageClassName: local-storage
      accessModes: [ ReadWriteOnce ]
      resources:
        requests:
          storage: 500Gi
```

配置完成后即可启动，上面的配置可以在 https://github.com/pires/kubernetes-elasticsearch-cluster 中获得类似文件，本节内容使用的 storageClassName 与该链接中的配置不一致，可以更便捷地应用于测试环境。接下来只需要使用 git clone 命令获取该仓库内容到本地，进入该仓库目录按顺序执行以下命令即可运行 Elasticsearch 集群：

```
kubectl create -f es-discovery-svc.yaml
kubectl create -f es-svc.yaml
kubectl create -f es-master.yaml # 这个文件是上面修改后的文件
```

等待所有 master 节点变为 ready 状态，再拉起 data 节点：

```
kubectl create -f stateful/es-data-svc.yaml
```

```
kubectl create -f stateful/es-data-stateful.yaml # 这个文件是上面修改后的文件
```

根据网络情况，等待大概 2~10 分钟，使用 kubectl get pods -n kube-system -o wide | grep es 检查数据节点是否运行正常（包括 PVC 是否创建成功：kubectl get pvc -n kube-system）。

如果一切正常就可以为这个 Elasticsearch 集群添加数据分析面板了。

2. 添加分析面板

Kibana 是一个为 Elasticsearch 平台分析和可视化的开源平台，使用 Kibana 能够搜索、展示存储在 Elasticsearch 中的索引数据。使用它可以很方便地用图表、表格、地图展示和分析数据。

Kibana 能够轻松处理大量数据，通过浏览器接口能够轻松地创建和分享仪表盘，通过改变 Elasticsearch 查询时间，可以完成动态仪表盘。

继续使用上一小节的仓库，直接在上面目录中执行：

```
kubectl create -f kibana.yaml
kubectl create -f kibana-svc.yaml
```

稍等片刻，即可运行一个 Kibana 面板。注意执行上面命令的网络环境，如果服务器在国内则务必修改文件中的镜像，使用自建私有仓库中转。

3. 收集日志

在上面部署了 ElasticSearch 集群之后，我们接下来就可以准备日志数据采集的工作了。业界推荐的最流行的采集工具是 LogStash 和 Fluentd。本小节采用 Kubernetes 官方推荐的 Fluent 体系中的组件：Fluent Bit 和 Fluentd。

Fluent Bit 相较于 Fluentd 要更年轻一些，它有着更低的资源消耗，性能比 Fluentd 好，但是目前 Fluentd 尚不成熟，具体使用哪个组件还需要根据实际情况定夺，本节会介绍这两个组件如何收集日志到 ElasticSearch 集群。

先以 Fluentd 为例，在 Kubernetes 官方仓库有一份十分详细的标准模板：https://github.com/kubernetes/kubernetes/blob/master/cluster/addons/fluentd-elasticsearch/fluentd-es-configmap.yaml

在这个模板中，定义了各种收集集群和容器日志的配置，包括对 Prometheus 的监控日志等。我们可以直接下载这个文件到本地，打开文件看最后面的内容：

```
 output.conf: |-
   # Enriches records with Kubernetes metadata
   <filter kubernetes.**>
     @type kubernetes_metadata
     # 此处根据集群性质，如果是自签名集群就需要指定 ca 证书
     # ca_file /etc/kubernetes/pki/ca.crt
     # 或者禁用 ssl
     verify_ssl false
```

```
</filter>
# Concatenate multi-line logs
<filter **>
  @type concat
  key message
  multiline_end_regexp /\n$/
  separator ""
</filter>
<match **>
  @id elasticsearch
  @type elasticsearch
  @log_level info
  type_name fluentd
  include_tag_key true
  host hostname # 上面自建的elasticsearch集群地址
  port 9200
  logstash_format true
  <buffer>
    @type file
    path /var/log/fluentd-buffers/kubernetes.system.buffer
    flush_mode interval
    retry_type exponential_backoff
    flush_thread_count 2
    flush_interval 5s
    retry_forever
    retry_max_interval 30
    chunk_limit_size 2M
    queue_limit_length 8
    overflow_action block
  </buffer>
</match>
```

要修改的一般就只有 elasticsearch 集群地址，然后就可以使用命令 `kubectl apply -f fluentd-es-configmap.yaml` 创建这个 configmap 了。

为了收集集群中所有节点的容器日志和集群信息，我们需要启动一个 Daemonset 资源，让 Fluentd 运行在每一个主机上，此处需要用到官方提供的一个模板：https://github.com/kubernetes/kubernetes/blob/master/cluster/addons/fluentd-elasticsearch/fluentd-es-ds.yaml

注意的一点是，这份配置文件中的选择器需要根据实际情况修改：

```
nodeSelector:
  beta.kubernetes.io/fluentd-ds-ready: "true"
```

如果不用节点选择器，则可以注释或者删掉这两行。最后执行 `kubectl apply -f fluentd-es-ds.yaml` 即可为每一台节点服务器运行一个 Fluentd 程序，用于收集日志并发送给

elasticsearch 集群。

Kibana 添加数据原如图 9-3 所示，在配置中添加相应的 index pattern 即可在面板中查看相关的日志信息。

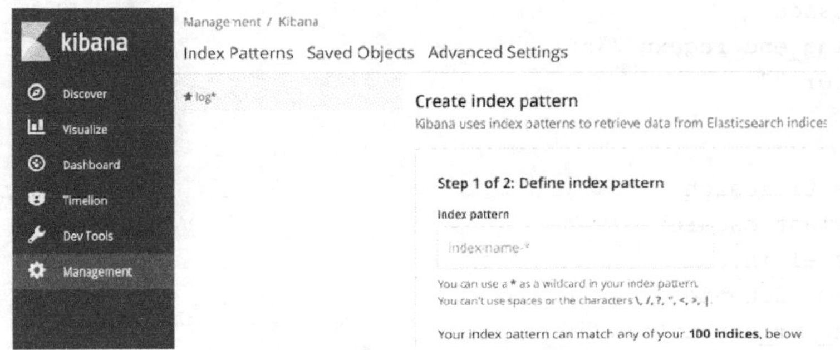

图 9-3 Kibana 添加数据源

9.4.4 后起之秀：Filebeat

Kubernetes 的 EFK 插件默认使用 Fluentd（以 DaemonSet 的方式启动）来收集日志，并将收集的日志发送给 Elasticsearch。但是这种方案有局限性，因为在 EFK 组合中，Elasticsearch 和 Kibana 都是属于 Elastic 公司的旗下项目，而 Fluentd 来自于开源社区，如果想获得更丰富的功能显然不如 Elastic 自家推出的商业化版本的 ELK 组合（L 代表 Logstash）更加合适。

于是就有了 Filebeat，作为 ELK 协议栈的新成员，一个轻量级开源日志文件数据搜集器，它基于 Logstash-Forwarder 源代码开发，目标是替代 Logstash。在需要采集日志数据的节点上安装 Filebeat，并指定日志目录或日志文件后，Filebeat 就能读取数据，迅速发送到 Logstash 进行解析，抑或直接发送到 Elasticsearch 进行集中式存储和分析。

创建一个配置文件：

```
apiVersion: extensions/v1beta1
kind: Deployment
metadata:
  name: filebeat-log
  namespace: default
spec:
  replicas: 3
  template:
    metadata:
      labels:
        k8s-log: filebeat-log
    spec:
      containers:
      - image: filebeat:5.4.0
```

```
      name: filebeat
      volumeMounts:
      - name: log-vol
        mountPath: /log
      - name: filebeat-config
        mountPath: /etc/filebeat/
    - image: nginx:alpine
      name : nginx
      ports:
      - containerPort: 80
      volumeMounts:
      - name: log-vol
        mountPath: /usr/local/nginx/logs
    volumes:
    - name: log-vol
      emptyDir: {}
    - name: filebeat-config
      configMap:
        name: filebeat-config
---
apiVersion: v1
kind: Service
metadata:
  name: filebeat-log
  labels:
    app: filebeat-log
spec:
  ports:
  - port: 80
    protocol: TCP
    name: http
  selector:
    run: filebeat-log
---
apiVersion: v1
kind: ConfigMap
metadata:
  name: filebeat-config
data:
  filebeat.yml: |
    filebeat.prospectors:
    - input_type: log
      paths:
        - "/log/*"
```

```
      - "/log/usermange/common/*"
  output.elasticsearch:
    hosts: ["172.16.168.200:9200"]
  username: "demo"
  password: "demopass"
  index: "filebeat-log"
```

其中，`172.16.168.200:9200` 是 Elasticsearch 的服务地址。上面配置中已经包含了 Filebeat 的 ConfigMap。部署这个配置文件，方法如下：

```
kubectl create -f filebeat-log.yaml
```

如果你已经部署了 ELK 集群，那么现在查看 Kibana 面板应该就能收到 Nginx 的访问日志了。

9.5 本章小结

本章总结了第 8 章关于 Kubernetes 的各种知识点，并实际操作演示。全书到本章就完全结束了，但是我们对于容器云的探索还远未结束。Kubernetes 在面对超大规模的集群部署场景时还是显得力不从心的，如果要应用于大规模集群甚至跨域集群中，Kubernetes 还需要用户自行改造或者选择其他方案与 Kubernetes 配合。